National Computer Rank Examination

2009年版

考点分析·分类精解·全真模拟

二级Visual Basic语言程序设计

全国计算机等级考试命题研究组　组编

本书是全国计算机等级考试二级 Visual Basic 语言程序设计的考前辅导用书，主要内容有：考点概览、重点考点和复习建议；考点分类精解；典型题解；强化训练；模拟试卷及解析；应试策略。配套光盘提供了全真模拟考试环境，可练习大量全真试题。

本书适用于备战全国计算机等级考试二级 Visual Basic 语言程序设计的考生以及各类考点培训班学员。

图书在版编目（CIP）数据

全国计算机等级考试考点分析·分类精解·全真模拟：2009 年版．二级 Visual Basic 语言程序设计/全国计算机等级考试命题研究组组编．—2 版．—北京：机械工业出版社，2009.1

ISBN 978-7-111-23226-1

Ⅰ.全…　Ⅱ.全…　Ⅲ.①电子计算机－水平考试－自学参考资料②BASIC 语言－程序设计－水平考试－自学参考资料　Ⅳ.TP3

中国版本图书馆 CIP 数据核字（2008）第 212262 号

机械工业出版社（北京市百万庄大街 22 号　邮政编码 100037）
责任编辑：王　颖
责任印制：杨　曦

三河市宏达印刷有限公司印刷

2009 年 1 月·第 2 版第 1 次印刷
184mm×260mm·15 印张·447 千字
5001—9000 册
标准书号：ISBN 978-7-111-23226-1
　　　　　ISBN 978-7-89482-529-2（光盘）
定价：31.00 元（含 1CD）

凡购本书，如有缺页，倒页，脱页，由本社发行部调换
销售服务热线电话：（010）68326294　68993821
购书热线电话：（010）88379639　88379641　88379643
编辑热线电话：（010）88379753　88379739

前　言

全国计算机等级考试是由教育部考试中心主办，面向社会，用于考查应试人员计算机应用知识与能力的全国性计算机水平考试体系。由于计算机的迅速普及和广泛应用，许多单位和部门已把掌握一定的计算机知识和应用技能作为人员录用、职务晋升、职称评定、上岗资格的重要依据之一，而等级考试，就成了一种客观公正的评定标准。

本书主要特点

1. 内容针对性强

本书只针对等级考试的考点，不涉及无关内容。等级考试的考试大纲中，列出的考试内容比较多，但实际考试中并非全部考核，有些内容也是无法或难以考核的。所以，我们的分类精解，是对真正考核的内容进行精解，不考核的内容则不涉及。我们认为，在考试辅导书中，面面俱到并非是一个优势，针对性强才会真正对考生有益。

2. 独具特色的知识点建构方式

每个知识点的复习是这样建构的：用“考点讲析”搭建系统框架，“典型题解”重现重点难点，完成从理论到应用的转变，“强化训练”又重现知识点，使读者在关注重点难点的同时又不至于遗漏其他知识，造成考试中的盲点。“模拟试卷”从整体上把握考试题型和解答要点。

3. 配套光盘作为强有力的辅助练习

等级考试的上机考试是系统自动判分的，如果不熟悉具体的考试系统，即使知道题目怎样做，能做对，也可能因为操作错误而不能得分。本书配套光盘提供了全真模拟考试环境和大量全真试题，供考生练习。

本书主要内容

本书根据教育部考试中心制定的2007版考试大纲而编写，主要内容有：

① 针对每章内容概括考点分值、重点考点提示和复习建议。

② “分类精解”精要解析考点，考点覆盖全面，重点突出；“典型题解”讲解详细透彻，读者可以举一反三，使相同类型的题目迎刃而解；大量“强化训练”题可使读者加深印象，巩固知识点。

③ 模拟试卷给出大量全真模拟题以及精辟解析，以备战考试。

④ “备考策略”提出考试复习建议，讲解解题技巧，说明上机考试过程。

⑤ 附赠的超值多媒体光盘中，包含题库和考试模拟环境。读者可以在考试之前进行训练和预测。模拟系统按照实际考试系统编写，附有笔试模拟题10套和上机模拟题50套，能够自动判分，给出答案和分析。另外，还提供上机系统的操作过程录像，并附有全程语音讲解。

参加本书编写的人员有：陈河南、王嘉佳、何晓刚、徐冬、马丽娟、冯哲、宋雁、李绯、李强、周京平、赵东辉、吕巧珍、曹爱文、段涛、王炯、吴江华、庄家煜。

由于时间紧，书中难免有疏漏之处，如果您有疑问，或有更好的意见和建议，请与我们联系：jsjfw@mail.machineinfo.gov.cn。

全国计算机等级考试命题研究组

目　录

第 1 章 公共基础知识

考点概览

公共基础知识在二级的各科笔试考试中占 30 分，其中，选择题的前 10 题占 20 分，填空题前 5 题占 10 分。

重点考点

① 数据结构：算法复杂度的基本概念；栈、队列、线性链表等数据结构的特点；各种查找方法的适用范围；各种排序方法的比较。其中，二叉树的性质和遍历、各种排序方法在最坏情况下的比较次数是难点。

② 程序设计基础知识：程序设计方法与风格；结构化程序设计的特点；内聚和耦合的概念；面向对象方法的基本概念。

③ 软件工程基础：软件工程和软件生命周期的概念；软件工具与软件开发环境；结构化分析和设计方法；软件测试方法，白盒测试与黑盒测试；程序调试。注意测试与调试的区别。

④ 数据库设计基础：数据库、数据库管理系统、数据库系统的概念与关系；数据模型，实体联系模型及 E-R 图；关系代数运算；数据库设计方法和步骤。注意各种关系运算的特点。

复习建议

① 公共基础知识的考核，基本上都是概念性的纯记忆性知识，题目比较简单，本章考查的知识点较多，应全面系统地阅读教材，牢固掌握基本概念。

② 在理解基础知识的基础上，要特别注意有关二叉树的知识，比如给出某个条件要求计算二叉树的结点数或叶子结点数，需要理解和掌握二叉树的性质。另外，二叉树的前序、中序和后序遍历方法，应当通过做题真正掌握。

1.1 数据结构与算法

考点 1 算法

1. 算法的基本概念

算法一般应具有以下几个基本特征：可行性、确定性、有穷性、拥有足够的情报。

算法是对解题方案的准确而完整的描述，是一组严谨地定义运算顺序的规则，并且每一个规则都是有效和明确的，此顺序将在有限的次数下终止。

2. 算法的基本要素

① 算法中对数据的运算和操作。通常有 4 类：算术运算、逻辑运算、关系运算和数据传输。

② 算法的控制结构。算法的功能不仅取决于所选择的操作，还与操作之间的执行顺序及算法的控制结构有关。

3. 算法设计基本方法

算法设计的基本方法有列举法、归纳法和递推法、递归法和减半递推技术。

4. 算法复杂度

算法的复杂度主要包括时间复杂度和空间复杂度。

（1）算法的时间复杂度

算法的时间复杂度是指执行算法所需要的计算工作量。算法的工作量用算法所执行的基本运算次数来度量，而算法所执行的基本运算次数是问题规模的函数。

在同一问题规模下，如果算法执行所需的基本运算次数取决于某一特定输入时，可以用两种方法来分析算法的工作量：平均性态分析和最坏情况分析。

（2）算法的空间复杂度

算法的空间复杂度，一般是指执行这个算法所需要的内存空间。一个算法所占用的存储空间包括算法程序所占的空间、输入的初始数据所占的存储空间以及算法执行过程中所需要的额外空间。

典型题解

【例 1-1】下列叙述中正确的是（　）。

A）算法的效率只与问题的规模有关，而与数据的存储结构无关

B）算法的时间复杂度是指执行算法所需要的计算工作量

C）数据的逻辑结构与存储结构是一一对应的

D）算法的时间复杂度与空间复杂度一定相关

【解析】数据的结构，直接影响算法的选择和效率。而数据结构包括两方面，即数据的逻辑结构和数据的存储结构。因此，数据的逻辑结构和存储结构都影响算法的效率。选项A的说法是错误的。

算法的时间复杂度是指算法在计算机内执行时所需时间的度量；与时间复杂度类似，空间复杂度是指算法在计算机内执行时所需存储空间的度量。因此，选项B的说法是正确的。

数据之间的相互关系称为逻辑结构。通常分为4类基本逻辑结构，即集合、线性结构、树形结构、图状结构或网状结构。存储结构是逻辑结构在存储器中的映像，它包含数据元素的映像和关系的映像。存储结构在计算机中有两种，即顺序存储结构和链式存储结构。可见，逻辑结构和存储结构不是一一对应的。因此，选项C的说法是错误的。

有时人们为了提高算法的时间复杂度，而以牺牲空间复杂度为代价。但是，这两者之间没有必然的联系。因此，选项D的说法是错误的。综上所述，本题的正确答案为选项B。

强化训练

（1）以下内容不属于算法程序所占的存储空间的是（　）。

A）算法程序所占的空间　　B）输入的初始数据所占的存储空间

C）算法程序执行过程中所需要的额外空间　　D）算法执行过程中所需要的存储空间

（2）以下特点不属于算法的基本特征的是（　）。

A）可行性　　B）确定性　　C）无穷性　　D）拥有足够的情报

（3）下面叙述正确的是（　）。

A）算法的执行效率与数据的存储结构无关

B）算法的空间复杂度是指算法程序中指令（或语句）的条数

C）算法的有穷性是指算法必须能在执行有限个步骤之后终止

D）以上三种描述都不对

（4）下列叙述中正确的是（　）。

A）一个算法的空间复杂度大，则其时间复杂度也必定大

B）一个算法的空间复杂度大，则其时间复杂度必定小

C）一个算法的时间复杂度大，则其空间复杂度必定小

D）上述三种说法都不对

【答案】

（1）D （2）C （3）C （4）D

考点 2　数据结构基本概念

数据结构是指反映数据元素之间关系的数据元素集合的表示。

所谓数据的逻辑结构，是指反映数据元素之间逻辑关系的数据结构。数据的逻辑结构有两个要素：一是数据元素的集合；二是数据元素之间的关系。

各数据元素在计算机存储空间中的位置关系与它们的逻辑关系不一定是相同的。数据的逻辑结构在计算机存储空间中的存放形式称为数据的存储结构（也称数据的物理结构）。

典型题解

【例 1-2】数据的逻辑结构在计算机存储空间中的存放形式称为数据的____。

【解析】数据的逻辑结构在计算机存储空间中的存放形式称为数据的存储结构。此处填写存储结构或物理结构。

考点 3　线性表和线性链表

1. 线性结构与非线性结构

根据数据结构中各数据元素之间前后件关系的复杂程度，一般将数据结构分为两大类型：线性结构与非线性结构。如果一个非空的数据结构满足下列两个条件：

① 有且只有一个根结点。

② 每一个结点最多有一个前件，也最多有一个后件。

则称该数据结构为线性结构。线性结构又称线性表。

如果一个数据结构不是线性结构，则称之为非线性结构。

2. 线性表的基本概念

线性表是由 n（n≥0）个数据元素 a_1，a_2，…，a_n 组成的一个有限序列，表中的每一个数据元素，除了第一个外，有且只有一个前件，除了最后一个外，有且只有一个后件。

3. 线性表的顺序存储结构

线性表的顺序存储结构具有以下两个基本特点：线性表中所有元素所占的存储空间是连续的。线性表中各数据元素在存储空间中是按逻辑顺序依次存放的。

在线性表的顺序存储结构中，其前后件两个元素在存储空间中是紧邻的，且前件元素一定存储在后件元素的前面。

在顺序存储结构中，线性表中每一个数据元素在计算机存储空间中的存储地址由该元素在线性表中的位置序号唯一确定。

4. 线性链表

大的线性表，特别是元素变动频繁的大线性表不宜采用顺序存储结构，而应采用链式存储结构。

在链式存储结构中，要求每个结点由两部分组成：一部分用于存放数据元素值，称为数据域；另一部分用于存放指针，称为指针域。其中指针用于指向该结点的前一个或后一个结点。

在链式存储结构中，存储数据结构的存储空间可以不连续，各数据结点的存储顺序与数据元素之间的逻辑关系可以不一致，而数据元素之间的逻辑关系是由指针域来确定的。

线性表的链式存储结构称为线性链表。一般来说，在线性表的链式存储结构中，各数据结点的存储序号是不连续的，并且各结点在存储空间中的位置关系与逻辑关系也不一致。栈和队列也是线性表，也可以采用链式存储结构。

5. 线性链表的基本运算

线性链表的基本运算有：在非空线性链表中寻找包含指定元素值 x 的前一个结点 P，线性链表的插入，线性链表的删除。

6. 循环链表及其基本运算

循环链表的结构与一般的单链表相比，具有以下两个特点：

① 在循环链表中增加了一个表头结点，其数据域为任意或者根据需要来设置，指针域指向线性表的第一个元素的结点。循环链表的头指针指向表头结点。

② 循环链表中最后一个结点的指针域不是空，而是指向表头结点。

典型题解

【例 1-3】下列对于线性链表的描述中正确的是（ ）。

A）存储空间不一定是连续，且各元素的存储顺序是任意的

B）存储空间不一定是连续，且前件与元素一定存储在后件元素的前面

C）存储空间必须连续，且前件元素一定存储在后件元素的前面

D）存储空间必须连续，且各元素的存储顺序是任意的

【解析】在链式存储结构中，存储数据的存储空间可以不连续，各数据结点的存储顺序与数据元素之间的逻辑关系可以不一致，数据元素之间的逻辑关系，是由指针域来确定的。由此可见，选项 A 的描述正确。因此，本题的正确答案为 A。

强化训练

（1）下列关于链式存储的叙述中正确的是（ ）。

A）链式存储结构的空间不可以是不连续的

B）数据结点的存储顺序与数据元素之间的逻辑关系必须一致

C）链式存储方式只可用于线性结构

D）链式存储也可用于非线性结构

（2）下列关于线性表叙述中不正确的是（ ）。

A）可以有几个结点没有前件

B）只有一个终端结点，它无后件

C）除根结点和终端结点，其他结点都有且只有一个前件，也有且只有一个后件

D）线性表可以没有数据元素

（3）下列叙述中正确的是（　）。

A）线性表是线性结构　　B）栈与队列是非线性结构

C）线性链表是非线性结构　　D）二叉树是线性结构

（4）数据结构分为逻辑结构与存储结构，带链的栈属于＿＿＿＿＿＿。

（5）在一个容量为 15 的循环队列中，若头指针 front＝6，尾指针 rear＝14，则该循环队列中共有＿＿个元素。

【答案】

（1）D （2）A （3）A （4）存储结构 （5）8

考点 4　栈和队列

栈是限定在一端进行插入与删除的线性表。栈是按照“先进后出”或“后进先出”的原则组织数据的。栈的运算有入栈运算、退栈运算、读栈顶元素。

队列是指允许在一端进行插入，而在另一端进行删除的线性表。队列又称为“先进先出”或“后进后出”的线性表，它体现了“先来先服务”的原则。

所谓循环队列，就是将队列存储空间的最后一个位置绕到第一个位置，形成逻辑上的环状空间，供队列循环使用。循环队列的初始状态为空，即 rear＝front＝m。

循环队列主要有两种基本运算：入队运算与退队运算。

典型题解

【例 1-4】设栈 S 初始状态为空。元素 a、b、c、d、e、f 依次通过栈 S，若出栈的顺序为 c、f、e、d、b、a，则栈 S 的容量至少应该为（　）。

A）6　　B）5　　C）4　　D）3

【解析】根据题中给定的条件，可做如下模拟操作：①元素 a、b、c 进栈，栈中有 3 个元素，分别为 a、b、c；②元素 c 出栈后，元素 d、e、f 进栈，栈中有 5 个元素，分别为 a、b、d、e、f；③元素 f、e、d、b、a 出栈，栈为空。可以看出，进栈的顺序为 a、b、c、d、e、f，出栈的顺序为 c、f、e、d、b、a，满足题中所提出的要求。在第二次进栈操作后，栈中元素达到最多，因此，为了顺利完成这些操作，栈的容量应至少为 5。本题答案为 B。

强化训练

（1）下列关于栈的叙述中正确的是（　）。

A）在栈中只能插入数据　　B）在栈中只能删除数据

C）栈是先进先出的线性表　　D）栈是先进后出的线性表

（2）一个栈的进栈顺序是 1, 2, 3, 4，则出栈顺序为（　）。

A）4, 3, 2, 1　　B）2, 4, 3, 1　　C）1, 2, 3, 4　　D）3, 2, 1, 4

（3）设栈 S 的初始状态为空。元素 a，b，c，d，e，f 依次通过栈 S，若出栈的顺序为 b，d，c，f，e，a，则栈 S 的容量至少应该为（　）。

A）3　　B）4　　C）5　　D）6

（4）下列关于栈的描述正确的是（　）。

A）在栈中只能插入元素而不能删除元素

B）在栈中只能删除元素而不能插入元素

C）栈是特殊的线性表，只能在一端插入或删除元素

D）栈是特殊的线性表，只能在一端插入元素，而在另一端删除元素

（5）下列数据结构中具有记忆功能的是（ ）。

A）队列　　B）循环队列　　C）栈　　D）顺序表

（6）下列对队列的叙述正确的是（ ）。

A）队列属于非线性表　　B）队列按“先进后出”原则组织数据

C）队列在队尾删除数据　　D）队列按“先进先出”原则组织数据

【答案】

（1）D （2）A （3）A （4）C （5）C （6）D

考点5　树与二叉树

1. 树的基本概念

树是一种简单的非线性结构。树结构中，每一个结点只有一个前件，称为父结点。在树中，没有前件的结点只有一个，称为树的根结点，简称为树的根。在树结构中，每一个结点可以有多个后件，它们都称为该结点的子结点。没有后件的结点称为叶子结点。

在树结构中，一个结点所拥有的后件个数称为该结点的度。

树结构具有明显的层次关系，树是一种层次结构。根结点在第 1 层。同一层上所有结点的所有子结点在下一层。树的最大层次称为树的深度。

在树中，以某结点的一个子结点为根构成的树称为该结点的一棵子树。在树中，叶子结点没有子树。

2. 二叉树的特点

① 非空二叉树只有一个根结点；每一个结点最多有两棵子树，且分别称为该结点的左子树与右子树。

② 在二叉树中，每一个结点的度最大为 2，即所有子树（左子树或右子树）也均为二叉树。而树结构中的每一个结点的度可以是任意的。另外，二叉树中的每一个结点的子树被明显地分为左子树与右子树。在二叉树中，一个结点可以只有左子树而没有右子树，也可以只有右子树而没有左子树。当一个结点既没有左子树也没有右子树时，该结点即是叶子结点。

3. 二叉树的性质

① 在二叉树的第 k 层上，最多有 $2^{k-1}(k \geq 1)$个结点。

② 深度为 m 的二叉树最多有 2^m-1 个结点。

③ 在任意一棵二叉树中，度为 0 的结点（即叶子结点）总是比度为 2 的结点多一个。

④ 具有 n 个结点的二叉树，其深度至少为$[\log_2 n]+1$，其中$[\log_2 n]$表示取 $\log_2 n$ 的整数部分。

4. 满二叉树与完全二叉树

① 满二叉树。除最后一层外，每一层上的所有结点都有两个子结点。这就是说，在满二叉树中，每一层上的结点数都达到最大值，即在满二叉树的第 k 层上有 2^{k-1} 个结点，且深度为 m 的满二叉树有 2^m-1 个结点。

② 完全二叉树。除最后一层外，每一层上的结点数均达到最大值；在最后一层上只缺少右边的若干结点。

对于完全二叉树来说，叶子结点只可能在层次最大的两层上出现；对于任何一个结点，若其右分支下的子孙结点的最大层次为 p，则其左分支下的子孙结点的最大层次或为 p，或为

p+1。

满二叉树也是完全二叉树，而完全二叉树一般不是满二叉树。

具有 n 个结点的完全二叉树的深度为$[\log_2 n]+1$。

5. 二叉树的存储结构

二叉树通常采用链式存储结构。与线性链表类似，用于存储二叉树中各元素的存储结点也由两部分组成：数据域与指针域。

6. 二叉树的遍历

二叉树的遍历是指不重复地访问二叉树中的所有结点。在遍历二叉树的过程中，一般先遍历左子树，然后再遍历右子树。在先左后右的原则下，根据访问根结点的次序，二叉树的遍历可以分为 3 种：前序遍历、中序遍历和后序遍历。

① 前序遍历（DLR）。所谓前序遍历是首先访问根结点，然后遍历左子树，最后遍历右子树；并且，在遍历左、右子树时，仍然先访问根结点，然后遍历左子树，最后遍历右子树。因此，前序遍历二叉树的过程是一个递归的过程。

② 中序遍历（LDR）。所谓中序遍历是首先遍历左子树，然后访问根结点，最后遍历右子树；并且，在遍历左、右子树时，仍然先遍历左子树，然后访问根结点，最后遍历右子树。因此，中序遍历二叉树的过程也是一个递归的过程。

③ 后序遍历（LRD）。所谓后序遍历是首先遍历左子树，然后遍历右子树，最后访问根结点，并且，在遍历左、右子树时，仍然先遍历左子树，然后遍历右子树，最后访问根结点。因此，后序遍历二叉树的过程也是一个递归的过程。

典型题解

【例 1-5】某二叉树中度为 2 的结点有 18 个，则该二叉树中有____个叶子结点。

【解析】二叉树具有如下性质：在任意一棵二叉树中，度为 0 的结点（即叶子结点）总是比度为 2 的结点多一个。根据题意，度为 2 的结点为 18 个，那么，叶子结点就应当是 19 个。因此，本题的正确答案为 19。

【例 1-6】设一棵二叉树的中序遍历结果为 ABCDEFG，前序遍历结果为 DBACFEG，则后序遍历结果为____ 。

【解析】本题比较难，如果掌握了本题，有关二叉树遍历的问题基本上都会迎刃而解。基本思路如下：①确定根结点。在前序遍历中，首先访问根结点，因此可以确定前序序列 DBACFEG 中的第一个结点 D 为二叉树的根结点。②划分左子树和右子树。在中序遍历中，访问根结点的次序为居中，首先访问左子树上的结点，最后访问右子树上的结点，可知，在中序序列 ABCDEFG 中，以根结点 D 为分界线，子序列 ABC 在左子树中，子序列 EFG 在右子树中，如图 1-1 所示。③确定左子树的结构。对于左子树 ABC，位于前序序列最前面的一个结点为子树的根结点，根据前序遍历结果，B 为该子树的根结点，中序序列中位于该根结点前面的结点构成左子树上的结点子序列，位于该根结点后面的结点构成右子树上的结点子序列，所以 A 为该左子树的左结点，C 为右结点。现在可确定左子树的结构如图 1-2 所示。④确定右子树的结构。同理，可知右子树的结构。

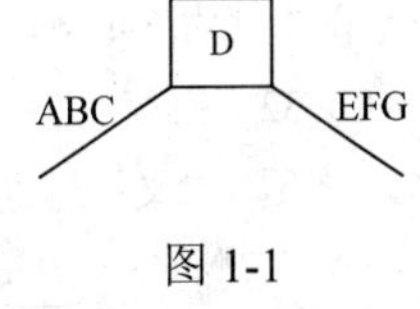

图 1-1

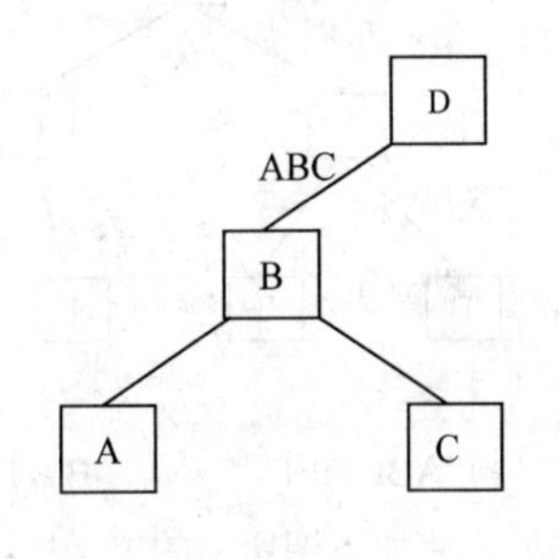

图 1-2

本二叉树恢复的结果如图 1-3 所示。

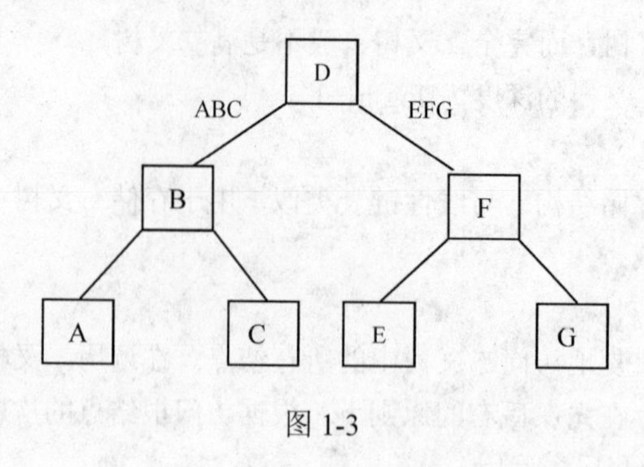

图 1-3

根据后序遍历的原则，该二叉树后序遍历的结果为 ACBEGFD。

强化训练

（1）在一颗二叉树上第 4 层的结点数最多是（ ）。

A）6　　B）8　　C）16　　D）7

（2）设一棵二叉树中有 3 个叶子结点，有 8 个度为 1 的结点，则该二叉树中总的结点数为（ ）。

A）12　　B）13　　C）14　　D）15

（3）如下图所示的 4 棵二叉树中，不是完全二叉树的是（ ）。

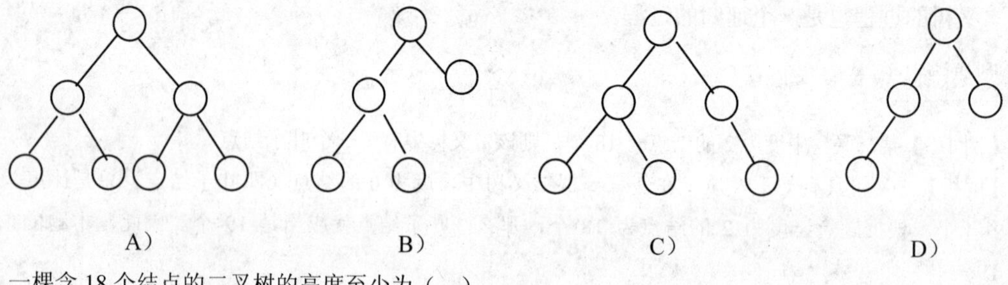

（4）一棵含 18 个结点的二叉树的高度至少为（ ）。

A）3　　B）4　　C）5　　D）6

（5）在深度为 5 的满二叉树中，叶子结点的个数为（ ）。

A）32　　B）31　　C）16　　D）15

（6）对下图二叉树进行后序遍历的结果为（ ）。

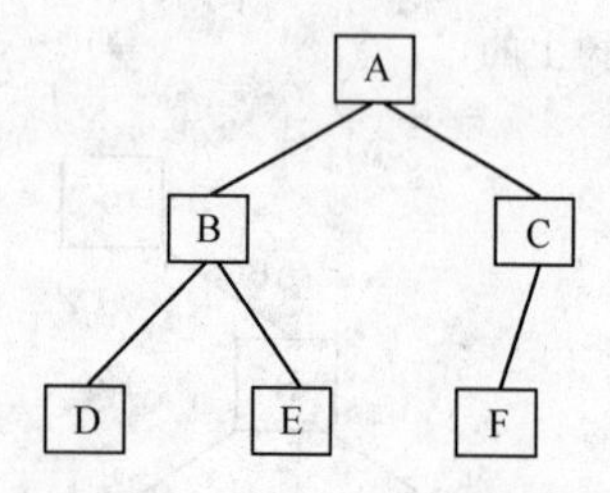

A）ABCDEF　　B）DBEAFC　　C）ABDECF　　D）DEBFCA

（7）设有如下图所示的二叉树：

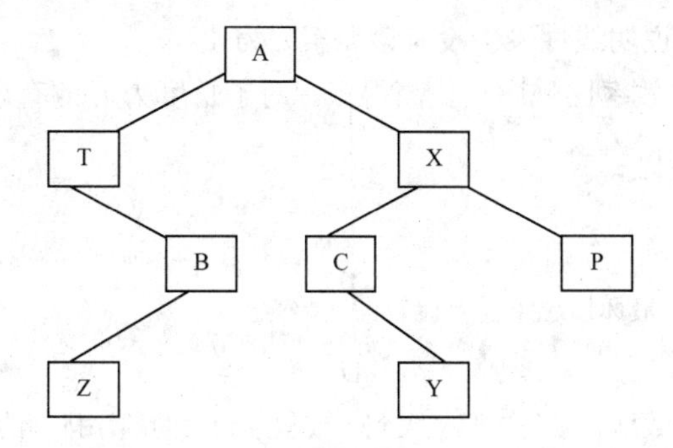

对此二叉树前序遍历的结果为（　）。

A）ZBTYCPXA　　B）ATBZXCYP　　C）ZBTACYXP　　D）ATBZXCPY

（8）设有如下图所示的二叉树：

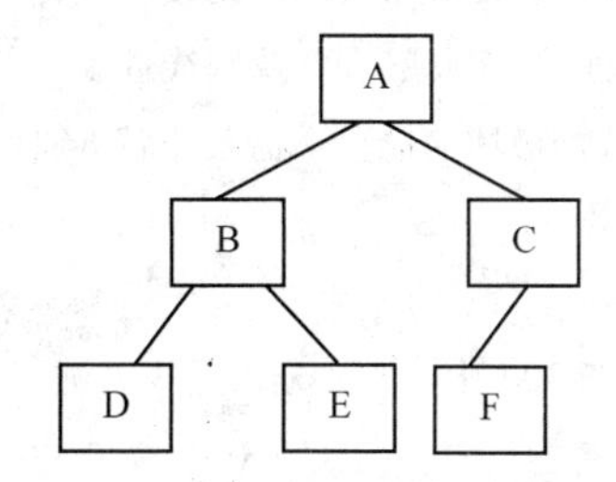

对此二叉树中序遍历的结果为（　）。

A）ABCDEF　　B）DBEAFC　　C）ABDECF　　D）DEBFCA

（9）以下数据结构中不属于线性数据结构的是（　）。

A）队列　　B）线性表　　C）二叉树　　D）栈

（10）在深度为 5 的完全二叉树中，度为 2 的结点数最多为____。

（11）一棵二叉树中共有 90 个叶子结点与 10 个度为 1 的结点，则该二叉树中的总结点数为____。

（12）若按层次顺序将一棵有 n 个结点的完全二叉树的所有结点从 1 到 n 编号，那么当 i 为偶数且小于 n 时，结点 i 的右兄弟是结点____，否则结点 i 没有右兄弟。

【答案】

（1）B （2）B （3）C （4）C （5）C （6）D （7）B （8）B （9）C （10）15 （11）189 （12）i+1

考点 6　查找技术

1. 顺序查找

顺序查找又称顺序搜索。顺序查找一般是指在线性表中查找指定的元素。

如果线性表中的第一个元素就是被查找的元素，则只需做一次比较就查找成功，最坏的情况是被查元素是线性表中的最后一个元素，或者被查元素在线性表中根本不存在，则为了查找这个元素需要与线性表中所有的元素进行比较。平均情况下，利用顺序查找法在线性表中查找一个元素，大约要与线性表中一半的元素进行比较。

2. 二分法查找

二分法查找只适用于顺序存储的有序表。

设有序线性表的长度为 n，被查元素为 x，则对分查找的方法为：将 x 与线性表的中间项进行比较，如果中间项的值等于 x，则说明查到，查找结束；如果 x 小于中间项的值，则在线性表的前半部分以相同的方法进行查找；如果大于中间项的值，则在线性表的后半部分以相同的方法进行查

找。这个过程一直进行到查找成功或子表长度为 0（说明线性表中没有该元素）为止。

当有序线性表为顺序存储时才能采用二分查找，效率比顺序查找高得多。对于长度为 n 的有序线性表，在最坏的情况下，二分查找只需要比较 $\log_2 n$ 次。

典型题解

【例1-7】在长度为64的有序线性表中进行顺序查找，最坏情况下需要比较的次数为（ ）。

A）63　　B）64　　C）6　　D）7

【解析】在长度为 64 的有序线性表中，其中的 64 个数据元素是按照从大到小或从小到大的顺序排列的。在这样的线性表中进行顺序查找，最坏的情况就是查找的数据元素不在线性表中或位于线性表的最后。按照线性表的顺序查找算法，首先用被查找的数据和线性表的第一个数据元素进行比较，若相等，则查找成功；否则，继续进行比较，即和线性表的第二个数据元素进行比较。同样，若相等，则查找成功；否则，继续进行比较。依此类推，直到在线性表中查找到该数据或查找到线性表的最后一个元素，算法才结束。因此，在长度为 64 的有序线性表中进行顺序查找，最坏的情况下需要比较 64 次。答案为选项 B。

强化训练

（1）在顺序表（3,6,8,10,12,15,16,18,21,25,30）中，用二分法查找关键码值 11，所需的关键码比较次数为（ ）。

A）2　　B）3　　C）4　　D）5

（2）在长度为 n 的有序线性表中进行二分查找，需要的比较次数为（ ）。

A）$\log_2 n$　　B）$n\log_2 n$　　C）n/2　　D）(n+1)/2

（3）下列数据结构中，能用二分法进行查找的是（ ）。

A）顺序存储的有序线性表　　B）线性链表

C）二叉链表　　D）有序线性链表

（4）在长度为 n 的线性表中查找一个表中不存在的元素，需要的比较次数为______。

【答案】

（1）C （2）A （3）A （4）n

考点 7　排序技术

排序是指将一个无序序列整理成按值非递减顺序排列的有序序列。

1. 交换类排序法

交换类排序法是指借助数据元素之间的互相交换进行排序的一种方法。冒泡排序法和快速排序法都属于交换类的排序方法。

① 冒泡排序。假设线性表的长度为 n，则在最坏情况下，冒泡排序需要经过 n/2 遍的从前往后的扫描和 n/2 遍的从后往前的扫描，需要的比较次数为 n(n−1)/2。

② 快速排序。快速排序法的基本思想为：从线性表中选取一个元素，设为 T，将线性表后面小于 T 的元素移到前面，而前面大于 T 的元素移到后面，结果就将线性表分成了两部分，T 插入到分界线的位置处，这个过程称为线性表的分隔。如果对分割后的各子表再按上述原则进行分割，并且，这种分割过程可以一直做下去，直到所有子表为空为止，则此时的线性表就变成了有序表。

2. 插入排序法

所谓插入排序，是指将无序序列中的各元素依次插入到已经有序的线性表中。

① 简单插入排序法。在简单插入排序中，每一次比较后最多移掉一个逆序，因此，这种排序

方法的效率与冒泡排序法相同。在最坏情况下，简单插入排序需要 n(n−1)/2 次比较。

② 希尔排序法。希尔排序的效率与所选取的增量序列有关。如果选取增量序列，则在最坏情况下，希尔排序所需要的比较次数为 $O(n^{1.5})$。

3. 选择类排序

① 简单选择排序。简单选择排序在最坏情况下需要比较 n(n−1)/2 次。

② 堆排序。在最坏情况下，堆排序需要比较的次数为 $O(n\log_2 n)$。

典型题解

【例 1-8】在最坏情况下，下列排序方法中时间复杂度最小的是（　）。

A）冒泡排序　　B）快速排序　　C）插入排序　　D）堆排序

【解析】在最坏情况下：冒泡排序、快速排序和插入排序需要的比较次数均为 n(n−1)/2，堆排序需要比较的次数为 $O(n\log_2 n)$。可知，在最坏情况下，堆排序的时间复杂度最小，本题的正确答案为选项 D。

强化训练

（1）对于长度为 10 的线性表，在最坏情况下，下列各排序法所对应的比较次数中正确的是（　）。

A）冒泡排序为 5　　B）冒泡排序为 10　　C）快速排序为 10　　D）快速排序为 45

（2）对长度为 10 的线性表进行冒泡排序，最坏情况下需要比较的次数为____。

（3）对输入的 N 个数进行快速排序的平均时间复杂度是________。

【答案】

（1）D　（2）45　（3）$O(N\log_2 N)$

1.2　程序设计基础

考点 1　程序设计方法与风格

就程序设计方法和技术的发展而言，程序设计主要经过了结构化程序设计和面向对象的程序设计阶段。要形成良好的程序设计风格，主要应注意和考虑下述一些因素。

1. 源程序文档化

① 符号的命名：符号名应具有一定的实际含义，以便于对程序功能的理解。

② 程序注释：正确的注释能够帮助读者理解程序。注释一般分为序言性注释和功能性注释。

③ 视觉组织：为使程序的结构一目了然，可以在程序中利用空格、空行、缩进等技巧使程序层次清晰。

2. 数据说明的方法

数据说明的风格一般应注意：数据说明的次序规范化；说明语句中变量安排有序化；使用注释来说明复杂数据的结构。

3. 语言结构

程序应简单易懂，语句构造应简单直接。

4. 输入和输出

输入输出的方式和格式应尽可能方便用户的使用。

典型题解

【例 1-9】对建立良好的程序设计风格，下面描述正确的是（　）。

A）程序应简单、清晰、可读性好　　B）符号名的命名只需符合语法

C）充分考虑程序的执行效率　　D）程序的注释可有可无

【解析】良好的程序设计风格主要包括设计的风格、语言运用的风格、程序文本的风格和输入输出的风格。设计的风格主要体现在 3 个方面：结构要清晰；思路要清晰；在设计程序时应遵循“简短朴实”的原则，切忌卖弄所谓的“技巧”。语言运用的风格主要体现在两个方面：选择合适的程序设计语言以及不要滥用语言中的某些特色。特别要注意，尽量不用灵活性大、不易理解的语句成分。程序文本的风格主要体现在 4 个方面：注意程序文本的易读性；符号要规范化；在程序中加必要的注释；在程序中要合理地使用分隔符等。输入输出的风格主要体现在 3 个方面：对输出的数据应该加上必要的说明；在需要输入数据时，应该给出必要的提示；以适当的方式对输入数据进行检验，以确认其有效性。总而言之，程序设计的风格应该强调简单和清晰，程序必须是可以理解的，强调“清晰第一，效率第二”。

综上所述，符号名的命名不仅要符合语法，而且符号名的命名应具有一定的实际含义，以便于对程序功能的理解。因此，选项 B 中的说法是错误的。由于程序设计的风格强调的是“清晰第一，效率第二”，而不是效率第一。因此，选项 C 中的说法也是错误的。程序中的注释部分虽然不是程序的功能，计算机在执行程序时也不会执行它，但不能错误地认为注释是可有可无的部分。在程序中加入正确的注释能够帮助读者理解程序，注释是提高程序可读性的重要手段。因此，选项 D 中的说法也是错误的。

因此，本题的正确答案为 A。

强化训练

源程序文档化要求程序应加注释。注释一般分为序言性注释和____ 。

【答案】

功能性注释

考点 2　结构化程序设计

1. 结构化程序设计的原则

结构化程序设计方法的主要原则为自顶向下，逐步求精，模块化，限制使用 goto 语句。

① 自顶向下：程序设计时，应先考虑总体，后考虑细节；先考虑全局目标，后考虑局部目标；先从最上层总目标开始设计，逐步使问题具体化。

② 逐步求精：对复杂问题，应设计一些子目标作为过渡，逐步细化。

③ 模块化：一个复杂问题，是由若干个简单问题构成的。模块化是把程序要解决的总目标分解为分目标，再进一步分解为具体的小目标，把每个小目标称为一个模块。

④ 限制使用 goto 语句：滥用 goto 语句有害，应尽量避免。

2. 结构化程序的基本结构和特点

采用结构化程序设计方法编写程序，可使程序结构良好、易读、易理解、易维护。程序设计语言仅用顺序、选择、重复 3 种基本控制结构就可以表达出各种其他形式结构的程序设计方法。

① 顺序结构：顺序结构是顺序执行结构，所谓顺序执行，就是按照程序语句行的自然顺序，一条语句一条语句地执行程序。

② 选择结构：又称为分支结构，它包括简单选择和多分支选择结构。这种结构根据设定的条

件，判断应该选择哪一条分支来执行相应的语句。

③ 重复结构：又称循环结构，它根据给定的条件，判断是否需要重复执行某一相同的或类似的程序段，利用重复结构可简化大量的程序行。重复结构有两类循环语句，先判断后执行循环体的称为当型循环结构，先执行循环体后判断的称为直到型循环结构。

遵循结构化程序的设计原则，按结构化程序设计方法设计出的程序具有的优点为：其一，程序易于理解、使用和维护；其二，提高了编程工作的效率，降低了软件开发成本。

3. 结构化程序的设计原则和方法的应用

在结构化程序设计的具体实施中，要注意把握如下因素：

① 使用程序设计语言的顺序、选择、循环等有限的控制结构表示程序的控制逻辑。

② 选用的控制结构只准许有一个入口和一个出口。

③ 程序语句组成容易识别的块，每块只有一个入口和一个出口。

④ 复杂结构应该应用嵌套的基本控制结构进行组合嵌套来实现。

⑤ 语言中所没有的控制结构，应该采用前后一致的方法来模拟。

⑥ 严格控制 goto 语句的使用。

典型题解

【例 1-10】下面描述中，符合结构化程序设计风格的是（　）。

A）使用顺序、选择和重复（循环）3 种基本控制结构表示程序的控制逻辑

B）模块只有一个入口，可以有多个出口

C）注重提高程序的执行效率

D）不使用 goto 语句

【解析】应该选择只有一个入口和一个出口的模块，故 B 选项错误；首先要保证程序正确，然后才要求提高效率，故C 选项错误；严格控制使用 goto 语句，必要时可以使用，故D 选项错误。因此，本题的正确答案为 A。

强化训练

（1）结构化程序设计主要强调的是（　）。

A）程序的规模　　B）程序的易读性　　C）程序的执行效率　　D）程序的可移植性

（2）符合结构化原则的 3 种基本控制结构为：顺序结构，选择结构和____。

（3）____是按照程序语句行的自然顺序，依次执行语句。

【答案】

（1）B　（2）重复结构 或 循环结构　（3）顺序结构

考点 3　面向对象的程序设计

1. 面向对象方法的主要优点

面向对象方法的主要优点为：与人类习惯的思维方式一致；稳定性好；可重用性好；易于开发大型软件产品；可维护性好。

2. 面向对象技术的基本概念

① 对象。面向对象的程序设计方法中涉及的对象是系统中用来描述客观事物的一个实体，是构成系统的一个基本单位，它由一组表示其静态特征的属性和它可执行的一组操作组成。

② 类和实例。类是具有共同属性、共同方法的对象的集合。类是对象的抽象，它描述了属于

该对象类型的所有对象的性质，而一个对象是其对应类的一个实例。类同对象一样，也包括一组数据属性和在数据上的一组合法操作。

③ 消息。消息是一个实例与另一个实例之间传递的信息，它请求对象执行某一处理或回答某一要求的信息，它统一了数据流和控制流。消息的使用类似于函数调用，消息中指定了某一个实例，一个操作和一个参数表。

④ 继承。继承是使用已有的类定义作为基础建立新类的定义技术。在面向对象技术中，把类组成为具有层次结构的系统：一个类的上层可以有父类，下层可以有子类；一个类直接继承其父类的描述（数据和操作）或特性，子类自动地共享基类中定义的数据和方法。

⑤ 多态性。对象根据所接受的信息而做出动作，同样的消息被不同的对象接受时可导致完全不同的行动，该现象称为多态性。

典型题解

【例 1-11】在面向对象方法中，类的实例称为____。

【解析】类描述的是具有相似性质的一组对象。例如，每本具体的书是一个对象，而这些具体的书都有共同的性质，它们都属于更一般的概念“书”这一类对象。一个具体对象称为类的实例。因此，本题的正确答案为对象。

强化训练

（1）下面对对象概念描述错误的是（　）。

A）任何对象都必须有继承性　　B）对象是属性和方法的封装体

C）对象间的通信靠消息传递　　D）操作是对象的动态属性

（2）在面向对象方法中，如果“人”是一类对象，“男人”、“女人”等都继承了“人”类的性质，因而是“人”的（　）？

A）对象　　B）实例　　C）子类　　D）父类

（3）在面向对象方法中，一个对象请求另一对象为其服务的方式是通过发送（　）。

A）调用语句　　B）命令　　C）口令　　D）消息

（4）下面概念中，不属于面向对象方法的是（　）。

A）对象　　B）继承　　C）类　　D）过程调用

（5）类是一个支持集成的抽象数据类型，而对象是类的____。

（6）在面向对象的程序设计中，类描述的是具有相似性质的一组____。

（7）在面向对象方法中，属性与操作相似的一组对象称为____。

（8）在面向对象的程序设计中，用来请求对象执行某一处理或回答某些信息的要求称为____。

【答案】

（1）A （2）C （3）D （4）D （5）实例 （6）对象 （7）类 （8）消息

1.3 软件工程基础

考点 1 软件工程基本概念

1. 软件及软件工程的定义

软件是计算机系统中与硬件相互依存的另一部分，是包括程序、数据及相关文档的完整集合。

程序是软件开发人员根据用户需求开发的，用程序设计语言描述的、适合计算机执行的指令序列。数据是使程序能正常操纵信息的数据结构。文档是与程序开发、维护和使用有关的图文资料。

软件工程学是用工程、科学和数学的原理与方法研制、维护计算机软件的有关技术及管理方法的一门工程学科。软件工程是应用于计算机软件的定义、开发和维护的一整套方法、工具、文档、实践标准和工序。

软件工程包括3个要素，即方法、工具和过程。方法是完成软件工程项目的技术手段；工具支持软件的开发、管理、文档生成；过程支持软件开发的各个环节的控制、管理。

2. 软件生命周期

软件产品从提出、实现、使用维护到停止使用退役的过程称为软件生命周期。一般包括可行性研究与需求分析、设计、实现、测试、交付使用以及维护等活动。还可将软件生命周期分为软件定义、软件开发及软件运行维护3个阶段。软件生命周期的主要活动阶段是：可行性研究与计划指定、需求分析、软件设计、软件实现、软件测试、运行和维护。

3. 软件开发工具与软件开发环境

软件开发工具与软件开发环境的使用提高了软件的开发效率、维护效率和软件质量。

典型题解

【例1-12】下面不属于软件工程3个要素的是（　）。

A）工具　　B）过程　　C）方法　　D）环境

【解析】软件工程包括3个要素，即方法、工具和过程。方法是完成软件工程项目的技术手段；工具是指支持软件的开发、管理、文档生成；过程是支持软件开发的各个环节的控制、管理。由此可知，环境不属于软件工程的3个要素之一。因此，本题的正确答案为D。

强化训练

（1）下面内容不属于使用软件开发工具好处的是（　）。

A）减少编程工作量

B）保证软件开发的质量和进度

C）节约软件开发人员的时间和精力

D）使软件开发人员将时间和精力花费在程序的编制和调试上

（2）在软件开发中，下面任务不属于设计阶段的是（　）。

A）数据结构设计　　B）给出系统模块结构

C）定义模块算法　　D）定义需求并建立系统模型

（3）软件是程序、数据和相关____的集合。

（4）软件工程研究的内容主要包括：____技术和软件工程管理。

（5）软件开发环境是全面支持软件开发全过程的____集合。

【答案】

（1）D（2）D（3）文档（4）软件开发（5）软件工具

考点2　结构化分析方法

1. 需求分析与需求分析方法

软件需求是指用户对目标软件系统在功能、行为、性能、设计约束等方面的期望。需求分析

的任务是发现需求、求精、建模和定义需求的过程。

需求分析阶段的工作，可概括为以下几方面：需求获取、需求分析、编写需求规格说明书、需求评审。

常见的需求分析方法有结构化分析方法和面向对象的分析方法。

2. 结构化分析方法

结构化分析方法是结构化程序设计理论在软件需求分析阶段的运用。结构化分析方法是着眼于数据流，自顶向下，逐层分解，建立系统的处理流程，以数据流图和数据字典为主要工具，建立系统的逻辑模型。

结构化分析的常用工具有数据流图、数字字典、判断树、判断表。

① 数据流图（DFD）。数据流图是描述数据处理过程的工具，是需求理解的逻辑模型的图形表示，它直接支持系统的功能建模。数据流图从数据传递和加工的角度，来刻画数据流从输入到输出的移动变换过程。数据流图中的主要图形元素如图 1-4 所示。

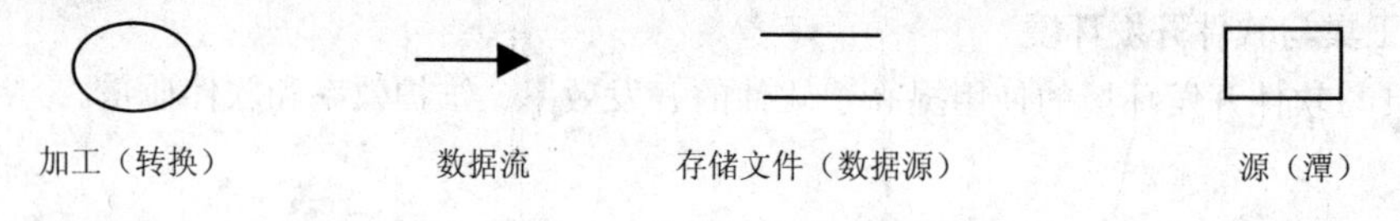

图 1-4

建立数据流图的步骤：由外向里，自顶向下，逐层分解。

② 数据字典（DD）。数据字典是结构化分析方法的核心。数据字典是对所有与系统相关的数据元素的一个有组织的列表。数据字典的作用是对数据流图中出现的被命名的图形元素的确切解释。数据字典包含的信息有名称、别名、何处使用/如何使用、内容描述、补充信息等。

3. 软件需求规格说明书

软件需求规格说明书把在软件计划中确定的软件范围加以展开，制定出完整的信息描述、详细的功能说明、恰当的检验标准以及其他与要求有关的数据。

典型题解

【例 1-13】在结构化方法中，用数据流程图（DFD）作为描述工具的软件开发阶段是（ ）。

A）可行性分析　　B）需求分析　　C）详细设计　　D）程序编码

【解析】结构化分析方法是结构化程序设计理论在软件需求分析阶段的运用。而结构化分析就是使用数据流图（DFD）、数据字典（DD）、结构化英语、判定表和判定树等工具，来建立一种新的、称为结构化规格说明的目标文档。所以数据流图是在需求分析阶段使用的。因此，本题的正确答案为 B。

强化训练

（1）需求分析的最终结果是产生（ ）。

A）项目开发计划　　B）需求规格说明书　　C）设计说明书　　D）可行性分析报告

（2）数据流图用于描述一个软件的逻辑模型，数据流图由一些特定的图符构成。下列图符名称标识的图符不属于数据流图合法图符的是（ ）。

A）控制流　　B）加工　　C）数据存储　　D）源和潭

（3）数据流图的类型有____和事务型。

（4）数据流图仅反映系统必须完成的逻辑功能，所以它是一种____模型。

【答案】

（1）B （2）A （3）变换型 （4）功能

考点 3　结构化设计方法

1. 软件设计的基本概念

从技术观点来看，软件设计包括结构设计、数据设计、接口设计、过程设计。从工程管理角度来看，软件设计分两步完成，即概要设计和详细设计。

2. 软件设计的基本原理

衡量软件的模块独立性，使用耦合性和内聚性两个定性的度量标准。耦合性是模块间互相联结的紧密程度的度量。内聚性是一个模块内部各个元素间彼此结合的紧密程度的度量。一般较优秀的软件设计，应尽量做到高内聚、低耦合。

3. 概要设计

概要设计也称总体设计。软件概要设计的任务是：设计软件系统结构、数据结构及数据库设计、编写概要设计文档、概要设计文档评审。

常用的软件设计工具为程序结构图。

典型的数据流类型有两种：变换型和事务型。

设计准则：提高模块独立性；模块规模适中；深度、宽度、扇入和扇出适当；使模块的作用域在该模块的控制域内；应减少模块的接口和界面的复杂性；设计成单入口、单出口的模块；设计功能可预测的模块。

4. 详细设计

详细设计为软件结构图中的每一个模块确定实现算法和局部数据结构，用某种选定的表达工具表示算法和数据结构的细节。

设计工具：图形工具（程序流程图、N-S、PAD、HIPO）、表格工具（判定表）、语言工具（伪码）。

典型题解

【例 1-14】为了使模块尽可能独立，要求（　）。

A）模块的内聚程度要尽量高，且各模块间的耦合程度要尽量强

B）模块的内聚程度要尽量高，且各模块间的耦合程度要尽量弱

C）模块的内聚程度要尽量低，且各模块间的耦合程度要尽量弱

D）模块的内聚程度要尽量低，且各模块间的耦合程度要尽量强

【解析】系统设计的质量主要反映在模块的独立性上。评价模块独立性的主要标准有两个：一是模块之间的耦合，它表明两个模块之间互相独立的程度；二是模块内部之间的关系是否紧密，称为内聚。一般来说，要求模块之间的耦合程度尽可能弱，即模块尽可能独立，而要求模块的内聚程度尽量高。综上所述，选项 B 的答案正确。

强化训练

（1）概要设计是软件系统结构的总体设计，以下选项中不属于概要设计的是（　）。

A）把软件划分成模块　　B）确定模块之间的调用关系

C）确定各个模块的功能　　D）设计每个模块的伪代码

（2）程序流程图中的箭头代表的是（ ）。

A）数据流　B）控制流　C）调用关系　D）组成关系

（3）在结构化方法中，用表达工具表示算法和数据结构的细节属于下列软件开发中的阶段是（ ）。

A）详细设计　B）需求分析　C）概要设计　D）编程调试

（4）软件详细设计的主要任务是确定每个模块的（ ）。

A）算法和使用的数据结构　B）外部接口

C）功能　D）编程

（5）在数据流图（DFD）中，带有名字的箭头表示（ ）。

A）模块之间的调用关系　B）程序的组成成分

C）控制程序的执行顺序　D）数据的流向

（6）在结构化方法中，软件功能分解属于下列软件开发中的阶段是（ ）。

A）概要设计　B）需求分析　C）详细设计　D）编程调试

（7）模块的独立性一般用两个准则来度量，即模块间的____和模块的内聚性。

【答案】

（1）D （2）B （3）A （4）A （5）D （6）A （7）耦合性

考点 4　软件测试

1. 软件测试方法和技术

软件测试是为了发现错误而执行程序的过程，其主要过程涵盖了整个软件生命期的过程。

若从是否需要执行被测软件的角度划分，软件测试方法和技术可以分为静态测试和动态测试方法。若按照功能划分，可以分为黑盒测试和白盒测试。

（1）白盒测试

白盒测试方法也称结构测试或逻辑驱动测试。白盒测试把测试对象看做一个打开的盒子，允许测试人员利用程序内部的逻辑结构及有关信息来设计或选择测试用例，对程序所有的逻辑路径进行测试。白盒测试在程序内部进行，主要用于完成软件内部操作的验证。

白盒测试的基本原则是：保证所测模块中每一独立路径至少执行一次；保证所测模块所有判断的每一分支至少执行一次；保证所测模块每一循环都在边界条件和一般条件下至少各执行一次；验证所有内部数据结构的有效性。

白盒测试的主要方法有逻辑覆盖、基本路径测试等。

（2）黑盒测试方法

黑盒测试方法也称功能测试或数据驱动测试。黑盒测试完全不考虑程序内部的逻辑结构和内部特性，只依据程序的需求和功能规格说明，检查程序的功能是否符合它的功能说明。黑盒测试在软件接口处进行。

黑盒测试主要诊断功能不对或遗漏、界面错误、数据结构或外部数据库访问错误、性能错误、初始化和终止条件错误。

黑盒测试的主要诊断方法有等价类划分法、边界值分析法、错误推测法、因果图法等，主要用于软件确认测试。

2. 软件测试的实施

软件测试一般按 4 个步骤进行，即单元测试、集成测试、确认测试和系统测试。通过这些步骤的实施来验证软件是否合格，能否交付用户使用。

典型题解

【例 1-15】下列对于软件测试的描述中正确的是（ ）。

A）软件测试的目的是证明程序是否正确

B）软件测试的目的是使程序运行结果正确

C）软件测试的目的是尽可能多地发现程序中的错误

D）软件测试的目的是使程序符合结构化原则

【解析】软件测试的目标是在精心控制的环境下执行程序，以发现程序中的错误，给出程序可靠性的鉴定。测试不是为了证明程序是正确的，而是在设想程序有错误的前提下进行的，其目的是设法暴露程序中的错误和缺陷。可见选项 C 的说法正确。

强化训练

（1）软件测试方法中的（ ）属于静态测试方法。

A）黑盒法　　B）路径覆盖　　C）错误推测　　D）人工检测

（2）用黑盒技术设计测试用例的方法之一为（ ）。

A）因果图　　B）逻辑覆盖　　C）循环覆盖　　D）基本路径测试

（3）在进行单元测试时，常用的方法是（ ）。

A）采用白盒测试，辅之以黑盒测试　　B）采用黑盒测试，辅之以白盒测试

C）只使用白盒测试　　D）只使用黑盒测试

（4）检查软件产品是否符合需求定义的过程称为（ ）。

A）确认测试　　B）集成测试　　C）验证测试　　D）验收测试

（5）若按功能划分，软件测试的方法通常分为白盒测试方法和____测试方法。

（6）软件测试的目的是尽可能发现软件中的错误，通常____是在代码编写阶段可进行的测试，它是整个测试工作的基础。

【答案】

（1）D （2）A （3）A （4）A （5）黑盒 （6）单元测试

考点 5　程序的调试

程序进行了成功的测试之后进入调试阶段，程序调试是诊断和改正程序中潜在的错误。调试主要在开发阶段。

程序的调试活动由两部分组成，一是根据错误的迹象确定程序中错误的确切性质、原因和位置。二是对程序进行修改，排除错误。

程序调试的基本步骤为：错误定位，修改设计和代码，进行回归测试。

软件调试的方法从是否跟踪和执行程序的角度，可分为静态调试和动态调试。静态调试主要指通过人的思维来分析源程序代码和排错，是主要的调试手段，而动态调试是辅助静态调试的。

主要的调试方法为：强行排错法，回溯法，原因排除法。

典型题解

【例 1-16】下列叙述中正确的是（ ）。

A）测试工作必须由程序编制者自己完成

B）测试用例和调试用例必须一致

C）一个程序经调试改正错误后，一般不必再进行测试

D）上述三种说法都不对

【解析】测试不是为了证明程序是正确的，而是在设想程序有错误的前提下进行的，其目的是设法暴露程序中的错误和缺陷，一般应当避免由开发者测试自己的程序，因此，选项 A 错误；测试是为了发现程序错误，不能证明程序的正确性，调试主要是推断错误的原因，从而进一步改正错误，调试用例与测试用例可以一致，也可以不一致，选项 B 错误；测试发现错误后，可进行调试并改正错误；经过调试后的程序还需进行回归测试，以检查调试的效果，同时也可防止在调试过程中引进新的错误，选项 C 错误。综上所述，选项 D 为正确答案。

强化训练

（1）软件调试的目的是（ ）。

A）发现错误　　B）改正错误　　C）改善软件的性能　　D）挖掘软件的潜能

（2）下面几种调试方法中不适合调试大规模程序的是（ ）。

A）强行排错法　　B）回溯法　　C）原因排除法　　D）静态调试

【答案】

（1）B （2）B

1.4 数据库设计基础

考点 1 数据库系统的基本概念

1. 数据、数据库、数据库管理系统

① 数据。数据是描述事物的符号记录。

② 数据库。数据库是数据的集合，它具有统一的结构形式并存放于统一的存储介质内，是多种应用数据的集成，并可被各个应用程序所共享。

③ 数据库管理系统。数据库管理系统（Database Management System，DBMS）是位于用户与操作系统之间的一个数据管理软件。负责数据库中的数据组织、数据操纵、数据维护、控制及保护和数据服务等。

④ 数据库管理员。由于数据库的共享性，因此对数据库的规划、设计、维护、监视等需要有专人管理，称他们为数据库管理员。主要工作有数据库设计、数据库维护、改善系统性能和提高系统效率等。

⑤ 数据库系统。数据库系统（Database System，DBS）由数据库（数据）、数据库管理系统（软件）、数据库管理员（人员）、硬件平台（系统平台之一）和软件平台（系统平台之一）5 部分组成。在数据库系统中，硬件平台包括：计算机和网络，软件平台包括：操作系统、数据库系统开发工具和接口软件。

2. 数据库系统的发展

数据管理的发展经历了 3 个阶段：

（1）人工管理阶段

人工管理阶段主要用于科学计算，硬件没有磁盘，数据被直接存取，软件没有操作系统。

（2）文件系统阶段

文件系统阶段具有简单的数据共享和数据管理能力，无法提供统一的、完整的管理和数据共享能力。

（3）数据库系统阶段

数据库系统阶段具有以下特点：

① 数据的集成性：采用统一的数据结构方式；按照多个应用的需要组织全局的统一的数据结构；每个应用的数据是全局结构中的一部分。

② 数据的高共享性与低冗余性：数据共享可减少数据冗余及存储空间，避免数据的不一致。

③ 数据独立性：这是数据与程序间的互不依赖性，即数据库中数据独立于应用程序而不依赖于应用程序。也就是说，数据的逻辑结构、存储结构与存取方式的改变不会影响应用程序。数据独立性分为物理独立性和逻辑独立性。

④ 数据统一管理与控制：主要包含 3 个方面，即数据的完整性检查、数据的安全性保护和并发控制。

3. 数据库系统的内部结构体系

数据库系统的三级模式：概念模式、外模式、内模式。

数据库系统的二级映射：概念模式到内模式的映射，外模式到概念模式的映射。

典型题解

【例 1-17】下列模式中，能够给出数据库物理存储结构与物理存取方法的是（　）。

A）内模式　　B）外模式　　C）概念模式　　D）逻辑模式

【解析】能够给出数据库物理存储结构与物理存取方法的是内模式。外模式是用户的数据视图，也就是用户所见到的数据模式。概念模式是数据库系统中全局数据逻辑结构的描述，是全体用户的公共数据视图。没有逻辑模式这一说法。因此，本题的正确答案为 A。

强化训练

（1）下述关于数据库系统的叙述中正确的是（　）。

A）数据库系统减少了数据冗余

B）数据库系统避免了一切冗余

C）数据库系统中数据的一致性是指数据类型一致

D）数据库系统比文件系统能管理更多的数据

（2）支持数据库各种操作的软件系统叫做（　）。

A）数据库管理系统　　B）文件系统　　C）数据库系统　　D）操作系统

（3）数据独立性是数据库技术的重要特点之一。所谓数据独立性是指（　）。

A）数据与程序独立存放　　B）不同的数据被存放在不同的文件中

C）不同的数据只能被对应的应用程序所使用　　D）以上三种说法都不对

（4）数据库是指按照一定的规则存储在计算机中的____的集合，它能被各种用户共享。

（5）数据独立性分为物理独立性和逻辑独立性。当数据的存储结构改变时，其逻辑结构可以不变，因此，基于逻辑结构的应用程序不必修改，称为____ 。

【答案】

（1）A （2）A （3）D （4）数据 （5）物理独立性

考点2　数据模型

1. 数据模型的基本概念

数据是现实世界符号的抽象，而数据模型是数据特征的抽象。数据模型所描述的内容有 3 个部分：数据结构、数据操作和数据约束。数据模型按不同的应用层次分成 3 种类型，分别是概念数据模型、逻辑数据模型和物理数据模型。

概念数据模型与具体的数据库管理系统无关，与具体的计算机平台无关。较为有名的概念模型有 E-R 模型、扩充的 E-R 模型、面向对象模型及谓词模型等。

逻辑数据模型又称数据模型，是一种面向数据库系统的模型。概念模型只有在转换成数据模型后才能在数据库中得以表示。大量使用过的逻辑数据模型有层次模型、网状模型、关系模型和面向对象模型等。

物理数据模型又称物理模型，它是一种面向计算机物理表示的模型，此模型给出了数据模型在计算机上物理结构的表示。

2. E-R 模型

（1）E-R 模型的基本概念

现实世界中的事物可以抽象成为实体，实体是概念世界中的基本单位，它们是客观存在的且又能相互区别的事物。凡是有共性的实体可组成一个集合，称为实体集。

属性刻画了实体的特征。一个实体可以有若干个属性。每个属性可以有值，一个属性的取值范围称为该属性的值域或值集。

现实世界中事物间的关联称为联系。

（2）实体间的联系

实体集间的联系可以归结为 3 类：

① 一对一的联系，简记为 1:1。

② 一对多的联系，简记为 M:1（m:1）或 1:M（1:m）。

③ 多对多的联系，简记为 M:N 或 m:n。

（3）E-R 模型的图示法

E-R 模型可以用一种直观图的形式来表示，这种图称为 E-R 图。

3. 层次模型

层次模型的基本结构是树形结构，自顶向下，层次分明。由于层次模型形成早，受文件系统影响大，模型受限制多，物理成分复杂，操作与使用均不理想，且不适用于表示非层次性的联系。

4. 网状模型

网状模型是不加任何条件限制的无向图。网状模型在数据表示和数据操纵方面比层次模型更高效、更成熟。但网状模型在使用时涉及系统内部的物理因素较多，用户使用操作并不方便，其数据模式与系统实现也不甚理想。

5. 关系模型

（1）关系的数据结构

关系模型采用二维表来表示，简称表。二维表由表框架和表的元组组成。表框架由 n 个命名的属性组成，每个属性有一个取值范围称为值域。在框架中按行可以存放数据，每行数据称为元组。

在二维表中能唯一标识元组的最小属性集称为该表的键或码。二维表中可能有若干个键，它们称为该表的候选码或候选键。从二维表的所有候选键中选取一个作为用户使用的键称为主键或主码。表 A 中的某属性集是某表 B 的键，则称该属性集为 A 的外键或外码。

表中一定要有键，如果表中所有属性的子集均不是键，则表中属性的全集必为键。在关系元组的分量中允许出现空值表示信息的空缺。主键中不允许出现空值。

关系框架与关系元组构成一个关系。一个语义相关的关系集合构成一个关系数据库。关系的框架称为关系模式，而语义相关的关系模式集合构成了关系数据库模式。

关系模式支持子模式，关系子模式是关系数据库模式中用户所见到的那部分数据模式的描述。关系子模式也是二维表结构，关系子模式对应的用户数据库称为视图。

（2）关系的操纵

关系模型的数据操纵，即是建立在关系上的数据操纵，一般有查询、增加、删除及修改 4 种。

（3）关系中的数据约束

关系模型允许定义 3 类数据约束，它们是实体完整性约束、参照完整性约束和用户完整性约束。

典型题解

【例 1-18】如果一个工人可管理多台设备，而一台设备只被一个工人管理，则实体“工人”与实体“设备”之间存在____关系。

【解析】实体之间的联系可以归结为 3 类：一对一的联系，一对多的联系，多对多的联系。设有两个实体集 E1 和 E2，如果 E2 中的每一个实体与 E1 中的任意个实体（包括零个）有联系，而 E1 中的每一个实体最多与 E2 中的一个实体有联系，则称这样的联系为“从 E2 到 E1 的一对多的联系”，通常表示为“1:n 的联系”。由此可见，工人和设备之间是一对多关系。

强化训练

（1）设计数据库前，常常先建立概念数据模型，用（　）来表示实体类型及实体间的联系。

A）数据流图　　B）E-R 图　　C）模块图　　D）程序框图

（2）在关系数据库中，用来表示实体之间联系的是（　）。

A）树形结构　　B）网状结构　　C）线形表　　D）二维表

（3）一个学生关系模式为（学号，姓名，班级号，……），其中学号为关键字；一个班级关系模式为（班级号，专业，教室，……），其中班级号为关键字；则学生关系模式中的外关键字为____。

（4）关系模型的完整性规则是对关系的某种约束条件，包括实体完整性、____和自定义完整性。

（5）关系中的属性或属性组合，其值能够唯一地标识一个元组，该属性或属性组合可选作____。

（6）在关系数据库中，把数据表示成二维表，每一个二维表称为____。

【答案】

（1）B（2）D（3）班级号（4）参照完整性（5）键 或 码（6）关系 或 关系表

考点 3　关系代数

关系数据库系统建立在数学理论的基础之上，使用关系代数可以表示关系模型的数据操作。由于操作是对关系的运算，而关系是有序组的集合，因此，可以将操作看成是集合的运算。

1. 关系模型的基本运算

（1）插入

设有关系 R 需插入若干元组，要插入的元组组成关系 R′，则插入可用集合并运算表示为 $R \cup R'$。

（2）删除

设有关系 R 需删除若干元组，要删除的元组组成关系 R′，则删除可用集合差运算表示为 R–R′。

（3）修改

修改关系 R 内的元组内容可以用下面的方法实现：设需修改的元组构成关系 R′，则先作删除得 R–R′。设修改后的元组构成关系 R″，此时将其插入即得到结果：(R–R′)∪R″。

（4）查询

① 投影运算：投影运算是在给定关系的某些域上进行的运算。经过投影运算后，会取消某些列，而且有可能出现一些重复元组。

② 选择运算：关系 R 通过选择运算后，由 R 中满足逻辑条件的元组组成。

③ 笛卡儿积运算：对于两个关系的合并操作可以用笛卡儿积表示。设有 n 元关系 R 及 m 元关系 S，它们分别有 p、q 个元组，则关系 R 与 S 经笛卡儿积记为 R×S，该关系是一个 n+m 元关系，元组个数是 p×q，由 R 与 S 的有序组组合而成。

2. 关系代数中的扩充运算

① 交运算。关系 R 与 S 经交运算后所得到的关系是由那些既在 R 内又在 S 内的有序组所组成，记为 R∩S。

② 除运算。当关系 T=R×S 时，则可将除运算写为 T÷R=S 或 T/R=S。设有关系 T、R，T 能被 R 除的充分必要条件是：T 中的域包含 R 中的所有属性；T 中有一些域不出现在 R 中。在除运算中 S 的域由 T 中那些不出现在 R 中的域所组成。

③ 连接与自然连接运算。连接运算又可称为 θ 连接运算，通过它可以将两个关系合并成一个大关系。

典型题解

【例 1-19】下列关系运算中，能使经运算后得到的新关系中属性个数多于原来关系中属性个数的是（　）。

A）选择　　B）连接　　C）投影　　D）并

【解析】选择运算是在指定的关系中选取所有满足给定条件的元组，构成一个新的关系，而这个新的关系是原关系的一个子集。因此，关系经选择运算后得到的新关系中属性个数不会多于原来关系中属性个数。所以选项 A 错误。连接运算是对两个关系进行的运算，其意义是从两个关系的笛卡儿积中选出满足给定属性间一定条件的那些元组。而两个关系的笛卡儿积中的属性个数是两个原关系中的属性个数之和，即两个关系经连接运算后得到的新关系中的属性个数多于原来关系中的属性个数。因此，本题的正确答案是 B。投影运算是在给定关系的某些域上进行的运算。通过投影运算可以从一个关系中选择出所需要的属性成分，并且按要求排列成一个新的关系，而新关系的各个属性值来自原关系中相应的属性值。因此，经过投影运算后，会取消某些列，即关系经投影运算后得到的新关系中属性个数要少于原来关系中的属性个数。所以选项 C 错误。属性值取自同一个域的两个 n 元关系经并运算后仍然是一个 n 元关系，它由属于关系 R 或属于关系 S 的元组组成。因此，两个关系经并运算后得到的新关系中的属性个数不会多于原来关系中的属性个数。所以选项 D 错误。

强化训练

（1）关系数据库管理系统能实现的专门关系运算包括（　）。

A）排序、索引、统计　　B）选择、投影、连接

C）关联、更新、排序　　D）显示、打印、制表

（2）设有关系 R 及关系 S，它们分别有 p、q 个元组，则关系 R 与 S 经笛卡儿积后所得新关系的元组个数是（　）。

A）p　　B）q　　C）p+q　　D）p×q

（3）如果对一个关系实施了一种关系运算后得到了一个新的关系，而且新关系中的属性个数少于原来关系中的属性个数，这说明所实施的运算关系是（　）。

A）选择　　B）投影　　C）连接　　D）并

（4）按条件 f 对关系 R 进行选择，其关系代数表达是（　）。

A）$R \bowtie R$　　B）$R \bowtie f$　　C）σ_f（R）　　D）π_f（R）

（5）设有 n 元关系 R 及 m 元关系 S，则关系 R 与 S 经笛卡儿积后所得的新关系是一个（　）元关系

A）m　　B）n　　C）m+n　　D）m*n

（6）下列关于关系运算的叙述中正确的是（　）。

A）投影、选择、连接是从二维表的行的方向来进行运算

B）并、交、差是从二维表的列的方向来进行运算

C）投影、选择、连接是从二维表的列的方向来进行运算

D）以上 3 种说法都不对

（7）在关系运算中，____运算是在给定关系的某些域上进行的运算。

（8）在关系运算中，____运算是在指定的关系中选取所有满足给定条件的元组，构成一个新的关系，而这个新的关系是原关系的一个子集。

【答案】

（1）B （2）D （3）A （4）C （5）C （6）C （7）投影 （8）选择

考点 4　数据库设计与管理

数据库设计目前一般采用生命周期法，即将整个数据库应用系统的开发分解成目标独立的若干阶段。它们是：需求分析阶段、概念设计阶段、逻辑设计阶段、物理设计阶段、编码阶段、测试阶段、运行阶段、进一步修改阶段。

1. 数据库设计的需求分析

需求分析阶段的任务是通过详细调查现实世界要处理的对象，充分了解原系统的工作概况，明确用户的各种需求，然后在此基础上确定新系统的功能。

分析和表达用户的需求，经常采用的方法有结构化分析方法和面向对象的方法。结构化分析方法用自顶向下、逐层分解的方式分析系统。数据流图表达了数据和处理过程的关系，数据字典对系统中数据的详尽描述是各类数据属性的清单。数据字典是进行详细的数据收集和数据分析所获得的主要结果。

数据字典是各类数据描述的集合，它包含 5 个部分，即数据项、数据结构、数据流、数据存储和处理过程。数据字典是在需求分析阶段建立的，在数据库设计过程中不断修改、充实、完善。

2. 数据库的概念设计

（1）数据库概念设计

数据库概念设计的目的是分析数据间内在的语义关联，在此基础上建立一个数据的抽象模型。数据库概念设计的方法有两种：集中式模式设计法；视图集成设计法。

（2）数据库概念设计的过程

使用 E-R 模型与视图集成法进行设计时，需要按以下步骤进行：首先选择局部应用，再进行

局部视图设计，最后通过对局部视图进行集成得到概念模式。

3. 数据库的逻辑设计

（1）从 E-R 图向关系模式转换

将 E-R 图转换为关系模型的转换方法如下：

① 一个实体型转换为一个关系模式。

② 一个 1:1 联系可以转换为一个独立的关系模式，也可以与任意一端（一般为全部参与方）对应的关系模式合并。

③ 一个 1:n 联系可以转换为一个独立的关系模式，也可以与 n 端对应的关系模式合并。

④ 一个 m:n 联系转换为一个关系模式。

3 个或 3 个以上实体间的多元联系转换为一个关系模式。

具有相同码的关系模式可合并。

（2）逻辑模式规范化

在关系数据库设计中经常存在的问题有：数据冗余、插入异常、删除异常和更新异常。

数据库规范化的目的在于消除数据冗余和插入/删除/更新异常。规范化理论有 4 个范式，从第一范式到第四范式的规范化程度逐渐升高。

（3）关系视图设计

关系视图设计又称为外模式设计。关系视图是在关系模式基础上所设计的直接面向操作用户的视图，它可以根据用户需求随时创建。

4. 数据库的物理设计

数据库物理设计的主要目标是对数据库内部物理结构作调整并选择合理的存取路径，以提高数据库访问速度及有效利用存储空间。

5. 数据库管理

数据库管理包括数据库的建立、调整、重组、安全性与完整性控制、故障恢复和监控。

典型题解

【例 1-20】下列叙述中正确的是（ ）。

A）数据库系统是一个独立的系统，不需要操作系统的支持

B）数据库设计是指设计数据库管理系统

C）数据库技术的根本目标是要解决数据共享的问题

D）数据库系统中，数据的物理结构必须与逻辑结构一致

【解析】对于 A 选项，数据库系统需要操作系统的支持，必不可少，故其叙述不正确。B 选项错误，因为数据库设计是指设计一个能满足用户要求，性能良好的数据库。D 选项也不对，因为数据库应该具有物理独立性和逻辑独立性，改变其一而不影响另一个。正确答案为 C。

强化训练

（1）E-R 模型可以转换成关系模型。当两个实体间的联系是 m:n 联系时，它通常可转换成（ ）个关系模式。

A）2　　B）3　　C）m+n　　D）m*n

（2）规范化理论中分解（ ）主要是消除其中多余的数据相关性。

A）关系运算　　B）内模式　　C）外模式　　D）视图

（3）在数据库设计的 4 个阶段中，为关系模式选择存取方法（建立存取路径）应该是在（ ）阶段。

A）需求分析　　B）概念设计　　C）逻辑设计　　D）物理设计

（4）数据库的设计通常可以分为这样 4 个步骤：____、概念设计、逻辑设计和物理设计。

（5）在数据库逻辑结构的设计中，将 E-R 模型转换为关系模型应遵循相关原则。对于 3 个不同实体集和它们之间的多对多联系 m:n:p，最少可转换为____个关系模式。

（6）数据库的建立包括数据模式的建立和数据____。

【答案】

（1）B （2）A （3）D （4）需求分析 （5）4 （6）加载

第2章 Visual Basic程序开发环境

● 考点概览

本章内容在考试中所占比例很小。分析历次考试中所占的比例，在考试中一般是 1 道选择题，有时可能不涉及该章内容，平均合计 2 分。

● 重点考点

本章主要是对 Visual Basic 的基础性介绍，考核的知识点较少，主要侧重于对 Visual Basic 的一般性了解，是以后各章节的基础。

● 复习建议

① 了解 Visual Basic 的特点，尤其是其事件驱动的编程机制。

② 了解 Visual Basic 的版本，掌握 Visual Basic 6.0 包括的 3 种版本。

③ 会使用 Visual Basic 的启动与退出。

④ 本章没有难点，也不是考试重点，简单了解即可，不用花太多时间和精力。

2.1 Visual Basic 的特点和版本

1. Visual Basic 的特点

Visual Basic 的特点如下：

可视化的编程方法以及向导的功能；面向对象编程的程序设计；结构化程序设计语言；事件驱动的编程机制；强大的数据功能，允许对包括 Microsoft SQL Server 和其他企业数据库在内的大部分数据库格式建立数据库和前端应用程序。

2. Visual Basic 的版本

Visual Basic 6.0 包括 3 种版本，分别为学习版（Learning）、专业版（Professional）、企业版（Enterprise）。

典型题解

【例 2-1】下列说法不是 Visual Basic 特点的是（　）。

A）可视化编程　　　　B）面向对象的程序设计

C）数据库管理功能差　　　　D）事件驱动编程机制

【解析】选项 A、B、D 都是 Visual Basic 的特点，同时 Visual Basic 系统具有很强的数据库管理功能。利用数据控件和数据库管理窗口，可以直接建立或处理 Microsoft Access 格式的数据库，并提供了强大的数据存储和检索功能。Visual Basic 还能直接编辑和访问其他外部数据库，如 Btrieve、dBase、FoxPro、Paradox 等，这些数据库格式都可以用 Visual Basic 编辑和处理。可见，选项 C 不是 Visual Basic 的特点，正确答案为选项 C。

强化训练

（1）Visual Basic 有很多版本，其中为专业编程人员提供的版本是（　）。

A）学习版　　B）专业版　　C）企业版　　D）网络版

（2）用 Visual Basic 编写的应用程序的特点是（　）。

A）无须有明显的程序开头和结尾部分　　B）无须编写任何程序代码

C）必须有明确的开头程序才能启动运行　　D）必须有结尾的程序才能正常结束运行

（3）可视化编程的最大优点是（　）。

A）具有标准工具箱　　B）一个工程文件由若干个窗体文件组成

C）不需要编写大量代码来描述图形对象　　D）所见即所得

（4）使两种不同的应用程序之间进行数据通信的技术称为（　）。

A）对象链接和嵌入　　B）动态链接库　　C）动态数据交换　　D）数据库管理功能

【答案】

（1）B　（2）A　（3）C　（4）C

2.2　Visual Basic 的启动与退出

1. Visual Basic 的启动

Windows 启动后，可以用多种方法启动 Visual Basic，考生实际操作几次即可掌握。

2. Visual Basic 的退出

可以用多种方法退出 Visual Basic，考生实际操作几次即可掌握。

典型题解

【例 2-2】在正确安装 Visual Basic 后，可以通过多种方式启动 Visual Basic。以下方式中，能启动 Visual Basic 的是（　）。

A）在 DOS 下，运行 Vb6.exe　　B）打开*.scc 文件，Visual Basic 即运行

C）打开*.vbw 文件，Visual Basic 即运行　　D）通过“我的电脑”找到 Vb6.exe，运行之

【解析】除了打开一般应用程序的方法都可以启动 Visual Basic 外，双击工程文件*.vbp 也可以启动 Visual Basic。选项 D 就是传统的打开应用程序的方式，可以成功启动 Visual Basic。Visual Basic 是基于 Windows 的程序设计语言，运行环境必须是 Windows，可见按选项 A 进入 DOS 方式来启动是错误的。选项 B、C 不是正确的文件类型，不能正确启动 Visual Basic。本题正确答案为选项 D。

强化训练

（1）启动 Visual Basic 后，系统为用户新建的工程起一个名为（　）的临时名称。

A）工程 1　　B）窗体 1　　C）工程　　D）窗体

（2）下列操作中，能退出 Visual Basic 的是（　）。

A）单击右键，选择“关闭”

B）<Ctrl+T>

C）打开“文件”菜单，执行其中的“移除工程”命令

D）直接单击工程窗口右上角的“关闭”符号

【答案】

（1）A （2）D

2.3 主窗口

主窗口也称设计窗口。启动了 Visual Basic 6.0 后，主窗口位于集成环境的顶部，该窗口由标题栏、菜单栏和工具栏组成。启动 Visual Basic 后水平条内将显示“工程 1－Microsoft Visual Basic[设计]”，如图 2-1 所示。

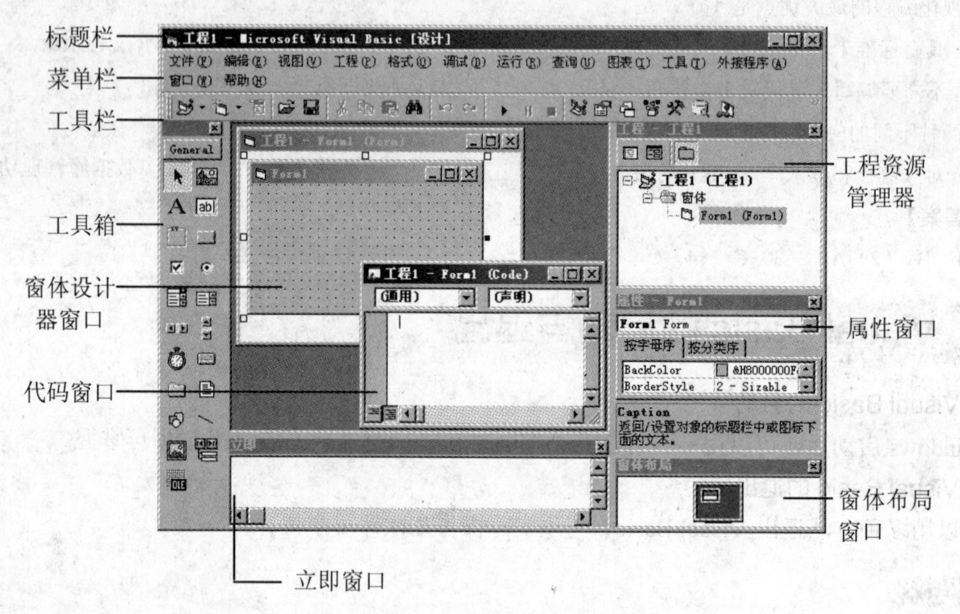

图 2-1 Visual Basic 的主窗口

典型题解

【例 2-3】激活菜单栏的错误操作是（ ）。

A）按<F10>键 B）按<Alt>键 C）按<Esc>键 D）按菜单项后面括号中的字母键

【解析】激活菜单栏的方法有多种：一是按<F10>键，即选项 A；二是按<Alt>键，即选项 B；三是键盘选择，即按菜单项后面括号中的字母键，也即选项 D。选项 C 不能激活菜单栏，正确答案为选项 C。

强化训练

（1）“文件”下拉菜单中有一个标有<Ctrl+O>组合键命令的菜单命令，该命令的功能是（ ）。

A）打开窗体文件 B）打开工程文件

C）打开二进制文件 D）打开标准模块文件

（2）工具栏中的“启动”按钮的作用是（ ）。

A）运行一个应用程序 B）运行一个窗体

C）工程管理窗口 D）打开被选中对象的代码窗口

（3）工具栏中复制、剪切、粘贴按钮所对应的菜单命令放置于主菜单项____下拉菜单中。

【答案】

（1）B （2）A （3）编辑

2.4　其他窗口

1. 窗体设计器窗口

窗体设计器窗口简称窗体，是应用程序最终面向用户的窗口。

2. 工程资源管理器窗口

工程资源管理器窗体中显示出工程的层次列表以及应用程序所需要的文件的清单，同时还提供了一定的管理功能。工程资源管理器一般包括两个部分，分别是工具按钮和浏览窗口。

3. 属性窗口

属性窗口分为三个部分，分别是对象框、属性列表和属性解释。

4. 工具箱窗口

工具箱中包含了可以添加到用户界面中的各种控件：图片、标签、按钮、列表框、滚动条、菜单以及几何图形等。

典型题解

【例 2-4】以下不能在“工程资源管理器”窗口中列出的文件类型是（　）。

A）.bas　　B）.res　　C）.frm　　D）.ocx

【解析】工程资源管理器中的文件类型主要有.bas、.res、.cls、.frm、.vbg、.vbp 等 6 种，分别对应标准模块文件、资源文件、类模块文件、窗体文件、工程组文件以及工程文件。.ocx 是 Visual Basic 中的 ActiveX 控件的文件。本题正确答案为选项 D。

强化训练

（1）“工程资源管理器”的用途是（　）。

A）显示窗体文件、标准文件和类模块文件

B）只显示工程文件的内容，以使用户了解工程的组成

C）组织、管理工程文件

D）方便用户打开相应的“代码编辑器”窗口和“窗体设计器”窗口

（2）每个窗体对应一个窗体文件，窗体文件的扩展名是（　）。

A）.bas　　B）.cls　　C）.frm　　D）.vbp

（3）窗体设计器是用来设计（　）。

A）应用程序的代码段　　B）应用程序的界面

C）对象的属性　　D）对象的事件

（4）在设计阶段，当双击窗体上的某个控件时，所打开的窗口是（　）。

A）工程资源管理器窗口　　B）工具箱窗口

C）代码窗口　　D）属性窗口

（5）属性窗口分为三个部分，分别是对象框、属性列表和____。

（6）“工程窗口”中显示的内容是与工程相关的所有文件和____的清单。

（7）窗体布局窗口的主要用途是调整程序运行时窗体显示的____。

【答案】

（1）C　（2）C　（3）B　（4）C　（5）属性解释　（6）对象　（7）位置

第3章 对象及其操作

考点概览

在历次考试中，本章一般是1~2道选择题，合计2~4分。

重点考点

① 面向对象的概念是用 Visual Basic 进行应用程序设计的重要概念，也是 Visual Basic 程序设计的重点。

② 窗体的属性、方法和事件是本章考试的重点内容，是学习以后章节，尤其是上机考试的基础。

本章考试知识点主要集中在窗体部分，其他部分虽然不单独考核，但它是以后章节的基础，也需要掌握。

复习建议

① Visual Basic 程序设计实际上是与一组标准对象进行交互的过程，因此，应该准确地理解对象的概念，这是学习面向对象编程的基础。对象具有属性、方法和事件。属性是描述对象的数据，方法告诉对象应做的事情，事件是对象所产生的事情。

② 了解了对象的概念后，进一步学习窗体的概念。窗体也是一个对象，掌握窗体的各种属性、方法和事件。

③ 控件也是一个对象，这里要学会控件的画法。

④ 学习完前面的内容后，可以自己写一些程序段来熟悉窗体和控件的相关属性、方法和时间。

3.1 对象

1. 什么是对象

对象是 Visual Basic 程序设计的核心。窗体和控件是对象，数据库也是对象。对象是被封装的，同时包含其代码和数据。Visual Basic 对象具有属性、方法和事件。属性是描述对象的数据，方法告诉对象应做的事情，事件是对象所产生的事情。

2. 对象属性

属性是描述对象的一个特征，不同的对象有不同的属性。可以在属性列表中为具体的对象选择所需要的属性，也可以在程序中用程序语句设置，一般格式为：

对象名.属性名称=新设置的属性值

3. 对象事件

事件（Event）是由 Visual Basic 预先设置好的、能够被对象识别的动作，如 Click（单击）、Load

（装入）、Change（改变）等，不同的对象能够识别的事件也不一样，事件过程的一般格式：

```
Private Sub 对象名称_事件名称()
事件响应程序代码
End Sub
```

4. 对象方法

Visual Basic 是面向对象的程序设计（OOP）语言，在其中引入了方法。方法是特殊的过程和函数，是特定对象的一部分，其操作和过程、函数的操作相同，其调用格式为：

对象名称.方法名称

5. 对象属性设置

对象属性可以通过程序代码设置，也可以通过属性窗口设置。不管是哪种方式，首先必须选择一个对象，然后激活属性窗口设置属性。

典型题解

【例 3-1】以下叙述中错误的是（　）。

A）事件过程是响应特定事件的一段程序　B）不同的对象可以具有相同名称的方法

C）对象的方法是执行指定操作的过程　D）对象事件的名称可以由编程者指定

【解析】Visual Basic 中对象的事件、方法和属性的名称都是由 Visual Basic 事先定义好的，不能由编程者指定。编程者只可在 Visual Basic 中定义变量，建立 Sub 过程、Function 函数过程等。本题正确答案为选项 D。

强化训练

（1）下列叙述中错误的是（　）。

A）Visual Basic 的所有对象都具有相同的属性项

B）Visual Basic 的同一类对象都具有相同的属性和行为方式

C）属性用来描述和规定对象应具有的特征和状态

D）设置属性的方法有两种

（2）“对象”是将数据和程序（　）起来的一个逻辑实体。

A）连接　B）封装　C）串接　D）伪装

（3）事件的名称（　）。

A）都要由用户定义　B）有的由用户定义，有的由系统定义

C）都是由系统预先定义　D）是不固定的

（4）把焦点移到某个指定的控件上，所使用的方法是（　）。

A）Setfocus　B）Visible　C）Refresh　D）Getfocus

（5）下列叙述正确的是（　）。

A）对象是包含数据又包含对数据进行操作的方法的物理实体

B）对象的属性只能在属性窗口中设置

C）不同的对象能识别不同的事件

D）事件过程都要由用户单击对象来触发

【答案】

（1）A　（2）B　（3）C　（4）A　（5）C

3.2 窗体

考点1 窗体的结构与属性

1. 窗体的结构

窗体结构主要包括：系统菜单、标题栏、最大化按钮、最小化按钮、关闭按钮。

2. 窗体的属性

窗体的属性决定了窗体的外观和操作。可以通过两种方法设置：一是通过属性窗口设置；一是在窗体过程中通过程序代码设置。

典型题解

【例 3-2】以下能在窗体 Form1 的标题栏中显示“第一个窗体”的语句是（ ）。

A）Form1.Name="第一个窗体"　　B）Form1.Title="第一个窗体"

C）Form1.Caption="第一个窗体"　　D）Form1.Text="第一个窗体"

【解析】本题的四个选项都是用程序代码设置窗体的属性，Caption 属性返回窗体标题栏中的内容。注意 Caption 与 Name 属性的区别。Name 是窗体的名称，专门用来在程序代码中指代窗体。本题正确答案为选项 C。

强化训练

（1）如果要改变窗体的标题，则需要设置的属性是（ ）。

A）Caption　B）Name　C）BackColor　D）BorderStyle

（2）把窗体设置为不可见的应该将（ ）属性设置为 False。

A）Font　B）Caption　C）Enabled　D）Visible

（3）为了使窗体的大小可以改变，必须把它的 BorederStyle 属性设置为（ ）。

A）1　B）2　C）3　D）4

（4）要使一个命令按钮成为图形命令按钮，则应设置其（ ）属性值。

A）Picture　B）Style　C）DownPicture　D）DisablePicture

（5）以下叙述中正确的是（ ）。

A）窗体的 Name 属性指定窗体的名称，用来标识一个窗体

B）窗体的 Name 属性的值是显示在窗体标题栏中的文本

C）可以在运行期间改变对象的 Name 属性的值

D）对象的 Name 属性值可以为空

（6）下列窗体属性中属于逻辑类型的是（ ）。

A）Name 和 Caption　B）MaxButton 和 MinButton

C）Visible 和 Top　D）BorderStyle 和 WindowState

（7）设置窗体外观效果所使用的属性项是 Appearance，设置窗体是否可被移动的属性项是____。

【答案】

（1）A （2）D （3）B （4）B （5）A （6）B （7）Moveable

考点 2　窗体事件

与窗体相关的事件很多，其中常用的有以下几个：Click 事件、DblClick 事件、Load 事件、Unload 事件、Activate 事件、Deactivate 事件、Paint 事件等。

典型题解

【例 3-3】以下程序是一个窗体双击事件代码，窗体的名称是 Mywindow。窗体上有一个名为 text1 的文本框，用来显示文本。程序段首先在文本框中显示“窗体能够触发双击事件”然后将该文本清除，重复上述过程 5 次。

```
Option Explicit
Private 【1】
  Dim k As Integer
  For k=1 To 100
      If k Mod 20 Then
【2】
      Else
        Text1.Text=""
      End If
  Next
Print"程序运行完毕，可再双击窗体"
End Sub
```

【解析】响应窗体及控件事件的程序代码格式为“Sub 窗体或控件名称_事件()”，本题需要响应 Mywindow 窗体的双击事件代码。双击事件用 DblClick 表示，故【1】处填 Sub Mywindow_DblClick()。【2】通过 For 循环，寻找 1 至 100 之间可以被 20 整除的数，找到了，则执行语句使文本框显示“窗体能够触发双击事件”，故本处应填 Text1.text=“窗体可以触发双击事件”，即把字符串“窗体能够触发双击事件”赋给 Text1 的 text 属性。

强化训练

（1）每当窗体失去焦点时会触发的事件是（　）。

A）Active　　B）Deactive　　C）LostFocus　　D）Initialize

（2）以下关于窗体的描述中，错误的是（　）。

A）执行 Unload Forml 语句后，窗体 Forml 消失，但仍在内存中

B）窗体的 Load 事件在加载窗体时发生

C）当窗体的 Enabled 属性为 False 时，通过鼠标和键盘对窗体的操作都被禁止

D）窗体的 Height、Width 属性用于设置窗体的高和宽

（3）下列语句中，定义窗体单击事件的头语句是（　）。

A）Private Sub Form_Dblclick()　　B）Private Sub Text_Dblclick()

C）Private Sub Form_Click()　　D）Private Sub Text_Click()

（4）下列各种窗体中，不能由用户触发的事件是（　）。

A）Load 事件和 Unload 事件　　B）Click 事件和 Unload 事件

C）Click 事件和 Dblclick 事件　　D）Load 事件和 Initialize 事件

（5）在窗体上添加一个文本框，名为 Text1，然后编写如下的 Load 事件过程，则程序的运行结果是（　）。

```
Private Sub Form_Load()
Text1.Text=""
Text1.Setfocus
t=1
For k =10 To 2 Step -2
    t=t*k
Next k
Text1.Text =t
End Sub
```

A）在文本框中显示 120　　B）文本框仍为空

C）在文本框中显示 3840　　D）出错

（6）假定建立了一个工程，该工程包括两个窗体，其名称分别为 Form1 和 Form2，启动窗体为 Form1。在 Form1 上画一个命令按钮 Command1，程序运行后，要求当单击该命令按钮时，Form1 窗体消失，显示 Form2，请在【1】和【2】处将程序补充完整。

```
Private Sub Command1_Click()
【1】
    form2.【2】
End Sub
```

（7）窗体的____事件可以用来在启动程序时对属性和变量进行初始化。

【答案】

（1）C （2）A （3）C （4）D （5）D （6）【1】Unload Form1【2】Show （7）Load 或 装入

3.3 控件

1. 标准控件

Visual Basic 6.0 的控件分为 3 类：标准控件（也称内部控件）、ActiveX 控件和可插入对象。

2. 控件的命名

每个窗体和控件都有一个名字，也就是窗体或控件的 Name 属性，一般都有默认值。

3. 控件值

在一般情况下，通过下面格式确定一个控件的属性值。

控件.属性[=值]

为了方便使用，Visual Basic 为每个控件规定了一个默认属性，在设置某个控件的默认属性时，不必给出属性名，通常把该属性称为控件的值。

典型题解

【例 3-4】在窗体上画一个名称为 Text1 的文本框和一个名称为 Command1 的命令按钮，然后编写如下事件过程：

```
Private Sub Command1_Click()
    Text1.Text = "Visual"
    Me.Text1 = "Basic"
    Text1 = "Program"
End Sub
```

程序运行后，如果单击命令按钮，则在文本框中显示的是（　）。

A）Visual B）Basic C）Program　D）出错

【解析】文本框的默认属性是 Text，在程序中可以省略。在写程序代码时，对于程序代码所在的窗体，一般省去窗体名称，也可以用 Me 来代指，故本题中 Text1.Text、Me.Text1、Text1 都是等价的。由于程序代码按顺序执行，单击命名按钮后，文本框中最终显示 Program。本题正确答案为选项 C。

强化训练

（1）以下叙述中错误的是（　）。

A）Visual Basic 是事件驱动型可视化编程工具

B）Visual Basic 应用程序不具有明显的开始和结束语句

C）Visual Basic 工具箱中的所有控件都具有宽度（Width）和高度（Height）属性

D）Visual Basic 中控件的某些属性只能在运行时设置

（2）文本框 Text1 和 Text2 用于接收输入的两个数，求这两个数的乘积，错误的是（　）。

A）y=Text1.text*Text2.text　　B）y=Val(Text1)*Val(Text2)

C）y=Val(Text1.text)*Val(Text2.text)　　D）文本框的 Text 属性是字符型，所以以上语句都错误

（3）以下关于控件的说法，不正确的是（　）。

A）标准控件由 Visual Basic 的.exe 文件提供　　B）ActiveX 控件是扩展名为.ocx 的独立文件

C）标准控件可以根据需要添加或删除标准控件　　D）ActiveX 控件可以添加也可以删除

（4）按钮控件属于（　）。

A）标准控件　　B）ActiveX 控件　　C）可插入对象　　D）都不是

（5）在 Visual Basic 中，控件一般可以分为标准控件、ActiveX 控件和____。

（6）程序“Command1.Caption=Label1”执行后，Command1 上显示的是 Label1 的____属性。

（7）控件和窗体的 Name 属性只能通过【1】设置，不能在【2】期间设置。

（8）某文本框控件 Name 属性为 Text1，Text 属性为“CET6”，执行下列程序后输出的结果是____。

```
Sub Test()
  Print Text1
End Sub
```

【答案】

（1）C （2）D （3）C （4）A （5）可插入对象 （6）Caption （7）【1】设计阶段【2】运行 （8）CET6

3.4 控件的画法和基本操作

1. 控件的画法

（1）方法一（以画文本框为例）

① 单击工具箱中的文本框图标。

② 把光标移到窗体上，此时光标变为“+”号。

③ 把“+”号移到窗体的适当位置，按下鼠标左键，不要松开，并向所需方向拖动鼠标，当增大到合适大小时，松开鼠标左键，这样就在窗体上画出了一个文本框。

（2）方法二

选择需要的控件，在工具箱中双击该控件的图标，就可以在窗体的中央画出该控件。

为了能单击一次控件图标即可在窗体上画出多个相同类型的控件，需要按下<Ctrl>键单击工具箱中要画的控件图标。

2. 控件的基本操作

控件的操作主要有：移动、缩放、复制、删除、通过属性面板改变对象的位置和大小、选择多个控件等。

典型题解

【例 3-5】 为了同时改变一个活动控件的高度和宽度，正确的操作是（ ）。

A）拖拉控件 4 个角上的某个小方块
B）只能拖拉位于控件右下角的小方块
C）只能拖拉位于控件左下角的小方块
D）不能同时改变控件的高度和宽度

【解析】 当控件处于活动状态时，用鼠标拖拉上、下、左、右 4 个小方块中的某个小方块可以使控件在相应的方向上放大或缩小，而如果拖拉位于 4 个角上的某个小方块，则可能使该控件同时在两个方向上放大或缩小。本题正确答案为选项 A。

强化训练

（1）假定已在窗体上画了多个控件，并有一个控件是活动的，为了在属性窗口中设置窗体的属性，预先应执行的操作是（ ）。

A）单击窗体上没有控件的地方
B）单击任一控件
C）不执行任何操作
D）双击窗体的标题栏

（2）为了清除窗体上的一个控件，下列正确的操作是（ ）。

A）按回车键
B）按<Esc>键
C）选择（单击）要清除的控件，然后按<Del>键
D）选择（单击）要清除的控件，然后按回车键

（3）双击工具栏中按钮的图标，将（ ）。

A）在当前窗体上添加一个按钮
B）打开代码窗口
C）打开属性窗口
D）不进行任何操作

（4）为了选择多个控件，可以按住____键，然后单击每个控件。

（5）为了复制一个控件，应先将该控件变为____。

【答案】

（1）A （2）C （3）A （4）<Ctrl> （5）活动控件

第4章 简单程序设计

考点概览

本章内容在考试中所占比例较小。分析历次考试中所占的比例，每次考试平均 1 道题，占 2 分。

重点考点

本章主要学习 Visual Basic 简单程序设计的基础知识，是以后各章节的基础，考查的知识点主要集中在 Visual Basic 程序语句。

虽然本章的知识不直接考核，但作为以后章节的基础性知识，需要重点掌握。特别需要指出的是，学习语言要循序渐进，只有掌握了基础性的内容才能更深入地学习其他知识。所以，本章是学好 Visual 语言的基础之一，否则会直接影响到后面一些知识点的掌握。

复习建议

① 掌握 Visual Basic 中的基本语句：赋值语句、注释语句、暂停语句和结束语句。

② 了解用 Visual Basic 开发应用程序的一般步骤。

③ 掌握 Visual Basic 程序的保存、装入和运行。

④ 阅读简单的 Visual Basic 程序，阅读时注意不要放过任何自己没有弄明白的语句，宜精不宜滥。

⑤ 根据自己编写的简单程序，理解 Visual Basic 的事件驱动机制。

4.1 Visual Basic 语句

Visual Basic 中的语句是执行具体操作的指令，每个语句以回车键结束。Visual Basic 中的语句主要包括赋值语句、注释语句、暂停语句和结束语句等。

1. 赋值语句

用赋值语句可以把指定的值赋给某个变量或某个带有属性的对象，其一般格式为：

[let] 目标操作符=源操作符

2. 注释语句

为了提高程序的可读性，通常应在程序的适当位置加上必要的注释。Visual Basic 中的注释是“Rem”或一个“'”，其一般格式为：

```
Rem 注释内容
    '注释内容
```

3. 暂停语句

暂停语句格式为：

Stop

Stop 语句用来暂停程序的执行，它的作用类似于执行“运行”菜单中的“中断”命令。当执行 Stop 语句时，将自动打开立即窗口。

4. **结束语句**

结束语句格式为：

End

End 语句通常用来结束一个程序的执行。当在程序中执行 End 语句时，将中止当前程序，重置所有变量，并关闭所有数据文件。

典型题解

【例 4-1】下列语句错误的是（ ）。

A）Label1.Caption=List1.Text　　B）Command1.Caption=List1.List(1)

C）List1.List(2)=List1.ListIndex+List1.Text　　D）Text1.text=List1.Name+List1.Text

【解析】选项 A 是将列表框中选中的内容作为标签的 Caption 属性值，因此是正确的；选项 B 是将列表框第 2 个列表项的内容作为命令按钮的 Caption 属性值，因此也是正确的；选项 C 右边部分的两个相加选项类型不一致，因此不正确；选项 D 将列表框的 Name 属性值加上列表框被选中的项目内容显示在文本框中，是正确的。正确答案为选项 C。

强化训练

（1）关于属性设置语句正确的是（ ）。

A）Text1.Name=Text2.Name　　B）Label1.Caption=Form1.Name

C）Command1.Enabled="True"　　D）Form1.BorderStyle=6

（2）下列赋值语句正确的是（ ）。

A）Text1.Text=Text1.Text+Text2.Text　　B）Text1.Name=Text1.Name+Text2.Name

C）Text1.Caption=Text1.Caption+Text2.Caption　　D）Text1.Enabled=Text1.Enabled+Text2.Enabled

（3）假定窗体的名称（Name 属性）为 Form1，则把窗体的标题设置为“VB Test”的语句为（ ）。

A）Form1="VB Test"　　B）Caption="VB Test"

C）Form1.Text="VB Test"　　D）Form1.Name="VB Test"

（4）下列关于 Visual Basic 注释语句说法不正确的是（ ）。

A）注释语句是非执行语句，仅对程序的有关内容起注释作用，它不能被解释和编译

B）注释语句可以放在代码中的任何位置

C）注释语句是以“'”开始的

D）代码中加入注释语句的目的是提高程序的可读性

（5）关于下列代码的说法，正确的是（ ）。

```
Sub Command1_Click()
        End
End Sub
```

A）该过程用来结束程序，即当单击命令按钮时，结束程序的运行

B）该过程用来结束 Sub 过程，即当单击命令按钮时，结束该过程的运行

C）该过程用来跳出 Sub 过程，即当单击命令按钮时，跳出该过程的运行

D）即当单击命令按钮时，不做任何操作

（6）如果在可执行文件（.EXE）中包含 Stop 语句，则将_____。

【答案】

（1）B　（2）A　（3）B　（4）B　（5）A　（6）关闭所有文件

4.2　编写简单的 Visual Basic 应用程序

Visual Basic 的最大特点就是以最快的速度和效率开发具有良好用户界面的应用程序。一般来说，在用 Visual Basic 开发应用程序时，需要以下 3 步：建立用户界面、设置窗体和控件的属性和编写代码。

典型题解

【例 4-2】以下哪种方法不能进入事件过程（　）。

A）双击控件

B）执行“视图”菜单中的“代码窗口”命令

C）按<F4>键

D）单击“工程资源管理器”窗口中的“查看代码”按钮

【解析】进入事件过程的方法有 4 种，选项 A、B、D 列举的三种方法都能进入事件过程，还有一种方法是按<F4>键。按<F4>键，打开属性窗口。使用快捷键可以有效地提高编程速度，考生应记住 Visual Basic 中常用的快捷键。正确答案为选项 C。

强化训练

（1）用 Visual Basic 开应用程序，一般有以下步骤，它们的正确顺序是（　）。

Ⅰ 建立用户界面　　Ⅱ 编写代码　　Ⅲ 设置窗体和控件的属性

A）Ⅰ、Ⅲ、Ⅱ　　B）Ⅰ、Ⅱ、Ⅲ　　C）Ⅱ、Ⅰ、Ⅲ　　D）Ⅲ、Ⅱ、Ⅰ

（2）进入事件过程的快捷键是（　）。

A）F4　　B）F5　　C）F6　　D）F7

（3）一般来说，在用 Visual Basic 开发应用程序时，应先（　）。

A）建立用户界面　　B）编写代码

C）设置窗体和控件的属性　　D）没有先后顺序

（4）为了在输入程序时能自动运行语法检查，必须执行“工具”菜单中的“选项”命令，打开“选项”对话框，然后选择“编辑器”选项卡的____选项。

【答案】

（1）A　（2）D　（3）A　（4）自动语法检测

4.3　程序的保存、装入和运行

1. 保存程序

Visual Basic 应用程序主要用 4 种类型的文件保存。一类是单独的窗体文件，扩展名为.frm；一类是公用的标准模块文件，扩展名为.bas；第三类是类模块文件，扩展名为.cls；第四类是工程文件，这种文件由若干个窗体和模块组成，扩展名为.vbp。保存文件时，先保存窗体文件，然后保存

工程文件。

2. 程序的装入

启动 Visual Basic 后，可以通过执行“文件”菜单中的“打开工程”命令装入工程文件。装入工程文件后，就可以自动把与该工程有关的其他 3 类文件（窗体文件、标准模块文件、类模块文件）装入内存。

3. 程序的运行

设计完程序并存入磁盘后，就可以运行程序。运行程序有两个目的，一是输出结果，二是发现错误。在 Visual Basic 环境中，程序可以用解释方式执行，也可以生成可执行文件。

典型题解

【例 4-3】 Visual Basic 规定工程文件的扩展名是______。

【解析】 一般单个 Visual Basic 工程包括一个工程文件，扩展名为.vbp，但是，这个工程可能包括其他 Visual Basic 文件，比如窗体文件（*.frm）、模块文件（*.bas）、类文件（*.cls）、资源文件（*.res）、用户定义控制文件（*.ctl）、属性页文件（*.pag）、设计器文件（*.dsr）。正确答案为 vbp。

强化训练

（1）Visual Basic 应用程序的运行模式是（ ）。

A）解释运行模式　　B）编译运行模式

C）既有解释运行模式，又有编译运行模式　　D）汇编运行模式

（2）以下叙述中错误的是（ ）。

A）打开一个工程文件时，系统自动装入与该工程有关的窗体、标准模块等文件

B）当程序运行时，双击一个窗体，则触发该窗体的 DblClick 事件

C）Visual Basic 应用程序只能以解释方式执行

D）事件可以由用户引发，也可以由系统引发

（3）一个文件夹中有 Form1.frm、Module1.bas、工程 1.vbw、工程 1.vbp，双击（ ）可以打开工程 1。

A）Form1.frm　　B）Module1.bas　　C）工程 1.vbw　　D）工程 1.vbp

（4）保存工程时，应先保存（ ）。

A）窗体文件　　B）标准模块文件　　C）资源文件　　D）类模块文件

（5）为了装入一个 Visual Basic 应用程序，应当（ ）。

A）只装入窗体文件（*.frm）

B）只装入工程文件（*.vbp）

C）分别装入工程文件和标准模块文件（*.bas）

D）分别装入工程文件、窗体文件和标准模块文件

（6）假定一个 Visual Basic 应用程序由一个窗体模块和一个标准模块构成，为了保存该应用程序，以下正确的操作是（ ）。

A）只保存窗体模块文件　　B）分别保存窗体模块、标准模块和工程文件

C）只保存窗体模块和标准模块文件　　D）只保存工程文件

【答案】

（1）C （2）D （3）D （4）A （5）B （6）B

4.4　Visual Basic 应用程序的结构与工作方式

1. Visual Basic 应用程序的构成

Visual Basic 应用程序通常由窗体模块、标准模块、类模块 3 类模块组成。

（1）窗体模块

在 Visual Basic 中，一个应用程序包含一个或多个窗体模块，每个窗体模块分为两个部分，一个部分是作为用户界面的窗体，另一部分是执行具体操作的代码。

（2）标准模块

标准模块完全由代码组成，这些代码不与具体的窗体或控件关联。在标准模块中，可以声明全局变量，也可以定义函数过程或子过程。标准模块中的全局变量可以被工程中的任何模块引用，而公用过程可以被窗体模块中的任何事件调用。

（3）类模块

类模块是没有物理标识的控件。标准模块只包含代码，而类模块即包含代码又包含数据。每个类模块定义了一个类，可以在窗体模块中定义类的对象，调用类模块中的过程。

2. 事件驱动

事件可以由用户操作触发、也可以由来自操作系统或其他应用程序的消息触发，甚至由应用程序本身的消息触发。这些事件的顺序决定了代码执行的顺序，因此应用程序每次运行时所经过的代码的路径都是不同的。因为事件的顺序是无法预测的，所以在代码中必须对执行时的“各种状态”作一定的假设。

典型题解

【例 4-4】与传统的程序设计语言相比，Visual Basic 最突出的特点是（　）。

A）结构化程序设计

B）编写跨平台应用程序

C）事件驱动程序编程

D）程序调试技术

【解析】选项 A 错误，Visual Basic 是结构化程序设计语言，但是传统的程序设计也支持结构化，比如 Turbo C；选项 B 错误，Visual Basic 功能强大，操作简单，但毕竟是建立在 Windows 基础上，还不能编写跨平台应用程序；选项 D 错误，与传统的程序设计语言相比，程序调试技术并不是 Visual Basic 的一个突出特点。正确答案为选项 C。

强化训练

（1）关于 Visual Basic 程序的说法中，正确的是（　）。

A）Visual Basic 程序的执行顺序是由程序规定的

B）Visual Basic 程序的执行顺序是由系统时间控制的

C）Visual Basic 程序的执行是由中断触发的

D）Visual Basic 程序的执行顺序是无法预测的

（2）Visual Basic 中，事件可以由（　）触发。

A）用户操作　　B）操作系统消息　　C）应用程序消息　　D）都可以

（3）Visual Basic 程序的执行是由____驱动的。

（4）事件驱动是一种适用于____的编程方式。

（5）扩展名为.bas 的文件称为____。

【答案】

（1）D （2）D （3）事件 （4）图形用户界面（5）标准模块文件

第5章 Visual Basic程序设计基础

考点概览

本章内容在考试中所占比例较大。分析历次考试中所占的比例，每次考试平均5~6道题，其中填空题占1~2题，合计10~12分。

重点考点

① Visual Basic中常用的内部函数和字符串函数是本章的重点内容，不但有单独的题目来专门考查这些知识，几乎所有的程序题都会涉及到这部分内容。

② 表达式的执行顺序是本章的难点，一个表达式可能含有多种运算，考生不仅需要对各种运算符的概念以及它们的特点，还要对各种运算符的优先级有所了解。这个知识点应该引起考生注意，也是最近考试中经常出现的题目。这个点涵盖的知识内涵丰富，可考的地方非常多。

本章考查的是程序设计的基础知识，涉及的知识点和常识较多，主要集中在常量和变量、字符处理、运算符与表达式等知识点。这些知识又会穿插在其他的一些知识点中。本章是学好Visual Basic语言的基础之一，由于本章知识涉及的面广，且难以掌握，应特别注意，特别是在填空题部分。

复习建议

① 掌握基本数据类型，用户定义的数据类型和枚举类型，尤其是各个数据类型的表示方法和特点，掌握用户定义数据类型的定义方法。

② 掌握常量和变量的基本概念，重点掌握变量的命名规则和定义方法，了解变量的作用域。

③ 掌握好常用的内部函数，数学函数、日期和时间函数的特点和功能要注意区分记忆。

④ 掌握好内部函数的基础上，重点学习字符处理与字符串函数，这部分内容是考试重点内容。

⑤ 通过对一些复杂的表达式的学习，掌握运算符的特点以及优先级等。

5.1 数据类型

1. 基本的数据类型

（1）字符串

Visual Basic 中的字符串分为两种，变长字符串和定长字符串。其中变长字符串的长度是不确

定的，定长字符串则含有确定个数的字符，最大长度不超过 2^{16}（65 535）个字符。

（2）数值

Visual Basic 的数值型数据分为整型数和浮点数两类。

① 整型数：整型数是不带小数点和指数符号的数，在机器内部以二进制补码形式表示。整型数又分为整数和长整数。

② 浮点数：浮点数也称为实数或实型数，它由三部分组成：符号、指数以及尾数。浮点数可以分为单精度浮点数（Single）和双精度浮点数（Double）。单精度数和双精度数的主要差别不在于取值范围，而是所表示数的精度不同。单精度表示的精度是 7 位，而双精度表示的精度是 15 位。

货币型数据是为了表示钱款设置的，占用八个字节，精确到小数点后四位。货币型与浮点型数据的区别在于：浮点数中的小数点是"浮动"的，即小数点可以出现在数的任何位置，而货币型数据中的小数点是"固定"的。

（3）变体型

变体数据类型是所有未定义的变量的默认数据类型，是一种可变的数据类型，可以表示任何值，包括数值、字符串、日期/时间等。

（4）其他数据类型

除了以上介绍的数据类型外，Visual Basic 6.0 中还可以使用其他一些数据类型，包括：

字节：实际上是一种数值类型，以 1 个字节的无符号二进制数存储，取值 0～255。

布尔：一个逻辑值，用 2 个字节存储，只取两种值，即 True 或 False。

日期：日期存储为 IEEE 64 位浮点数值形式，其可以表示的日期范围从公元 100 年 1 月 1 日～9999 年 12 月 31 日，而时间可以从 0:00:00～23:59:59。日期文本需要以"#"括起来。

对象：用来表示图形、OLE 对象或其他对象，用 4 个字节存储。

2. 用户定义的数据类型

用户可以利用 Type 语句定义自己的数据类型，其格式如下：

```
Type 数据类型名
    数据类型元素名 As 类型名
    数据类型元素名 As 类型名
    ...
End Type
```

其中"数据类型名"是要定义的数据类型的名字，其命名规则与变量的命名规则相同；"数据类型元素名"也遵守同样的规则，且不能是数组名；"类型名"可以是任何基本数据类型，也可以是用户定义的类型。

3. 枚举类型

"枚举"是指将变量的值一一列举出来。枚举类型提供了一种方便的方法来处理有关的常数，或者是使名称与常数数值相关联。枚举类型用 Enum 语句来定义，格式如下：

```
[Public|Private] Enum 类型名称
    成员名 [= 常数表达式]
    成员名 [= 常数表达式]
    ...
End Enum
```

典型题解

【例 5-1】设有如下变量声明：

Dim TestDate As Date

为变量 TestDate 正确赋值的表达方式是（　）。

A）TestDate=#1/1/2002#　　B）TestDate=#"1/1/2002"#

C）TestDate=date("1/1/2002")　　D）TestDate=Format("m/d/yy","1/1/2002")

【解析】任何可辨认的文本日期都可以赋值给日期变量。日期文本需要以“#”括起来，即如选项 A 那样，选项 B 多出了双引号（一般在赋字符串类型数据时使用）；选项 C 的用法错误。日期类型数据用来表示日期信息，其格式为 mm/dd/yyyy 或 mm-dd-yyyy，且 Format 函数使用方式应为：Format(数值表达式,格式字符串)，所以选项 D 应改为 Format("1/1/2002","mm/dd/yyyy")，正确答案为选项 A。

【例 5-2】以下能正确定义数据类型 TelBook 的代码是（　）。

A）Type TelBook
Name As String*10
TelNum As Integer
End Type

B）Type TelBook
Name As String*10
TelNum As Integer
End TelBook

C）Type TelBook
Name String*10
TelNum Integer
End Type TelBook

D）Typedef TelBook
Name String*10
TelNum Integer
End Type

【解析】所列项错误主要集中在 Type 语句的使用格式上。选项 B End 后面应接 Type；选项 C End 后面多出了 TelBook，而且元素与数据类型之间缺少关键字 As；选项 D 元素与数据类型之间也是缺少关键字 As。本题正确答案为选项 A。

强化训练

（1）下列可作为 Visual Basic 中允许的形式的数是（　）。

A）±25.74　　B）3.475E-100　　C）.368　　D）1.87E+50

（2）下列可作为 Visual Basic 中允许的形式的数是（　）。

A）10^（1.256）　　B）D32　　C）2.5E　　D）12E3

（3）变体数据类型是所有未定义的变量的默认数据类型，可以表示（　）。

A）数值　　B）字符串　　C）日期/时间　　D）都可以

（4）定义货币类型数据应该用关键字（　）。

A）SINGLE　　B）DOUBLE　　C）CURRENCY　　D）BOOLEAN

（5）定义如下数据类型，操作正确的是（　）。

```
Type comp
    re As Single
    im As Single
End Type
Public c As comp
```

A）c=12.70　　B）c.re=12.70　　C）c=12　　D）c.im="100"

（6）定义一个包含从 Sunday 到 Tuesday 的枚举类型 days，其中正确的是（　）。

A）Public Enum days
Weekday
End Enum

B）Public Type days
Weekday
End Type

C）Public Enum days
Sunday
Monday
Tuesday
End Enum

D）Public Type days
Sunday
Monday
Tuesday
End Type

（7）定义枚举类型需要利用关键字（　）。

A）Type　　B）Enum　　C）Const　　D）BOOLEAN

（8）在以下枚举类型定义中，常数 Sunday 的值为____。

```
Public Enum days
Sunday
Monday
Tuesday
End Enum
```

（9）用户可以利用____语句定义自己的数据类型。

【答案】

（1）C （2）D （3）D （4）C （5）B （6）C （7）B （8）0 （9）Type

5.2 常量和变量

1. 常量

（1）文字常量

① 字符串常量：字符串常量是由字符组成，可以是除了双引号和回车之外的任何 ASCII 字符，其长度不能超过 65 535 个字符（定长字符串）或大约 21 亿个字符（变长字符串）。

② 数值常量：数值常量共有 4 种表示方式，即整型数、长整型数、货币型数和浮点数。

（2）符号常量

定义的格式如下：

Const 常量名=表达式[,常量名=表达式]...

应注意：

① 声明符号常量时，可以在常量后面加上类型说明符。

② 在程序中引用符号常量时，通常省略类型说明符。

③ 类型说明符不是符号常量的一部分，定义符号常量后，在定义变量时一定要慎重。

2. 变量

（1）变量的命名规则

给变量命名时应遵循以下规则：

① 变量名必须以英文字母开头，不能以数字或其他字符开头。

② 变量名的其余部分可以包含字母、数字或下划线字符，不允许空格、句号或其他停顿符号。

③ 变量名不能超过 255 个字符。

④ 变量名不能是 Visual Basic 的保留字，但可以把保留字嵌入变量名中。同时，变量名也不能是末尾带有类型说明符的保留字。

（2）变量的类型及定义

任何变量都属于一定的数据类型，包括基本的数据类型和用户定义的数据类型。可以用以下几种方式来规定变量的类型：

① 用类型说明符来定义变量类型：类型说明符放在变量名的尾部，可以标识不同的变量类型。

② 在定义变量时指定其类型。定义变量的格式如下：

Declare　变量名 As 类型

此处的“Declare”可以是 Dim、Static、Redim、Public 或 Private；“As”是关键字；“类型”可以是基本数据类型或用户定义的类型。

③ 用 DefType 语句定义。用 DefType 语句可以在标准模块、窗体模块的声明部分定义变量，格式如下：

DefType　字母范围

其中 Def 是保留字，Type 是类型标志，“字母范围”可以是 A ~ Z 中的任何一个（大小写均可）。要注意的是，在 Def 和类型标志之间不能有空格。

典型题解

【例 5-3】以下声明语句中错误的是（　）。

A）Const var1=123　B）Dim var2='ABC'　C）DefInt a-z　D）Static var3 As Integer

【解析】本题中，选项 A 表示定义一个常量，并为其赋值。由于变量在声明时不能直接赋值，故选项 B 是错误的。选项 C 使用 DefType 语句定义变量类型。用 DefType 语句定义变量比较特殊，其格式为“DefType 字母范围”，表示对该字母范围的字母以及以该字母范围内字母开头的所有变量赋以 Type 数据类型。其中 Type 为 Visual Basic 中法定的数据类型缩写。选项 C 中的 DefInt 就是定义了 Int 类型，选项 D 定义了一个静态变量。本题正确答案为选项 B。

【例 5-4】在窗体上插入一个名称为 Command1 的命令按钮，然后编写如下程序：

```
Private Sub Command1_Click()
  Static X As Integer
  Static Y As Integer
  Cls
  Y = 5
  Y = Y + 5
  X = 5 + X
  Print X, Y
End Sub
```

程序运行时，3 次单击命令按钮 Command1 后，窗体上显示的结果为（　）。

A）15　16　　B）15　10　　C）15　15　　D）5　10

【解析】Static 用于在过程中定义静态变量及数组变量，它与 Dim 不同，如果用 Static 定义了一个变量，则每次引用该变量时，其值都会继续保留。本题中，3 次单击命令按钮意味着每次 Y 值加 5，X 值也加 5。由于在事件过程中事先给 Y 赋值 5，所以每次单击按钮，Y 值都被初始化为 5，但 X 继续保留上次的值，即在第三次单击命令按钮时，X 连加了 3 次 5，Y 值为 5 加 5，正确答案为选项 B。

强化训练

（1）以下合法的 Visual Basic 标识符是（　）。

A）ForLoop　　B）Const　　C）9abc　　D）a#x

（2）下列可以作为 Visual Basic 的变量名的是（　）。

A）7&Delta　　B）&Alpha　　C）4Abc　　D）Abc_77

（3）下列可作为 Visual Basic 变量名的是（ ）。

A）A#A　　B）4A　　C）?xY　　D）constA

（4）在 Visual Basic 中，变量名不能超过____个字符。

（5）表达式"12"+"34"的值是【1】，表达式"12"&"34"的值是【2】。

【答案】

（1）A （2）D （3）D （4）255（5）【1】"1234"【2】"1234"

5.3 变量的作用域

1. 局部变量

在过程（事件过程或通用过程）内定义的变量，其作用域是它所在的过程。局部变量在过程内用 Dim、Static 定义如下：

```
Sub Command1_Click()
Dim Num1 As Integer
Static Num2 As Double
…
End Sub
```

2. 模块变量

模块变量包括窗体变量和标准模块变量，窗体变量可以用于该窗体内的所有过程，标准模块是指含有程序代码的应用程序文件。

在声明模块级变量时，Private 和 Dim 没什么区别。但是推荐使用 Private，因为可以把它和声明全局变量的 Public 区分开来。

3. 全局变量

全局变量的作用域最大，可以在工程的每个模块、每个过程中使用。全局变量必须用 Public 或 Global 语句声明，但全局变量只能在标准模块中声明，不能在过程或窗体模块中声明。如果全局变量和局部变量同名，则在局部变量所在模块或窗体内部，该变量为局部变量。离开该窗体或模块，该变量仍为全局变量。

典型题解

【例 5-5】一个工程中含有窗体 Form1、Form2 和标准模块 Model1，如果在 Form1 中有语句 Public X As Integer，在 Model1 中有语句 Public Y As Integer，则以下叙述中正确的是（ ）。

A）变量 X、Y 的作用域相同　　B）Y 的作用域是 Model1

C）在 Form1 中可以直接使用 X　　D）在 Form2 中可以直接使用 X 和 Y

【解析】在 Model1 中用 Public 定义 Y，故 Y 为全局变量，选项 B 错误。由于 X 在 Form1 中用 Public 定义，故 X 为窗体内的通用变量，但它不能在 Form2 中直接调用，所以选项 A 和选项 D 是错误的。本题正确答案为选项 C。

强化训练

（1）在窗体上画一个名称为 Command1 的命令按钮，再画两个名称分别为 Label1、Label2 的标签，然后编写如下程序代码：

```
Private X As Integer
```

```
Private Sub Command1_Click()
    X = 5: Y = 3
    Call proc(X, Y)
    Label1.Caption = X
    Label2.Caption = Y
End Sub
Private Sub proc(ByVal a As Integer, ByVal b As Integer)
    X = a * a
    Y = a - b
End Sub
```

程序运行后，单击命令按钮，则两个标签中显示的内容分别是（ ）。

A）5 和 3　　B）25 和 3　　C）25 和 6　　D）5 和 6

（2）以下关于变量作用域的叙述中，正确的是（ ）。

A）窗体中凡被声明为 Private 的变量只能在某个指定的过程中使用

B）全局变量必须在标准模块中声明

C）模块级变量只能用 Private 关键字声明

D）Static 类型变量的作用域是它所在的窗体或模块文件

【答案】

（1）B （2）B

5.4 常用的内部函数

1. 类型转换函数

当对不同类型的变量进行赋值操作或进行表达式中的运算时，就要进行类型转换。

2. 数学函数

数学函数用来完成特定的数学计算。

3. 日期和时间函数

Visual Basic 关于日期和时间的函数可以用来返回和设置当前的时间和日期，从日期和时间中提取年、月、日、时、分、秒，可以对时间和日期进行格式化等。

典型题解

【例 5-6】在窗体上画一个名称为 Command1 的命令按钮，然后编写如下事件过程：

```
Private Sub Command1_Click()
    x = -5
    If Sgn(x) Then
        y = Sgn(x ^ 2 + 10)
    Else
        y = Sgn(x - 1)
    End If
    Print y
End Sub
```

程序运行后，单击命令按钮，窗体上显示的是（ ）。

A）−5　　B）25　　C）1　　D）−1

【解析】Sgn(x-1)返回自变量 x-1 的符号。Sgn(−5-1)返回负号，故执行 Then 后面的语句，由于 x 为负数，负数的平方为正数，加 10 后还是正数，故 y 值为 1。本题正确答案为选项 C。

【例 5-7】设 a=5，b=10，则执行 c=Int((b+a) * Rnd + a) + 1 后，c 值的范围为（ ）。

A）5～20　　B）6～20　　C）6～21　　D）5～21

【解析】用 Rnd 函数可以产生一个 0～1 之间的单精度随机数。Int(x)求不大于自变量 x 的最大整数。本题中，首先计算(b+a) * Rnd + a 的值，然后计算 Int((b+a) * Rnd + a)。由于 Rnd 的范围为 0～1，Int（(b+a) * Rnd + a）的范围为 5～19，再加 1，则 c 值的范围为 6～20，本题正确答案为选项 B。

强化训练

（1）如果将布尔常量值 TRUE 赋值给一个整型变量，则整型变量的值为（ ）。

A）0　　B）-1　　C）TRUE　　D）FALSE

（2）变量未赋值时，数值型变量的值为（ ）。

A）0　　B）空　　C）1　　D）无任何值

（3）假设变量 BOOLVAR 是一个布尔型变量，则下面正确的赋值语句是（ ）。

A）BOOLVAR='TRUE'　　B）BOOLVAR=.TRUE.

C）BOOLVAR=#TRUE#　　D）BOOLVAR=3<4

（4）在窗体上画一个名称为 Command1 的命令按钮，然后编写如下事件过程：

```
Private Sub Command1_Click()
    x = -5
    If Sgn(x+5) Then
        y = Sgn(x+2)* Sgn(x-2)
    Else
          y = Sgn(x)
    End If
    Print y
End Sub
```

程序运行后，单击命令按钮，窗体上显示的是（ ）。

A）-5　　B）25　　C）1　　D）-1

（5）执行以下程序段后，变量 c$的值为（ ）。

```
a$="Visual Basic Programing"
b$="Quick Basic"
c$=b$ & UCase(Mid$(a$,7,6)) & Right$(a$,11)
```

A）Visual BASIC Programing　　B）Quick Basic Programing

C）QUICK Basic Basic Programing　　D）Quick Basic BASIC Programing

【答案】

（1）B　（2）A　（3）D　（4）D　（5）D

5.5 字符处理与字符串函数

字符串函数用来完成对字符串的操作和处理，如截取字符串、查找和替换字符串、对字符串进行大小写处理等。

典型题解

【例 5-8】在窗体上画一个命令按钮，然后编写如下事件过程：

```
Private Sub Command1_Click()
  a$="321":b$="abc"
For j= 1 To 5
Print Mid$(a$,6 –j,1) +Mid$(b$,j,1);
Next j
End Sub
```

程序运行后，输出的结果是（　）。

A）a1b2c3　　B）ab1c23　　C）c1b2a3　　D）a12bc1

【解析】Mid 函数是 Visual Basic 考试的热点之一。Mid(a$,i,n)表示从字符串 a$的第 i 个字符开始向后截取 n 个字符，据此不难看出答案为 B。注意 Print 方法后面以分号结束，意味着每执行一次 For 循环输出的字符都以紧凑方式与上一次 For 循环输出的字符相连，本题正确答案为选项 B。

强化训练

（1）可以把字符串中的小写字母转换为大写字母的函数是（　）。

A）Ucase$　　B）Lcase$　　C）Str$　　D）InStr$

（2）执行以下程序段后，变量 c$的值为（　）。

```
a$="Visual Basic Programing"
b$="QUICK"
c$=b$ & Lcase(Mid$(a$,1,7)) & Right$(a$,11)
```

A）Visual BASIC Programing　　B）QuickBasic Programing

C）QUICKvisual Programing　　D）QUICKBASIC Programing

（3）在窗体上画一个名称为 Command1 的命令按钮，然后编写如下事件过程：

```
Private Sub Command1_Click()
  a$="VisualBasic"
  Print String(5, a$)
End Sub
```

程序运行后，单击命令按钮，在窗体上显示的内容是（　）。

A）VVVVV　　B）Visua　　C）Basic　　D）11

（4）执行以下程序段

```
a$ ="abbacddcba"
For i= 6 To 2 Step  - 2
      X = Mid(a$, i,i)
      Y=Left(a$, i)
      z=Right(a$, i)
      z=UCase(X & Y &z)
Next i
Print z
```

输出结果为（　）。

A）ABC　　B）BBABBA　　C）ABBABA　　D）AABAAB

（5）在窗体上画一个文本框、一个标签和一个命令按钮，其名称分别为 Text1、Label1 和 Command1，然后

编写如下两个事件过程：

```
Private Sub Command1_Click()
    strText = InputBox("请输入")
    Text1.Text = strText
End Sub
Private Sub Text1_Change()
        Label1.Caption = Left(Trim(Text1.Text), 3)
End Sub
```

程序运行后，单击命令按钮，如果在输入对话框中输入 abcdef，则在标签中显示的内容是（　）。

A）空　　B）abcdef　　C）abc　　D）def

（6）函数 String$(n,"str")的功能是（　）。

A）把数值型数据转换为字符串　　B）返回由 n 个字符组成的字符串

C）从字符串中取出 n 个字符　　D）从字符串中第 n 个字符的位置开始取子字符串

（7）有如下程序：

```
Private Sub Command1_Click()
s=1
a$ = "A WORKER IS OVER THERE"
    x = Len(a$)
    For i = 1 To x - 1
        b$ = Mid$(a$, i, 2)
        If b$ = "ER" Then s = s * (s + 1)
    Next i
    Print s
End Sub
```

程序运行后的输出结果是（　）。

A）0　　B）4　　C）21　　D）42

（8）设有如下程序段：

```
a$="BeijingShanghai"
b$=Mid(a$,InStr(a$,"g")+1)
```

执行上面的程序段后，变量 b$的值为____。

【答案】

（1）A （2）C （3）A （4）B （5）C （6）B （7）D （8）Shanghai

5.6 运算符与表达式

1. 算术运算符

算术运算符用在数学表达式中。

2. 关系运算符与逻辑运算符

（1）关系运算符

关系运算符连接两个算术表达式所组成的式子叫做关系表达式。关系表达式的结果是一个 Boolean 类型的值，即 True 和 False。Visual Basic 把任何非 0 值认为是“真”，但一般以−1 表示真，以 0 表示假。

（2）逻辑运算符

逻辑运算也称布尔运算。用逻辑运算符连接两个或多个关系式，组成一个布尔表达式。

3. 表达式的执行顺序

一个表达式可能含有多种运算，计算机按一定的顺序对表达式求值，一般顺序如下：

① 首先进行函数运算。

② 接着进行算术运算，其次序按优先级顺序由高到低：

幂（^）→ 取负（－）→ 乘、浮点除（*、/）→ 整除（\）→ 取模（Mod）→ 加、减（+、－）→ 连接（&）

③ 然后进行关系运算（=、<>、<、>、<=、>=）。

④ 最后进行逻辑运算，其顺序为。

Not → And → Or → Xor → Eqv → Imp

典型题解

【例 5-9】设 x=10, y=20, z=30，以下表达式的值是（　）。

x<y And (Not y>z) Or z<x

A）1　　B）-1　　C）True　　D）False

【解析】Not 表示“非”。“Or”所连接的关系式只要有一个为 True，则结果为 True。And 连接的关系式必须同时为 True，结果才为 True。本题由于“Not y>z”被括号括起来，故优先计算。“Not y>z”为 True，“x<y”为 True，所以“x<y And（Not y>z）”为 True，故“x<y And（Not y>z）Or z<x”为 True，本题正确答案为选项 C。

【例 5-10】设 a=3，b=5，则以下表达式值为真的是（　）。

A）a>=b And b>10　　B）(a>b) Or (b>0)

C）(a<0) Eqv (b>0)　　D）(–3+5>a)And (b>0)

【解析】逻辑运算符有 6 种：Not、And、Or、Xor、Eqv、Imp。Not 表示“非”，And 表示与，Or 表示或，Xor 异或，Eqv 表示等价，Imp 表示蕴涵。And 连接的关系式必须同时为 True，结果是为 True。选项 A、D，And 两边的关系不都为真，则表达式结果不为真。“Or”所连接的关系式，只要有一个为 True，则结果为 True。选项 B 中(b>0)为真，则表达式值为真。Eqv 表示两边的等式等价，(a<0) 为假，(b>0)为真，等式的值为假。本题正确答案为选项 B。

【例 5-11】表达式 5 Mod 3+3\5*2 的值是（　）。

A）0　　B）2　　C）4　　D）6

【解析】表达式的执行顺序 Visual Basic 中对表达式求值的一般顺序是先进行函数运算，接着进行算术运算，然后进行关系运算，最后进行逻辑运算。对于本题，只考查了算术运算。“/”表示浮点除法；“\”表示整数除法，本题中涉及的是整数除法；“Mod”为取模运算。“/”与“*”运算的优先级高于“\”，“\”运算的优先级高于“Mod”，正确答案为 B。

强化训练

（1）代数式 x1-|a|+Log10+sin(x2+2π)/cos(57°)对应的 Visual Basic 表达式是（　）。

A）X1-Abs(A)+Log(10)+Sin(X2+2*3.14)/Cos(57*3.14/180)

B）X1-Abs(A)+Log(10)+Sin(X2+2*π)/Cos(57*3.14/180)

C）X1-Abs(A)+Log(10)+Sin(X2+2*3.14)/Cos(57)

D）X1-Abs(A)+Log(10)+Sin(X2+2* π)/Cos(57)

（2）将数学表达式 $\cos^2(a+b)*\sin(c-d)+5e^2$ 写成 Visual Basic 的表达式，其正确的形式是（ ）。

A）cos(a+b)^2*sin(c-d)+5*exp(2)　　B）cos^2(a+b) *sin(c-d)+5*exp(2)

C）cos(a+b)^2*sin(c-d)+5*ln(2)　　D）cos^2(a+b) *sin(c-d)+5*ln(2)

（3）代数式 $e^x\mathrm{Sin}(30°)2x/(x+y)\ln x$ 对应的 Visual Basic 表达式是（ ）。

A）E^x*Sin(30*3.14/180)*2*x/x+y*log(x)　　B）Exp(x)*Sin(30)*2*x/(x+y)*ln(x)

C）Exp(x)*Sin(30*3.14/180)*2*x/(x+y)*log(x)　　D）Exp(x)*Sin(30*3.14/180)*2*x/(x+y)*ln(x)

（4）在窗体上画一个名称为 Command1 的命令按钮，一个名称为 Label1 的标签，然后编写如下事件过程：

```
Private Sub Command1_Click()
    s = 1
    For i = 1 To 15
        x = 2 * i - 1
        If  x   Mod 5 = 0 Then s = s* (s + 1)
    Next i
    Label1.Caption = s
End Sub
```

程序运行后，单击命令按钮，则标签中显示的内容是（ ）。

A）1　　B）42　　C）27　　D）45

（5）执行以下语句后，输出的结果是（ ）。

```
a$= "Good"
b$="Afternoom"
Print a$+b$
Print a$&b$
```

A）GoodAfternoon
GoodAfternoon　　B）Good+
GoodAfternoon

C）Good+
Good&Afternoon　　D）Good
Good&

（6）代数式 $|e^3+\lg x+\mathrm{arc}y|$ 对应的 Visual Basic 表达式是（ ）。

A）Abs(e^3+Lg(x)+1/Tg(y))　　B）Abs(Exp(3)+Log(x)/Log(10)+Atn(y))

C）Abs(Exp(3)+Log(x)+Atn(y))　　D）Abs(Exp(3)+Log(x)+1/Atn(y))

（7）不能正确表示条件“两个整型变量 A 和 B 之一为 0，但不能同时为 0”的布尔表达式（ ）。

A）A*B=0 AND A<>B　　B）（A=0 OR B=0） AND A<>B

C）A=0 AND B<>0 OR A<>0 AND B=0　　D）A*B=0 AND （A=0 OR B=0）

（8）设 A、B、C 表示三角形的 3 条边，条件“任意两边之和大于第三边”的布尔表达式可以用（ ）表示。

A）A+B>=C Or A+C>=B Or B+C>=A

B）Not(A+B<=C Or A+C<=B Or B+C<=A)

C）A+B>C And A+C>B Or B+C>A

D）Not(A+B<=C And A+C<=B And B+C<=A)

（9）以下关系表达式中，其值为 False 的是（ ）。

A）"ABC">"AbC"　　B）"the"<>"they"

C）"VISUAL"=UCase("Visual")　　D）"Integer">"Int"

（10）设 a=2,b=3,c=4,d=5,下列表达式的值是（ ）。

a>b And c<=d OR 2*a>c

A）True　　B）False　　C）-1　　D）1

（11）表达式（7\3+1）*(18\5-1)的值是（　）。

A）8.76　　B）7.8　　C）6　　D）6.67

（12）执行以下程序段后，输出结果是____。

```
x=10
y=20
z=30
Print Not x>y Or z=x+y And z>y
```

【答案】

（1）A （2）A （3）C （4）B （5）A （6）B （7）D （8）B （9）A（10）B （11）C （12）True

第6章 数据的输入与输出

考点概览

本章内容在考试中所占比例较小。分析历次考试中所占的比例，每次考试平均 3~4 道题，其中填空题占 1~2 题，合计 6~8 分。

重点考点

① Print 方法是本章每次考试都有题的知识点，这个知识点的变化较多，在考试的程序题中，基本上都会涉及到 print 方法，不仅会单独考查，还会结合其他知识点进行考查。考生复习时应区别记忆，防止弄混淆。

② InputBox 函数、MsgBox 函数和 MsgBox 语句也是本章的重点内容，这些函数涉及参数较多，考生需要对这些函数的语法有详细的了解。

本章主要考查 Visual Basic 程序的交互，也就是输入和输出，主要集中在 Print 方法、InputBox 函数、MsgBox 语句等知识点，涉及的知识点和常识较多，较为细微，不容易区分，考生要多加注意。

复习建议

① 掌握数据输出设计的函数和方法，重点掌握 Print 方法以及与 Print 方法有关的函数（Tab、Spc、Space$），格式输出（Format $）等。

② 掌握 InputBox 函数，MsgBox 函数和 MsgBox 语句，注意函数的属性。

③ 了解字形的相关属性，了解直接输出和窗体输出。

6.1 数据输出——Print 方法

1. Print 方法

Print 方法用来输出文本字符串和表达式的值，语法如下：

[object].Print [outputlist]

2. Print 方法有关的函数

（1）Tab 函数

语法：Tab[(n)]

该函数与 Print #语句或 Print 方法一起使用，对输出进行定位，用来将输出位置定位在绝对列号上。

（2）Spc 函数

语法：Spc(n)

该函数与 Print #语句或 Print 方法一起使用，插入空格对输出进行定位。必选参数 n 是在显示或打印的当前位置插入的空格数。

（3）Space 函数

语法：Space(number)

该函数返回特定数目的空格，必要的 number 参数为字符串中想要的空格数。

3. 格式输出

该函数按指定的格式去格式化数值、日期、时间、字符串等表达式并返回格式化的结果。

4. 其他方法和属性

（1）Cls 方法

Cls 清除由 Print 方法显示的文本或在图片框中显示的图形，并把光标移到对象的左上角(0,0)。

格式：

[对象.]Cls

（2）Move 方法

Move 方法用来移动窗体和控件，可以改变其大小。

格式：

[对象.]Move 左边距离[,上边距离[,宽度[,高度]]]

（3）TextHeight 和 TextWidth 方法

TextHeight 和 TextWidth 方法用来辅助设置坐标。其中 TextHeight 方法返回一个文本字符串的高度值，而 TextWidth 方法则返回一个文本字符串的宽度值。

格式：

[对象.]TextHeight(字符串)
[对象.]TextWidth(字符串)

典型题解

【例6-1】下面程序段的输出结果为（　）。

```
Print "10+20=";
Print 10+20
Print "20+20=";
Print 20+20
```

A）10+20=30
20+20=40

B）10+20=
30
20+20=
40

C）10+20
20+20

D）10+20=30
20+20=
40

【解析】题目中是 4 个 Print 语句，这里需要注意的是 Print 后的语句是否以分号结束，如果以分号结束表明 Print 输出的字符不会换行，后面的 Print 语句会把要显示的字符紧挨着前面的 Print 语句所显示的字符。执行第 1 个和第 2 个 Print 语句后显示 10+20=30，第 3 个和第 4 个语句也是如此，可见选项 B 和选项 D 错误。同时 Print 具有简单的计算功能，即先把含有运算符的式子计算出结果之后再输出结果，执行 Print 10+20，显示 30，执行 Print 20+20 显示的是 40，正确答案为选项 A。

【例 6-2】在窗体中添加一个名称为 Command1 的命名按钮，然后编写如下程序：

```
Private Sub Command1_Click()
    Print Tab(1); "第一",
    Print Tab(6); "第二",
End Sub
```

程序运行后，如果单击命令按钮，在窗体上显示的内容是（　）。（□表示空格）

A）第一□□第二　　　　B）第一第二□□

C）第一
　□□第二　　　　D）第一□□
　第二

【解析】本题中，“Print Tab(1); "第一",”在第一行的第 1 个位置上输出“第一”，然后换行。“Print Tab(6); "第二",”在第二行的第 6 个位置上输出“第二”。 正确答案为选项 C。

强化训练

（1）以下语句的输出结果为（　）。

```
a=Sqr(3)
b=Sqr(2)
c=a>b
Print c
```

A）-1　　B）0　　C）False　　D）True

（2）以下语句在立即窗口中的输出结果是（　）。

```
a="Beijing"
b="Shanghai"
Print a;b
```

A）Beijing□Shanghai　　B）□Beijing□Shanghai

C）BeijingShanghai　　D）□BeijingShanghai

（3）在窗体上绘制一个名称为 Command1 的命令按钮，然后编写如下事件过程：

```
Private Sub Command1_Click()
    c="ABCD"
    For n=1 To 4
        Print____
    Next
End Sub
```

程序运行后，单击命令按钮，要求在窗体上显示如下内容：

D
CD
BCD
ABCD

则在横线处应填入的内容为（　）。

A）Left(c,n)　　B）Right(c, n)　　C）Mid(c,n,1)　　D）Mid(c,n,n)

（4）Formats 函数中，格式说明符的使用规则正确的是（　）。

A）格式符“#”与“0”的作用完全相同

B）格式符“.”与“#”或“0”结合使用，用于确定输出数据的小数点位置

C）若 Formats 函数中使用“%”或“$”格式符，则在所显示的数值后加上一个“%”号或一个“$”号

D）格式符“+”或格式符“-”表示若输入正数，则仅在数值前加上一个正号；若输出负数，则在数值前加上一个负号

（5）在窗体上画一个命令按钮，其名称为 Command1，然后编写如下事件过程：

```
Private Sub Command1_Click()
    a = 1234567
    Print Format$ (a, "000,00.00")
End Sub
```

程序运行后，单击命令按钮，窗体上显示的是（　）。

A）123.45667　　B）1,234,567.00　　C）1,234,567　　D）00,123.4567

（6）在窗体上画一个名称为 Command1 的命令按钮，然后编写如下事件过程：

```
Private Sub Command1_Click()
  Move 500,500
End Sub
```

程序运行后，单击命令按钮，执行的操作为（　）。

A）命令按钮移动到距窗体左边界、上边界各 500 的位置

B）窗体移动到距屏幕左边界、上边界各 500 的位置

C）命令按钮向左、上方向各移动 500

D）窗体向左、上方向各移动 500

（7）清除 Print 方法显示的文本或在图片框中显示的图形是使用（　）方法。

A）Cls 方法　　B）Move 方法　　C）Print 方法　　D）Del 方法

（8）运行以下程序后，输出结果为____。

```
For I=1 To 3
  Cls
  Print "I=", I;
Next
```

（9）把当前窗体移动到屏幕左上角使用的方法为<u>【1】</u>；把窗体 Forml 移到(150,150)处，并把 Forml 的宽度和高度分别改为以前的一半使用的方法为<u>【2】</u>。

（10）在 Print 方法中，若用分号分隔，则按<u>【1】</u>格式输出各表达式的值，若用逗号分隔，则按<u>【2】</u>格式输出各表达式的值。

（11）要在当前窗口和立即窗口输出字符串“Hello World!”使用的 Print 方法分别是<u>【1】</u>和<u>【2】</u>。

（12）在立即窗口中执行以下操作：

```
intTmp1=5
intTmp2=3
print intTmp1<intTmp2
```

则输出的结果是____。

（13）设窗体中输出行的宽度为 100，当使用 Tab 函数与 Print 方法一起输出时，若 Tab 函数中的参数 n>100，则输出位置是<u>【1】</u>。在 Print 方法中使用 Spc 函数时，若 Spc 函数中的参数 n>80，则输出位置是<u>【2】</u>。

（14）在 Format 函数的格式字符串中使用“%”号,表示输出时按<u>【1】</u>形式输出，若使用”e+”或“e-”表示输出时按<u>【2】</u>形式输出。

【答案】

（1）D　（2）C　（3）B　（4）B　（5）B　（6）B　（7）A　（8）I=3　（9）【1】Move 0,0【2】Forml.Move 150,150,Forml.width/2,Forml.height/2　（10）【1】紧凑【2】标准　（11）【1】Print “Hello World!”

 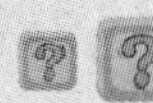 

【2】Debug.Print "Hello World!" （12）False （13）【1】n Mod 100【2】当前输出位置+(n Mod 80) （14）【1】百分数【2】指数

6.2 数据输入——InputBox 函数

InputBox 函数在对话框中来显示提示，等待用户输入正文并按下按钮，然后返回用户输入的内容（String 类型）。

语法：

InputBox(Prompt[,Title][,Default][,Xpos][,Ypos][,Helpfile,context])

典型题解

【例 6-3】标准模块和窗体模块的功能是计算和打印两个复数之和，在横线上填上适当内容。

标准模块

```
Type comp
    re As Single
    im As Single
End Type
Public c As comp
```

窗体模块

```
Private Sub Command1_Click()
    Dim a As comp,b As comp
    a.re = InputBox（"输入 a 的实部"）
    a.im = InputBox（"输入 a 的虚部"）
    b.re = InputBox（"输入 b 的实部"）
    b.im = InputBox（"输入 b 的虚部"）
    【1】
    Print "c="; c.re; "+"; c.im; "i"
End Sub
Private Sub s（【2】）
    c.re = r1.re + r2.re
    c.im = r1.im + r2.im
End Sub
```

【解析】根据题意，要计算两个复数之和。通过 Type 语句定义一个 comp 数据类型。comp 的两个元素 re、im 分别表示复数的实部与虚部。由于求两个复数之和要分别相加各自的实部与虚部，故在建立 s 过程时，根据已给等式，可以知道 Sub 过程需要两个参数，分别为 r1、r2。由于只调用一次，故可以使用 ByRef、ByVal 两种方式传送数据，可知在【2】处可以填写 r1 As comp,r2 As comp 或 ByRef r1 As comp, ByRef r2 As comp 或 ByVal r1 As comp, ByVal r2 As comp。建立好 Sub 过程，在【1】处调用该过程，可以使用 Call 语句：Call s(a,b)，也可直接调用：s a, b。

强化训练

（1）执行如下语句：

a=InputBox("Today","Tomorrow","Yesterday",,,"Day before yesterday",5)

将显示一个输入对话框，在对话框的输入区中显示的信息是（ ）。

A）Today　　B）Tomorrow　　C）Yesterday　　D）Day before yesterday

（2）设有语句

x=InputBox（"输入数值"，"0"，"示例"）

程序运行后，如果从键盘上输入数值 10 并按回车键，则下列叙述中正确的是（　）。

A）变量 x 的值是数值 10　　B）在 InputBox 对话框标题栏中显示的是“示例”

C）0 是默认值　　D）变量 X 的值是字符串"10"

（3）假设有如下语句：strInput=InputBox（"请输入字符串"，"字符串对话框"，"字符串"），执行该语句后，在输入对话框中输入“等级考试”，然后单击“确定”按钮，则变量 strInput 的内容为（　）。

A）请输入字符串　　B）字符串对话框　　C）字符串　　D）等级考试

（4）设有如下程序：

```
Private Sub Command1_Click()
    Dim c As Integer, d As Integer
    c=4
    d=InputBox("请输入一个整数")
    Do While d>0
        If d>c Then
            c=c+1
        End If
        d=InputBox("请输入一个整数")
    Loop
    Print c+d
End Sub
```

程序运行后，单击命令按钮，如果在输入对话框中依次输入 1、2、3、4、5、6、7、8、9 和 0，则输出结果是（　）。

A）12　　B）11　　C）10　　D）9

【答案】

（1）C　（2）D　（3）D　（4）D

6.3　MsgBox 函数和 MsgBox 语句

MsgBox 函数在对话框中显示提示信息给出相应按钮，等待用户选择，之后在程序中返回一个 Integer 类型的值以得知用户单击了哪一个按钮。

语法：

MsgBox(Message[, Style] [, Title] [, Helpfile, context])

MsgBox 语句是在对话框中显示提示信息，等待用户确认。当用户确认之后程序继续进行。MsgBox 语句没有返回值，同时少了 MsgBox 函数的括号。

语法：

MsgBox Message[, Style] [, Title] [, Helpfile, context]

典型题解

【例 6-4】在窗体上画一个命令按钮，名称为 Command1，单击命令按钮，执行如下事件过程：

```
Private Sub Command1_Click()
    a$="software and hardware"
```

```
    b$=Left(a$,8)
    c$=Mid(a$,1,8)
    MsgBox a$,1,b$,c$,1
End Sub
```

则在弹出消息框的标题栏中显示的信息是（　）。

A）software and hardware　　B）software

C）hardware　　D）1

【解析】MsgBox 函数可以写成语句形式，即 MsgBox msg$[,type%][,title$][,helpfile,context]，在对话框的标题栏中显示的是 title$，对应于题目中的 b$，而 b$=Left(a$,8)=software，由此可知执行上述事件过程后弹出的消息框标题栏中显示的信息为 software，本题正确答案为选项 B。

强化训练

（1）Msgbox 函数中有 4 个参数，其中必须写明的参数是（　）。

A）指定对话框中显示按钮的数目　　B）设置对话框标题

C）提示信息　　D）所有参数都是可选的

（2）执行下面的语句后，所产生的信息框的标题是（　）。

```
A=Msgbox("AAAA",,"BBBB","",5)
```

A）BBBB　　B）空　　C）AAAA　　D）出错，不能产生信息框

（3）假定有如下的窗体事件过程：

```
Private Sub Form_Click()
    a$ = "Microsoft Visual Basic"
    b$ = Right(a$, 12)
    c$ = Mid(b$, 1, 6)
    MsgBox a$, 34, b$, c$, 5
End Sub
```

程序运行后，单击窗体，则在弹出的信息框的标题栏中显示的信息是（　）。

A）Microsoft Visual　B）Microsoft　　C）Visual Basic　　D）5

（4）以下关于 MsgBox 的叙述中，错误的是（　）。

A）MsgBox 函数返回一个整数

B）通过 MsgBox 函数可以设置信息框中的图标和按钮的类型

C）MsgBox 语句没有返回值

D）MsgBox 函数的第二个参数是一个整数，该参数只能确定对话框中显示的按钮数量

（5）MsgBox 函数的 Type 参数作用是确定打开的对话框包含什么样的____及其个数。

【答案】

（1）C　（2）A　（3）C　（4）D　（5）按钮

6.4 字形

1．字体类型

字体类型通过 FontName 属性设置，一般格式为：

[窗体.][控件.] | Printer.FontName[= "字体类型 "]

2．字体大小

字体大小通过 FontSite 属性设置，一般格式为：

FontSize [= 点数]

3．其他属性

粗体字、斜体字、加删除线、加下划线和重叠显示。

典型题解

【例 6-5】设置字体是否加下划线属性 FontUnderline 的默认值为____。

【解析】FontBold 设置是否为粗体字，FontItalic 设置是否为斜体字，FontStrikethru 设置是否为加删除线，FontUnderline 为设置是否加下划线，FontTransParent 设置是否重叠显示，这些字形设置在默认状态下均为 False。正确答案为 False。

强化训练

（1）在程序中设置 Label 控件 Label1 的字体属性为宋体使用的语句为____。

（2）在程序中设置 PictureBox 控件 Picturel 的字体大小为 18 使用的语句为____。

（3）在程序中设置当前窗体的字为斜体字使用的语句为____。

【答案】

（1）Labell.FontName="宋体"　（2）Picturel.FontSize=18　（3）FontItatic=True (或 Me.FontItatic=True 或 Forml.FontItatic=True)

6.5 打印机输出

1．直接输出

使用 Printer 对象可以在打印机上输出（打印）所需的信息。

2．窗体输出

PrintForm 方法将指定窗体上的内容发送到打印机进行打印。

语法：[Form.]PrintForm

典型题解

【例 6-6】在程序中用打印机打印窗体 Forml 的语句为____。

【解析】用 PrintForm 方法打印应用程序中的信息，窗体输出的语句是[Form.]PrintForm，因此，此处填“Forml.PrintForm”。

强化训练

（1）打印窗体中包含的图形需设置窗体的____属性为 True。

（2）要打印当前打印的页码，可以通过访问 Printer 对象的<u>【1】</u>属性来实现。若要结束打印，使用<u>【2】</u>方法来实现；若要打印机换页，使用<u>【3】</u>方法来实现。

【答案】

（1）AutoRedraw　（2）【1】Page【2】EndDoc【3】NewPage

第7章 常用标准控件

考点概览

本章内容在考试中所占比例较大。分析历次考试中所占的比例，每次考试平均 6~7 道题，其中填空题占 2~3 题，合计 12~14 分。

重点考点

列表框、组合框、计时器是本章每次考试必考的知识点，这些知识点涵盖的内容较多，值得考查的点也多，需要考生对这些知识点有深入的理解，而不仅仅是记忆。其他常见的考点还有复选框和单选按钮、滚动条等。

复习建议

① 要掌握常用标准控件的基本属性，比如 Caption、Enabled、Height、Left、Name、Top、Visible、Width 等。

② 理解和运用标签、文本框、图片框、图像框、复选框、单选按钮、列表框、组合框、滚动条、计时器、框架等控件的特殊属性。

③ 掌握好属性之后，需要这些控件的事件和方法，正确使用控件。

④ 要编写简单程序，实现对控件属性、事件和方法的灵活运用，记住它们的特点。

7.1 文本控件

1. 标签

Label 控件能显示用户不能直接改变（只能通过设置其 Caption 属性修改）的信息。

2. 文本框

TextBox 控件是一个文本编辑区域，在设计阶段或运行期间可以编辑和显示文本。

典型题解

【例 7-1】在窗体上画一个名称为 Labe11、标题为“VisualBasic 考试”的标签，两个名称分别为 Command1 和 Command2、标题分别为“开始”和“停止”的命令按钮，然后画一个名称为 Timer1 的计时器控件，并把其 Interval 属性设置为 500，如图 7-1 所示。

图 7-1

编写如下程序：

```
Private Sub Form_Load()
    Timer1.Enabled = False
End Sub
Private Sub Command1_Click()
    Timer1.Enabled = True
End Sub
Private Sub Command2_Click()
    Timer1.Enabled = False
End Sub
Private Sub Timer1_Timer()
    If Label1.Left < Form1.Width Then
        Label1.Left = Label1.Left+20
    Else
        Label1.Left = 0
    End If
End Sub
```

程序运行后单击“开始”按钮，标签在窗体中移动。对于这个程序，以下叙述中错误的是（　）。

A）标签的移动方向为自右向左

B）单击“停止”按钮后再单击“开始”按钮，标签从停止的位置继续移动

C）当标签全部移出窗体后，将从窗体的另一端出现，重新移动

D）标签按指定的时间间隔移动

【解析】计时器一旦运行，将每隔半秒（Interval 设为 500）触发一次 Timer 事件，在该程序中，Label1 的 Left 属性每次增加（也就是每半秒）20，当 Label1 移出窗体时（即 Label1.left>=width）Label1 的 Left 值回归为 0。Left 属性确定控件与窗体左端的距离，单位为 twip。标签的移动方向自左向右，正确答案为选项 A。

【例 7-2】假定窗体上有一个文本框，名为 Txt1，为了使该文本框的内容能够换行，并且具有垂直滚动条，没有水平滚动条正确的属性设置为（　）。

A）Txt1.MultiLine= True
　　Txt1.ScrollBars= 0

B）Txt1.MultiLine= True
　　Txt1.ScrollBars= 2

C）Txt1.MultiLine= False
　　Txt1.ScrollBars= 0

D）Txt1.MultiLine= False
　　Txt1.ScrollBars= 3

【解析】MultiLine 如果设置为 True，可以使用多行文本，即在文本框中输入或输出文本时可以换行，并在下一行接着输入或输出。ScrollBars 用来确定文本框中有没有滚动条，可以取 0、1、2、3 四个值，其含义分别为：0 表示没有滚动条；1 表示只有水平滚动条；2 表示只有垂直滚动条；3 表示同时具有水平滚动条与垂直滚动条，正确答案为选项 B。

强化训练

（1）要使标签控件根据内容自动调整其大小，则应设置其（　）属性。

A）AutoSize　　B）Alignment　　C）Enabled　　D）Visible

（2）在窗体上画一个名称为 List1 的列表框，一个名称为 Label1 的标签。列表框中显示若干城市的名称，当单击列表框中的某个城市名时，在标签中显示选中城市的名称，下列能正确实现上述功能的程序是（　）。

A）Private Sub List1_Click()　　B）Private Sub List1_Click()

```
    Label1.Caption=List1.ListIndex
    End Sub
```

```
    Label1.Name=List1.ListIndex
    End Sub
```

C）
```
Private Sub List1_Click()
    Label1.Name=List1.Text
    End Sub
```

D）
```
Private Sub List1_Click()
    Label1.Caption=List1.Text
    End Sub
```

（3）设窗体上有一个文本框，名称为 Text1，程序运行后，要求该文本框只能显示信息，不能接收输入的信息，以下能实现该操作的语句是（ ）。

A）Text1.MaxLength=0　　B）Text1.Enabled=False

C）Text1.Visible=False　　D）Text1.Width=0

（4）在窗体中添加名称为 Command1 和名称为 Command2 的命令按钮以及文本框 Text1，然后编写如下代码：

```
Private Sub Command1_Click( )
    Text1.Text= "AB"
End Sub
Private Sub Command2_Click( )
    Text1.Text= "CD"
End Sub
```

首先单击 Command1 按钮，然后再单击 Command2 按钮，在文本框中显示（ ）。

A）AB　　B）CD　　C）ABCD　　D）CDAB

（5）在窗体上画一个文本框，然后编写如下事件过程：

```
Private Sub Form_Click()
    x = InputBox("请输入一个整数")
    Print   x + Text1.Text
End Sub
```

程序运行时，在文本框中输入 456，然后单击窗体，在输入对话框中输入 123，单击“确定”按钮后，在窗体上显示的内容为（ ）。

A）123　　B）456　　C）579　　D）123456

（6）在窗体上画一个名称为 Command1 的命令按钮和一个名称为 Text1 的文本框。程序运行后，Command1 为禁用（灰色）。当向文本框中输入任何字符时，命令按钮 Command1 变为可用。请在空格处填入适当的内容，将程序补充完整。

```
Private Sub Form_Load()
    Command1.Enabled=False
End Sub
Private Sub Text1_____()
    Command1.Enabled=True
End sub
```

【答案】

（1）A　（2）D　（3）B　（4）B　（5）D　（6）Change 或_Change

7.2 图形控件

1. 图片框和图像框

Image 控件用来显示位图、图标、矢量图形、JPEG 或 GIF 等图型文件。

2. 图形文件的装入

有两种方法可在图片框（Image）或图像框（PictureBox）中装入 VB 可识别图形格式的图形文件。

① 在设计阶段选择图片框（Image）或图像框（PictureBox）之后，用属性窗口中的 Picture 属性装入（单击 Picture 属性带省略号的按钮）。

② 在运行期间使用 LoadPicture 函数装入图形文件，并赋值给 Picture 属性，Load- Picture 函数说明如下：

语法：LoadPicture([filename])

3. 直线和形状

（1）直线——Line 控件

Line 是图形控件，用来显示水平线、垂直线或者对角线。

（2）形状——Shape 控件

Shape 控件是图形控件，用来显示矩形、正方形、椭圆、圆形、圆角矩形或者圆角正方形。需要指出的是，Shape 控件没有事件。

典型题解

【例 7-3】以下关于图片框控件的说法中，错误的是（　）。

A）可以通过 Print 方法在图片框中输出文本

B）清空图片框控件中图形的方法之一是加载一个空图形

C）图片框控件可以作为容器使用

D）用 Stretch 属性可以自动调整图片框中图形的大小

【解析】图片框中可以输出文本，与窗体类似，故选项 A 是正确的。通过加载一个空图形（Picture1.picture=LoadPicture("")）可以清空图片框，所以选项 B 的说法正确。图片框可以作为容器使用，即可以作为父控件，这也是图片框与图像框的主要区别之一，选项 C 也是正确的。选项 D 理解有误，Stretch 属性可以自动调整图形以适合图片框，而不是调整图形的大小。Stretch 属性是图像框比较特殊的一个属性，图片框无此属性，考生应给予关注。本题正确答案为选项 D。

【例 7-4】为了在运行时把 d:\pic 文件夹下的图形文件 a.jpg 装入图片框 Picture1，所使用的语句为____。

【解析】可以在设计时通过设置 picture 属性来装入图片，也可以通过 Loadpicture 函数装入，即 Picture1.picture=LoadPicture("地址")。由于 picture 是图片框的属性值，故 picture 可以省略。因此，正确答案为 Picture1.Picture =LoadPicture("d:\pic\a.jpg")或 Picture1=LoadPicture("d:\pic\a.jpg")。

【例 7-5】运行以下程序后，输出的图形是（　）。

```
Private Sub Command1_Click()
  Line (200,200)-(600,200)
  Line (400,0)-(400,400)
End Sub
```

A）一条折线　　B）两条分离的直线段　　C）一个伞形图形　　D）一个十字形图形

【解析】本题实际上是划了一个十字形图形，横线的起始点为(200,200)，终点为(600,200)；纵线的起始点为(400,0)，终点为(400,400)。考生可以画直角坐标系进行模拟，正确答案为选项 D。

强化训练

（1）画一条直实线，Line 的 BorderStyle 属性应设置为（　）。

A）0　　B）1　　C）2　　D）3

（2）画一个正方形，Shape 控件的 Shape 属性应设置为（　）。

A）1　　B）2　　C）3　　D）5

（3）在图片框或图像框中显示图形，需使用其（　）属性。

A）Image　　B）Icon　　C）Picture　　D）LoadPicture

（4）图像框有一个属性，可以自动调整图形的大小，以适应图像框的尺寸，这个属性是（　）。

A）Autosize　　B）Stretch　　C）AutoRedraw　　D）Appearance

（5）下列语句分别要清除图片框 Picture1 中的图形，错误的是（　）。

A）Picture1.DelPicture　　B）Picture1.Picture=Nothing

C）Picture1.Picture=LoadPicture()　　D）Picture1.Picture=LoadPicture("")

（6）将 C 盘根目录下的图形文件 moon.jpg 装入图片框 Picture1 的语句是____。

【答案】

（1）B　（2）A　（3）C　（4）B　（5）A　（6）Picture1.Picture=LoadPicture("c:\moon.jpg")

7.3　按钮控件

1．Cancel 属性

设置 CommandButton 控件是否为取消按钮。注：在一个窗体中只能设置一个命令按钮的 Cancel 属性为 True。

2．Defauft 属性

设置 CommandButton 控件是否为窗体的默认命令按钮。注：在一个窗体中只能设置一个命令按钮的 Default 属性为 True。

3．Style 属性

返回或设置一个值，该值用来指示 CommandButton 控件的显示类型和行为。

① 0：（默认的）标准样式。显示为标准的、没有相关图形的 CommandButton。

② 1：图形的。显示为标准的、也能显示相关图形的 CommandButton。

4．Picture 属性

设置在 CommandButton 控件中要显示的图片。

5．DownPicture 属性

设置一个对图片的引用，该图片在 CommandButton 控件被单击并处于压下状态时显示在 CommandButton 控件中。

6．DisabledPicture 属性

设置一个对图片的引用，该图片在 CommandButton 控件被设置为 False 时显示在 CommandButton 控件中。

典型题解

【例 7-6】为了在按下<Esc>键时执行某个命令按钮的 Click 事件过程，需要把该命令按钮的一个属性设置为 True，这个属性是（　）。

A）Value　　B）Default　　C）Cancel　　D）Enabled

【解析】当一个命令按钮的 Cancel 属性被设置为 True 时，按<Esc>键与单击该命令按钮的作用是相同的。

在一个窗体中，只允许有一个命令按钮的 Cancel 属性被设置为 True。本题正确答案为选项 C。

强化训练

（1）下列事件中，按钮控件不具有的事件是（　）。
A）Click　　B）DblClick　　C）LostFocus　　D）GetFocus

（2）在窗体（名称为 Form1）上画一个名称为 Text1 的文本框和一个名称为 Command1 的命令按钮，然后编写一个事件过程。程序运行后，如果在文本框中输入一个字符，则把命令按钮的标题设置为“计算机等级考试”，以下能实现上述操作的事件过程是（　）。

A）
```
Private Sub Text1_Change()
 Command1.Caption = "计算机等级考试"
 End Sub
```
B）
```
Private Sub Command1_Click()
Caption = "计算机等级考试"
End Sub
```
C）
```
Private Sub Command1_Click()
Text.Caption="计算机等级考试"
End Sub
```
D）
```
Private Sub Command1_Click()
Text1.Text="计算机等级考试"
End Sub
```

（3）要使命令按钮成为默认命令按钮，需使用其（　）属性。
A）Enabled　　B）Default　　C）Value　　D）Cancel

【答案】

（1）B　（2）A　（3）B

7.4 选择控件——复选框和单选按钮

1. 复选框——CheckBox 控件

CheckBox 控件可用来提供 True/False 或者 Yes/No 的选项。

2. 单选按钮——OptionButton 控件

OptionButton 控件显示一个可以打开或者关闭的选项。

OptionButton 控件和 CheckBox 控件功能相似，但是二者间也存在差别：在选择一个 OptionButton 时，同组中的其他 OptionButton 控件自动无效。相反，可以选择任意数量的 CheckBox 控件。

典型题解

【例 7-7】在窗体上画一个名称为 Command1、标题为“计算”的命令按钮；画两个文本框，名称分别为 Text1 和 Text2；然后画 3 个标签，名称分别为 Label1、Label2、Label3 和 Label4，标题分别为“操作数 1”、“操作数 2”、“运算结果”和空白；再建立一个含有 4 个单选按钮的控件数组，名称为 Option1，标题分别为“+”、“-”、“*”和“/”。程序运行后，在 Text1、Text2 中输入两个数值，选中一个单选按钮后单击命令按钮，相应的计算结果显示在 Label4 中，程序运行情况如图 7-2 所示。请在【1】、【2】和【3】处填入适当的内容，将程序补充完整。

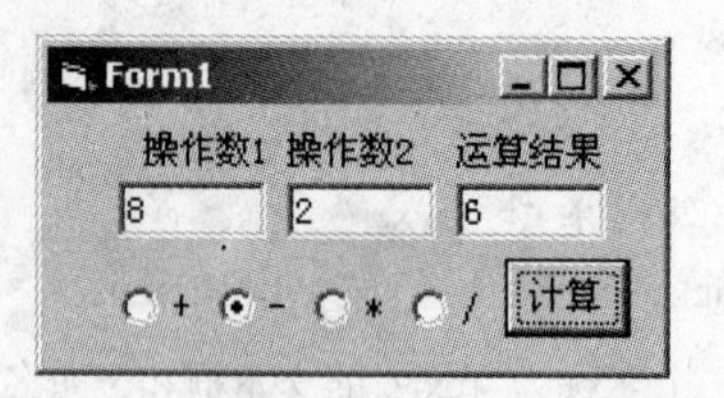

图 7-2

```
Private Sub Command1_Click()
    For i=0 To 3
        If 【1】=True Then
        opt=Option1(i).Caption
        End if
    Next
    Select Case 【2】
        Case "+"
            Result = Val(Text1.Text)+Val(Text2.Text)
        Case "–"
            Result = Val(Text1.Text)–Val(Text2.Text)
        Case "*"
            Result=Val(Text1.Text)*Val(Text2.Text)
        Case "/"
            Result=Val(Text1.Text)/Val(Text2.Text)
    End Select
    【3】=Result
End Sub
```

【解析】 OptionButton 控件显示一个可以打开或者关闭的选项。用 OptionButton 显示可选项，用户只能选择其中的一项。至于本题，使用了 For 和 Select 两个控制语句。主要思路是当单击控制按钮“计算”时，如果某一个单选按钮被选中，则把这个单选按钮的 Caption 值赋给变量 opt。再使用 Select 语句，在 opt 表示的 4 种情况下，分别使 Text1 与 Text2 里面的数值做相应的计算。所以【1】处应填 Option1(i).Value。根据上面的分析，【2】处应填 opt。根据题意，应将 Result 值赋给 Label3 的 Caption 属性。因此，【3】处应填 Label4.Caption 或 Form1.Label4.Caption 或 Me.Label4.Caption 或 Command1.Parent.Label4.Caption。

强化训练

（1）当一个复选框被选中时，它的 Value 属性的值是（ ）。

A）3　　B）2　　C）1　　D）0

（2）在窗体上画 3 个单选按钮，组成一个名为 chkOption 的控件数组，用于标志各个控件数组元素的参数是（ ）。

A）Tag　　B）Index　　C）ListIndex　　D）Name

【答案】

（1）C　（2）B

7.5　选择控件——列表框和组合框

1. 列表框

ListBox 控件显示选项列表，可以从中选择一个或多个选项。

2. 组合框

ComboBox 控件将 TextBox 控件和 ListBox 控件的特性结合在一起，既可以在控件的文本框部分输入信息，也可以在控件的列表框部分选择一项。

典型题解

【例 7-8】 如图 7-3 所示，列表框 Listl 中已经有若干人的简单信息，运行时在 Text1 文本框（即“查找对象”右边的文本框）输入一个姓或姓名，单击“查找”按钮，则在列表框中进行查找，若找到，则把该人的信息显示在 Text2 文本框中。若有多个匹配的列表项，则只显示第 1 个匹配项；若未找到，则在 Text2 中显示“查无此人”，请填空。

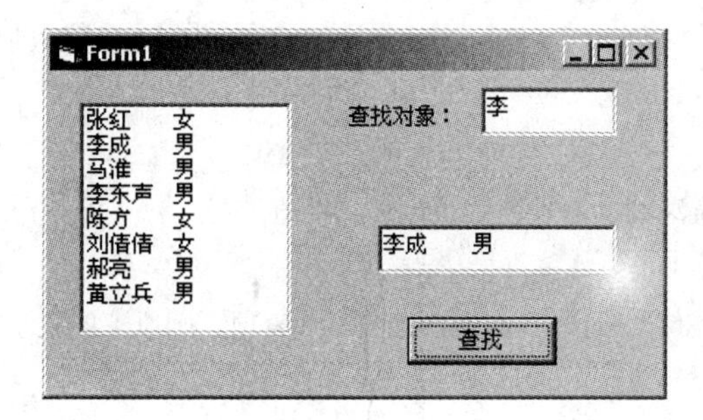

图 7-3

```
Private Sub Command1_Click()
    Dim k As Integer, n As Integer, found As Boolean
    found = False
    n = Len【1】
    k = 0
    While k < Listl.ListCount And Not found
        If Text1 = Left$(Listl.List(k), n)Then
            Text2 =【2】
            found = True
        End If
      k = k + 1
    Wend
    If Not found Then
         Text2 = "查无此人"
    End If
End Sub
```

【解析】 要求实现对 List 列表项的查询功能，首先判断输入文本框的内容是有多少个字符，接着逐一判断 List 列表项是否包含这些字符，如果包含则查询到，否则继续查询直到判断完所有列表项。本题正确答案：【1】text1.text 或 text1，【2】List1.List(k)。

【例 7-9】 程序中对 ComboBox 控件进行设置：Combo1.Style=2，程序的运行结果是（　）。

A）Combo1 被设置成下拉式列表框　　B）Combo1 被设置成下拉式组合框。

C）Combo1 被设置成简单组合框　　D）运行出错

【解析】 Style 属性是组合框的一个重要属性，其取值为 0、1、2，它决定了组合框 3 种不同的类型。Style 属性被设置为 0 时，组合框称为“下拉式组合框”；Style 属性值为 1 的组合框称为“简单组合框”，它由可输入文本的编辑区和一个标准列表框组成，列表不是下拉式的，而是一直显示在屏幕上；Style 属性值为 2 的组合框称为“下拉式列表框”（Dropdown ListBox），但 Style 是只读属性，不能用语句来改变其值，正确答案为选项 D。

强化训练

（1）在窗体上画一个名称为 List1 的列表框，为了对列表框中的每个项目都能进行处理，应使用的循环语句为（　）。

A）
```
For i=0 To List1.ListCount−1
  ⋮
Next
```
B）
```
For i=0 To List1.Count−1
  ⋮
Next
```
C）
```
For i=1 To List1.ListCount
  ⋮
Next
```
D）
```
For i=1 To List1.Count
  ⋮
Next
```

（2）要使列表框中的项目垂直滚动，需设置 Columns 属性值为（　）。

A）True　　B）False　　C）0　　D）1

（3）设窗体上有一个列表框控件 List1，且其中含有若干列表项，则以下能表示当前被选中的列表项内容的是（　）。

A）List1.List　　B）List1.ListIndex　　C）List1.Index　　D）List1.Text

（4）用户在组合框中输入或选择的数据可以通过一个属性获得，这个属性是（　）。

A）List　　B）ListIndex　　C）Text　　D）ListCount

（5）在 3 种不同类型的组合框中，只能选择而不能输入数据的组合框是（　）。

A）下拉式组合框　　B）简单组合框　　C）下拉式列表框　　D）都不是

（6）要清除组合框 Combo1 中的所有内容，可以使用（　）语句。

A）Combo1.Cls　　B）Combo1.Clear　　C）Combo1.Delete　　D）Combo1.Remove

（7）组合框控件是将（　）组合成一个控件。

A）列表框控件和文本框控件　　B）标签控件和列表框控件

C）标签控件和文本框控件　　D）复选框控件和选项按钮控件

（8）在窗体上画一个名称为 Combo1 的组合框，画两个名称分别 Label1 和 Label2 及 Caption 属性分别为“城市名称”和空白的标签。程序运行后，当在组合框中输入一个新项后按回车键（ASCII 码为 13）时，如果输入的项在组合框的列表中不存在，则自动添加到组合框的列表中，并在 Label2 中给出提示“已成功添加输入项”，如图所示。

如果存在，则在 Label2 中给出提示“输入项已在组合框中”，请在【1】、【2】和【3】处将程序补充完整。

```
Private Sub Combol 【1】(KeyAscii As Integer)
  If KeyAscii =13 Then
    For i = 0 To Combo1.ListCount-1
      If Combo1.Text= 【2】then
        Label2.Caption="输入项已在组合框中"
        Exit Sub
      End If
    Next i
    Label2.Caption="已成功添加输入项"
    Combo1. 【3】Combo1.Text
  End If
End Sub
```

（9）要显示列表框 List1 中序号为 2 项目内容的语句是______________。

（10）在窗体上画一个名称为 Lablel 的标签和一个名称为 List1 的列表框。程序运行后，在列表框中添加若干列表项。当双击列表框中的某个项目时，在标签 Label1 中显示所选中的项目，如图所示。请在空格处填入适当的内容，将程序补充完整。

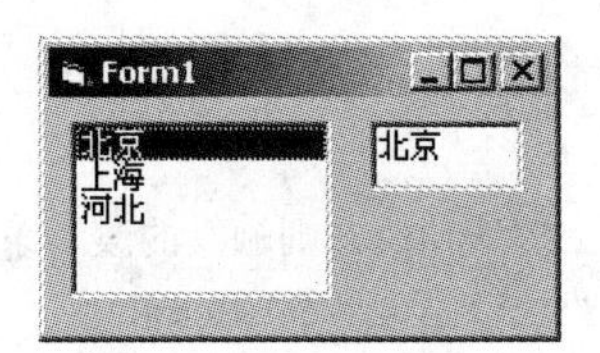


```
Private Sub Form_load()
  List1.AddItem "北京"
  List1.AddItem "上海"
  List1.AddItem "河北"
End Sub
Private Sub【1】()
  Label1.Caption=【2】
End Sub
```

【答案】

（1）A　（2）C　（3）D　（4）C　（5）C　（6）B　（7）A　（8）【1】KeyPress【2】Combo1.list(i)【3】Additem　（9）Print List1.List(2)　（10）【1】List1_DblClick 或 Form1.List1_DblClick 或 Me.List1_DblClick【2】List1.Text 或 List1 或 Form1.List1.Text 或 Me.List1.Text 或 Form1.List1 或 Me.List1

7.6　滚动条

当项目列表很长或者信息量很大时，滚动条通常附在窗口上帮助观察数据或定位位置。它还可以作为输入设备或速度、数量的指示器。滚动条分为两种：水平滚动条（HScrollBar）和垂直滚动条（VScrollBar）。

典型题解

【例 7-10】在窗体上画一个标签和一个文本框，其名称分别为 Label1 和 Text1，Caption 属性分别为“数值”及空白。然后画一个名称为 Hscroll1 的水平滚动条，其 Min 的值为 0，Max 的值为 100。程序运行后，如果单击滚动条两端的箭头，则在标签 Text1 中显示滚动条的值，如图 7-4 所示。请在【1】和【2】处填入适当

的内容，将程序补充完整。

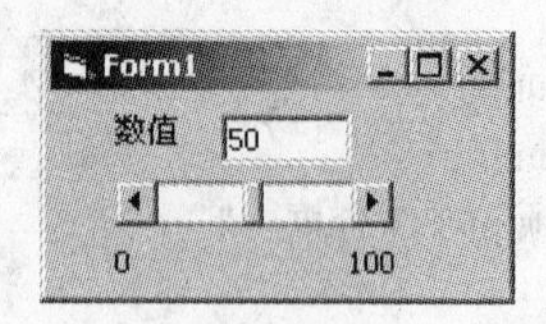

图 7-4

```
Private Sub HScroll1_【1】()
    Text1.Text=HScroll1.【2】
End Sub
```

【解析】与滚动条有关的事件主要是 Scroll 和 Change。当在滚动条内拖动滚动框时会触发 Scroll 事件（单击滚动箭头或滚动条时不发生 Scroll 事件），而改变滚动框的位置后会触发 Change 事件。Scroll 事件用于跟踪滚动条中的动态变化，Change 事件则用来得到滚动条的最后的值。本题中，要求只要滚动条的值改变，即相应改变文本框中的显示。因此，使用的是 Change 事件。获取滚动条的值，使用的是 Value 属性。所以答案为【1】Change 或_Change，【2】Value。

强化训练

（1）在程序运行期间，如果拖动滚动条上的滚动块，则触发的滚动条事件是（　）。

A）Move　　B）Change　　C）Scroll　　D）Getfocus

（2）设有名称为 VScroll1 的垂直滚动条，其 Max 属性为 100，Min 属性为 50。下列正确设置滚动条 Value 属性值的语句是（　）。

A）VScroll1.Value=100　　B）VScroll1.Value=30

C）VScroll1.Value=4*30　　D）VScroll1.Value=-100-50

（3）在窗体上画 2 个滚动条，名称分别为 Hscroll1、Hscroll2；6 个标签，名称分别为 Label1、Label2、Label3、Label4、Label5、Label6，其中标签 Label4~Label6 分别显示“A”、“B”、“A*B”等文字信息，标签 Label1、Label2 分别显示其右侧的滚动条的数值，Label3 显示 A*B 的计算结果，如图所示。当移动滚动条时，在相应的标签中显示滚动条的值。当单击命令按钮“计算”时，对标签 Label1、Label2 中显示的两个值求积，并将结果显示在 Label3 中。以下不能实现上述功能的事件过程是（　）。

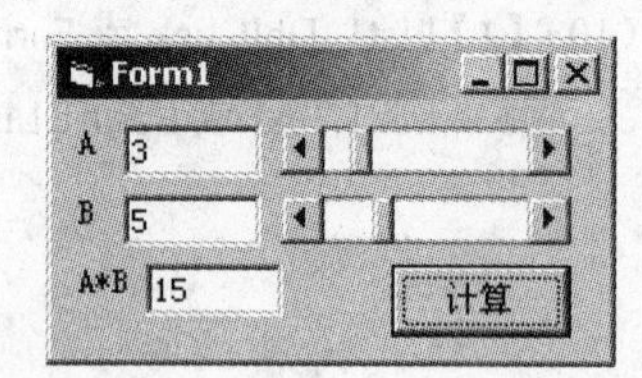

A）Private Sub Command1_Click()

Label3.Caption=Str(Val(Label1.Caption)*Val(Labe12.Caption))

End Sub

B）Private Sub Command1_Click()

Label3.Caption= HScroll1.Value*HScroll2.Value

End Sub

C）Private Sub Command1_Click()

Label3.Caption=HScroll1*HScroll2

End Sub

D）Private Sub Command1_Click()

Label3.Caption=HScroll1.Text*HScroll2.Text

End Sub

（4）在窗体上画一个名称为 Text1 的文本框，然后画一个名称为 HScroll1 的滚动条，其 Min 和 Max 属性分别为 0 和 100。程序运行后，如果移动滚动框，则在文本框中显示滚动条的当前值，如图所示。

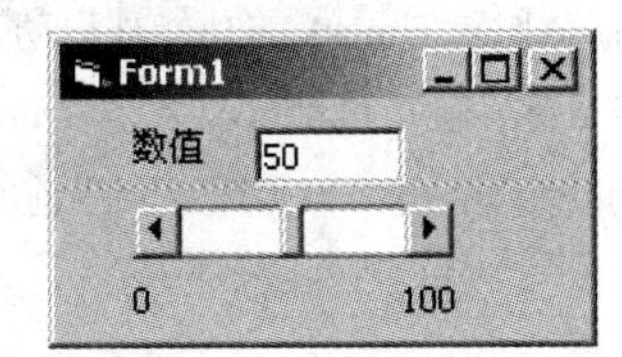

以下能实现上述操作的程序段是（　）。

A）Private Sub HScroll1_Change()

Text1.Text=HScroll1.Value

End Sub

B）Private Sub HScroll1_Click()

Text1.Text=HScroll1.Value

End Sub

C）Private Sub HScroll1_Change()

Text1.Text=HScroll1.Caption

End Sub

D）Private Sub HScroll1_Click()

Text1.Text=HScroll1.Caption

End Sub

（5）表示滚动条控件取值范围最大值的属性是（　）。

A）Max　　B）LargeChange　　C）Value　　D）Max-Min

（6）若要设置当单击两个滚动箭头之间区域时滚动条的滚动幅度，需使用____属性。

【答案】

（1）C （2）A （3）D （4）A （5）A （6）LargeChange

7.7 计时器

通过引发 Timer 事件，Timer 控件可以有规律地隔一段时间执行一次代码。

典型题解

【例 7-11】在窗体上画一个标签（名称为 Label1）和一个计时器（名称为 Timer1），然后编写如下几个事件过程：

```
Private Sub Form_Load()
Timer1.Enabled=False
Timer1.Interval=【1】
End Sub
Private Sub Form_Click()
Timer1.Enabled=【2】
End Sub
Private Sub Timer1_Timer()
Label1.Caption=【3】
End Sub
```

程序运行后，单击窗体，将在标签中显示当前时间，如图 7-5 所示，每隔 1 秒钟变换一次，请填空。

图 7-5

【解析】计时器的属性是考查热点。Interval 以毫秒为单位，设为 1 000 时表示 1 秒，根据本题题意，【1】处填 1000。【2】处表达的意思是当单击窗体时，Timer1 的功能被启动，故本处填 True，也可以填任何非 0 数值。因为在 Visual Basic 中数值 0 表示 False，非 0 值都可以表示 True。根据题意，【3】处需要把当前时间赋给 Label1 的 Caption 属性，故本处填 Time 或 Time$，该函数返回当前时间。

强化训练

（1）在窗体上画一个名称为 Timer1 的计时器控件，要求每隔 0.1 秒发生一次计时器事件，则以下正确的属性设置语句是（　）。

A）Timer1.Interval=0.1　　B）Timer1.Interval=1

C）Timer1.Interval=10　　D）Timer1.Interval=100

（2）在窗体上画一个文本框和一个计时器控件，名称分别为 Text1 和 Timer1，在属性窗口中把计时器的 Interval 属性设置为 1000，Enabled 属性设置为 False。程序运行后，如果单击命令按钮，则每隔一秒钟在文本框中显示一次当前的时间，以下是实现上述操作的程序：

```
Private Sub Command1_Click()
  Timer1.____
End Sub
Private Sub Timer1_Timer()
  Text1.Text = Time
End Sub
```

在____处应填入的内容是（　）。

A）Enabled = True　　B）Enabled = False　　C）Visible = True　　D）Visible = False

（3）设置计时器控件只能触发____事件。

【答案】

（1）D　（2）A　（3）Timer

7.8 框架

Frame 控件是一个容器控件，用于将屏幕上的对象分组，以便于用户识别。

典型题解

【例 7-12】若要屏蔽框架上的控件对象，则需设置____属性的值为 False。

【解析】不同的对象可以放在一个框架中，框架提供了视觉上的区分和总体的激活/屏蔽特性。若设置框架的 Enabled 属性值为 False，即可屏蔽框架上的所有控件对象。本题正确答案为 Enabled。

强化训练

（1）在（　）中绘制 OptionButton 控件，可将每一个容器控件中的 OptionButton 控件选项组同其他控件中的

OptionButton 控件选项组分开。

A）窗体　　B）PictureBox　　C）Frame 控件　　D）以上选项都可以

（2）以下说法正确的是（　）。

A）框架常用的事件是 Click 和 DblClick　　B）框架可以接受用户输入

C）框架可以显示文本和图形　　D）框架可以与图形相连

【答案】

（1）D　（2）A

7.9　焦点与 Tab 顺序

1.设置焦点

焦点是对象接收用户鼠标或键盘输入的能力。当一个对象具有焦点时，它可以接收用户的输入。当对象得到焦点时，会产生 GotFocus 事件；当对象失去焦点时，将产生 LostFocus 事件。只有可视的窗体或控件并且它们的 Enabled 和 Visible 属性均为 True 时，才能接收焦点。

框架（Frame）、标签（Label）、菜单（Menu）、直线（Line）、形状（Shape）、图像框（Image）和计时器（Timer）控件不能接收焦点。

2. Tab 顺序

（1）设置 Tab 顺序

控件的 TabIndex 属性决定了它在 Tab 顺序中的位置。在默认的情况下，第一个建立的控件的 TabIndex 值为 0，第二个的 TabIndex 值为 1，以此类推。若要改变控件的 Tab 顺序，则可设置它的 TabIndex 属性。

注意：不能获得焦点的控件，以及无效的和不可见的控件，不具有 TabIndex 属性，因而不包含在<Tab>键顺序中。按<Tab>键时，这些控件将被忽略。

（2）在<Tab>键顺序中跳过控件

若想要在<Tab>键顺序中跳过某一控件，可将该控件的 TabStop 属性设为 False。此时 VB 将保持它在<Tab>键顺序中的位置，只是在按<Tab>键时这个控件被跳过。

典型题解

【例 7-13】以下关于焦点的叙述中，错误的是（　）。

A）如果文本框的 TabStop 属性为 False，则不能接收从键盘上输入的数据

B）当文本框失去焦点时，触发 LostFocus 事件

C）当文本框的 Enabled 属性为 False 时，其 Tab 顺序不起作用

D）可以用 TabIndex 属性改变 Tab 顺序

【解析】TabStop 是可获得焦点的控件都具备的属性，当设置其为 False 时，控件仍保持在实际 Tab 顺序中的位置，只不过按 Tab 时会被跳过，但该控件仍可以通过键盘输入获得焦点从而接受数据的输入。本题正确答案为选项 A。

强化训练

（1）下列选择项中不能获得焦点的是（　）。

A）使用<Tab>键　　B）用鼠标选择对象　　C）使用 SetFocus　　D）设置 GetFocus 的值为 True

（2）以下能够触发文本框 Change 事件的操作是（ ）。
A）文本框失去焦点 B）文本框获得焦点 C）设置文本框的焦点 D）改变文本框的内容

（3）在窗体上有若干控件，其中有一个名称为 Text1 的文本框，影响 Text1 的 Tab 顺序的属性是（ ）。
A）TabStop B）Enabled C）Visible D）TabIndex

（4）窗体上已建立多个控件如：Picture1、List1、Command1 等，若要使程序运行焦点就定位在 Command1 控件上，应设 Command1 的【1】属性的值为【2】。

【答案】

（1）D （2）D （3）D （4）【1】TabIndex，【2】0

第8章 Visual Basic控制结构

考点概览

本章内容在考试中所占比例较大。分析历次考试中所占的比例，每次考试平均 6 ~ 7 道题，其中填空题占 2 ~ 3 题，合计 12 ~ 14 分。

重点考点

① 选择控制结构是本章的第一个重点内容，在历届考试中，选择控制结构是必考内容，难度不大，考生掌握相关结构即可。

② 循环控制结构是本章的第二个重点内容，Visual Basic 提供了 3 种不同风格的循环结构，包括计数循环（For-Next 循环）、当循环（While-Wend 循环）和 Do 循环（Do-Loop 循环）。在历次考试题中，出现的程序题基本上都和循环控制结构有关。

③ 循环结构的嵌套是本章的难点。它经常出现在一些比较复杂的程序理解题当中，历届考试的最后几题差不多都是这一类型的题目。所以，掌握循环结构的嵌套是解这些题的关键。

Visual Basic 控制结构常穿插在其他的一些知识点中，凡是需要根据判断结果采取不同操作的离不开选择控制结构；凡是需要对一系列数据进行某些相同操作时，循环结构是必不可少的。所以，本章是学好 Visual Basic 语言的基础之一，否则会直接影响到后面一些知识点的掌握。

复习建议

① 掌握选择控制结构的两种格式，对每一种格式的特点要重点理解。

② 掌握多分支控制结构的语句和相关特点。

③ 掌握 3 种循环结构的一般形式和执行过程。

④ 大量阅读与控制结构相关的代码来进一步理解它们，这时候主要是理解基本的循环结构，暂时可以不涉及到多重循环。

⑤ 然后阅读任何与控制结构相关的代码。阅读时注意不要放过任何自己没有弄明白的结构，宜精不宜滥。

⑥ 如果尚有余力的话，应该找一些包含常用算法代码的例子看看（如排序、素数的判断、回文数的判断等），记住它们的特点。

8.1 选择控制结构

1. 单行结构条件语句

单行条件语句比较简单，其格式如下：

```
If 条件 Then then 部分 [Else   else 部分]
```

该结构的功能是：如果“条件”为 True，则执行“then 部分”，否则执行“else 部分”。条件

语句的“Else 部分”是可选的，当“Else 部分”省略时，If 语句简化为：

```
If 条件 Then   then 部分
```

它的功能是：如果“条件”为 True，则执行“then 部分”，否则执行下一行程序。

2. 块结构条件语句

块结构条件语句格式如下：

```
If 条件 1 Then
语句块 1
[ElseIf 条件 2   Then
    语句块 2]
[ElseIf 条件 3   Then
    语句块 3]
  …
[Else
    语句块 n]
End If
```

块结构条件语句的功能是：如果“条件 1”为 True，则执行“语句块 1”，否则如果“条件 2”为 True，则执行“语句块 2”……否则执行“语句块 n”。

3. IIf 函数

IIf 函数可以用来执行简单的条件判断操作，它是“If…Then…Else”结构的简写形式，IIf 是“Immediate If”的缩略。

IIf 函数的格式：

```
Result=IIf（条件，True 部分，False 部分）
```

典型题解

【例 8-1】下列程序段的执行结果为（ ）。

```
X=5
Y=-20
If Not X>0 Then X=Y-3 Else Y=X+3
Print X-Y;
```

A）-3　　B）5　　C）3　　D）25

【解析】根据题意，当 X>0 为非真时，执行 Then 后面的语句，否则执行 Else 后面的语句。据此，Y 的值为 8，X 的值仍为 5。Print 语句先计算 X-Y 的值，再输出。正确答案为选项 A。

【例 8-2】在窗体上画一个名为 Command1 的命令按钮，然后编写如下事件过程：

```
Private Sub Command1_Click()
  x=6
  If x>6 Then
    Print "x>6"
  Else
    If x<8 Then
      Print "x<8"
    Else
      If x=6 Then
        Print "x=6"
      End If
    End If
```

```
    End If
End Sub
```

程序运行后，单击命令按钮，输出的结果是（ ）。

A）x<8　　B）x=6　　C）x<8x=6　　D）x<8 或 x=6

【解析】对于本题，程序开始运行时，x=6，进入第一个判断 x>6，结果为 False，进入 Else 部分。接着进入第二个判断 x<8，结果为 True，则打印"x<8"，退出循环。正确答案为选项 A。

强化训练

（1）在窗体上画一个命令按钮，其名称为 Command1，然后编写如下事件过程：

```
Private Sub Command1_Click()
    Dim i As Integer, x As Integer
    For i = 1 To 6
        If i = 1 Then x = i
        If i <= 4 Then
            x = x + 1
        Else
            x = x + 2
        End If
    Next i
    Print x
End Sub
```

程序运行后，单击命令按钮，其输出结果为（ ）。

A）9　　B）6　　C）12　　D）15

（2）在窗体上画一个名称为 Command1 的命令按钮，然后编写如下通用过程和命令按钮的事件过程：

```
Private Function fun(ByVal m As Integer)
    If m Mod 2 = 0 Then
        fun = 2
    Else
        fun = 1
    End If
End Function
Private Sub Command1_Click()
    Dim i As Integer, s As Integer
    s = 0
    For i = 1 To 5
        s = s + fun(i)
    Next
    Print s
End Sub
```

程序运行后，单击命令按钮，在窗体上显示的是（ ）。

A）6　　B）7　　C）8　　D）9

（3）下列程序的执行结果为（ ）。

```
a=100
b=50
If a<>b Then
```

```
    a=a+b
  Else
    b=b-a
  End If
  Print a, b
```

A）50　50　　B）150　50　　C）200　200　　D）10　10

（4）在窗体上画一个名为 Command1 的命令按钮，然后编写如下事件过程：

```
Private Sub Command1_Click()
  Sum=0
  For k=1 To 3
    If k<=1 Then
      x=1
    ElseIf k<=2 Then
      x=2
      ElseIf k<=3 Then
        x=3
      Else
        x=4
    End If
        Sum=Sum+x
  Next k
  Print Sum
End Sub
```

程序运行后，单击命令按钮，输出结果是（　）。

A）9　　B）6　　C）3　　D）10

（5）设 a = "a", b = "b", c = "c", d = "d"，执行语句 x = IIf((a < b) Or (c > d), "A","B")后，x 的值为（　）。

A）"a"　　B）"b"　　C）"B"　　D）"A"

（6）在窗体上画一个命令按钮和一个文本框，名称分别为 Command1 和 Text1，然后编写如下程序：

```
Private Sub Command1_Click()
  a = InputBox("请输入日期(1~31)")
  t = "旅游景点："_
  &IIf(a > 0 And a <= 10, "长城", "") _
  &IIf(a > 10 And a <= 20, "故宫", "") _
  &IIf(a > 20 And a <= 31, "颐和园", "")
  Text1.Text = t
End Sub
```

程序运行后，如果从键盘上输入 16，则在文本框中显示的内容是（　）。

A）旅游景点：长城故宫　　B）旅游景点：长城颐和园

C）旅游景点：颐和园　　D）旅游景点：故宫

（7）在窗体上画一个命令按钮，其名称为 Command1，然后编写如下程序：

```
Function M(x As Integer,y As Integer) As Integer
  M=IIf(x>y,x,y)
End Function
Private Sub Command1_Click()
Dim a As Integer, b As Integer
  a=100
```

```
    b=200
    Print M(a,b)
  End Sub
```

程序运行后，单击命令按钮，输出结果为____ 。

【答案】

（1）A　（2）B　（3）B　（4）B　（5）D　（6）D　（7）200

8.2　多分支控制结构

在 Visual Basic 中，多分支结构程序通过情况语句来实现，它根据一个表达式的值，在一组相互独立的可选语句序列中挑选要执行的语句序列。

情况语句的格式：

```
Select Case 测试表达式
Case 表达式列表 1
语句块 1
 [Case 表达式列表 2
[语句块 2]]
…
[Case Else
[语句块 n]]
End Select
```

情况语句以 Select Case 开头，以 End Select 结束。其功能是，根据“测试表达式”的值，从多个语句块中选出符合条件的一个语句块执行。

典型题解

【例 8-3】以下 Case 语句中错误的是（　）。

A）Case 0 To 10　　B）Case Is>10　　C）Case Is>10 And Is<50　　D）Case 3,5,Is>10

【解析】当用关键字 Is 定义条件时，只能是简单的条件，不能用逻辑运算符将两个或多个简单条件组合在一起，比如 C 项就是错误的。本题中 A、B、D 的表达方式都是正确的。正确答案为选项 C。

【例 8-4】在窗体上画一个名称为 Command1 的命令按钮，然后编写如下事件过程：

```
Private Sub Command1_Click()
  x=InputBox("Input")
  Select Case x
    Case 1, 3
      Print"分支 1"
    Case Is>4
      Print"分支 2"
    Case Else
      Print"Else 分支"
  End Select
End Sub
```

程序运行后，如果在输入对话框中输入 2，则窗体上显示的是（　）。

A）分支 1　　B）分支 2　　C）Else 分支　　D）程序出错

【解析】根据题意，输入 2 时，满足“Case Else”条件，即执行“Print " Else 分支 "”，正确答案为选项 C。

强化训练

（1）在窗体上画一个名称为 Command1 的命令按钮和两个名称分别为 Text1、Text2 的文本框，然后编写如下事件过程：

```
Private Sub Command1_Click()
  n = Text1.Text
  Select Case n
    Case 1 To 20
      x = 10
    Case 2, 4, 6
      x = 20
    Case Is < 10
      x = 30
    Case 10
      x = 40
  End Select
  Text2.Text = x
End Sub
```

程序运行后，如果在文本框 Text1 中输入 11，然后单击命令按钮，则在 Text2 中显示的内容是（　）。

A）10　　B）20　　C）30　　D）40

（2）在窗体中添加一个命令按钮（其 Name 属性为 Command1），然后编写如下代码：

```
Private Sub Command1_Click()
  score=Int(Rnd*10)+70
  Select Case score
  Case Is < 60
    a$ = "F"
  Case 60 To 69
    a$ = "D"
  Case 70 To 79
    a$ = "C"
  Case 80 To 89
    a$ = "B"
  Case Else
    a$ = "A"
  End Select
  Print a$
End Sub
```

程序运行后，单击命令按钮，输出结果是（　）。

A）A　　B）B　　C）C　　D）D

（3）有如下函数表达式：

$$Y=\begin{cases}0, & x<=0\\ 5+2*x, & 0<x<=10\\ x-5, & 10<x<=15\\ 0, & x>15\end{cases}$$

实现这个表达式的程序段如下，请填空。

```
x=InputBox("Enter an Integer")
x=CInt(x)
Select Case x
  Case Is<=0
    y=0
  Case Is<=10
    y= 【1】
  Case Is<=15
    y= 【2】
  Case Is>15
    y=0
End Select
```

【答案】

（1）A　（2）C　（3）【1】5+2*x【2】x-5

8.3　For 循环控制结构

For 循环也称 For…Next 循环或计数循环。它的格式是：

```
For 循环变量=初值 To 终值 [Step 步长]
    [循环体]
    [Exit For]
Next [循环变量][，循环变量]……
```

For 循环语句的执行过程是：首先把“初值”赋给“循环变量”，接着检查“循环变量”的值是否超过终值，如果超过就停止执行“循环体”，跳出循环，执行 Next 后面的语句；否则执行一次“循环体”，然后把“循环变量+步长”的值赋给“循环变量”，重复上述过程。一般情况下，For…Next 正常结束，即循环变量到达终值。但在有些情况下，可能需要在循环变量到达终值前退出循环，这可以通过 Exit For 语句来实现。

典型题解

【例 8-5】在窗体上画一个名称为 Command1 的命令按钮和一个名称为 Text1 的文本框，然后编写如下事件过程：

```
Private Sub Command1_Click()
  n = Val(Text1.Text)
  For i = 2 To n
    For j = 2 To Sqr(i)
      If i Mod j = 0 Then Exit For
    Next j
    If j > Sqr(i) Then Print i
  Next i
End Sub
```

该事件过程的功能是（　）。

A）输出 n 以内的奇数　　B）输出 n 以内的偶数

C）输出 n 以内的素数　　D）输出 n 以内能被 j 整除的数

【解析】本题是典型的判断素数的程序语句，为了判断一个数 n 是不是素数，可以将 n 被从 2 到 n 的平方根之间的所有整数除，如果都除不尽，则 n 就是素数，否则不是素数，正确答案为选项 C。

【例 8-6】执行下面的程序段后，i 的值为<u>【1】</u>，s 的值为<u>【2】</u> 。

```
s=2
For i=3.2 To 4.9 Step 0.8
   s=s +1
Next i
```

【解析】第一次执行循环时，i 值为 3.2，此时 i 值没有超过终值，所以开始第一次循环；第二次执行循环前 i 值为 4，仍然满足条件；第三次执行前 i 值为 4.8，继续执行。第三次执行结束后，i 值又加 0.8，此时值为 5.6，此时超过终值，终止循环。故第 1 空填 5.6。据此，For 循环执行了三次，每次 s 值都加 1，其初始值为 2，故第 2 空填 5。正确答案【1】5.6，【2】5。

强化训练

（1）设有如下程序段：

```
x=2
For i= 1 To 10 Step 2
   x= x+i
Next
```

运行以下程序后，x 的值是（　）。

A）26　　B）27　　C）38　　D）57

（2）设有如下程序：

```
Private Sub Command1_Click()
   Dim sum As Double, x As Double
   sum = 0
   n = 0
   For i = 1 To 5
      x = n / i
      n = n + 1
      sum = sum + x
   Next
End Sub
```

该程序通过 For 循环计算一个表达式的值，这个表达式是（　）。

A）1+1/2+2/3+3/4+4/5　　B）1+1/2+2/ 3+3/4

C）1/2+2/3+3/4+4/5　　D）1+1/2+1/3+1/4+1/5

（3）在窗体中画一个命令按钮，然后编写以下事件过程：

```
Private Sub Command1_Click()
   For X = 5 To 2.5 Step -6
   Next X
   Print X
End Sub
```

程序运行后，输出的结果是（　）。

A）2.2　　B）2.5　　C）2.9　　D）−1

（4）阅读程序：

```
Private Sub Form_Click()
```

```
    m=1
    For i=4 To 1 Step -1
      Print Str(m)
      m=m+1
      For j=1 To i
        Print "*"
      Next j
      Print
    Next i
  End Sub
```

程序运行后，单击窗体，输出结果为（　）。

A）1****
2***
3**
4*

B）4****
3***
2**
1*

C）****
***
**
*

D）*
**
***
****

（5）执行以下程序段

```
  Dim x As Integer, i As Integer
  x = 0
  For i = 20 To 1 Step -2
    x = x + i\5
  Next i
```

后，x 的值为（　）。

A）16　B）17　C）18　D）19

（6）下面事件过程的功能是求 S=1+（1×2）+（1×2×3）+…+（1×2×…×n）的值，在横线上填上适当内容。

```
  Private Sub Command1_Click()
    Dim n%,i%,j&,s&
    n = InputBox("n=")
    j = 1: s = 0
    For i = 1 To n
      j = 【1】
      【2】
    Next i
    Print "s=";s
  End Sub
```

（7）下面事件过程的功能是打印图案：

```
    *
   ***
  *****
 *******
*********
```

在横线上填上适当内容。

```
Private Sub Command1_Click()
    Dim i%, j%
    For i = 1 To 5
        Print Spc( 【1】 );
        For j = 1 To  【2】
            Print " * ";
        Next j
         【3】
    Next i
End Sub
```

【答案】

（1）B （2）C （3）D （4）A （5）C （6）【1】j*i【2】s=s+j （7）【1】5-i【2】2*i-1【3】Print

8.4 当循环控制结构

当循环控制语句的格式是：

```
While 条件
    [语句块]
Wend
```

当循环语句的功能是：当给定的“条件”为 True 时，执行循环中的“语句块”（即循环体）。

当循环语句的执行过程是：如果“条件”为 True（非 0 值），则执行“语句块”，当遇到 Wend 语句时，控制返回到 While 语句并对“条件”进行测试，如果仍然为 True，则重复上面的过程；如果“条件”为 False，则不执行“语句块”，而执行 Wend 后面的语句。

典型题解

【例 8-7】以下程序段的输出结果是____。

```
num=0
While num<=2
    num = num+1
Wend
Print num
```

【解析】num 初始赋值为 0，当 num 小于等于 2 时，num 值加 1，据此，当 num=0 时，执行语句，num 值变为 1，再执行，num 值变为 2。此时程序需要执行 1 次，num 值变为 3，3 大于 2，所以当循环结束，正确答案为 3。

强化训练

（1）设有如下程序：

```
Private Sub Form_Load()
    Dim counter
    Counter=0
    While counter<20
        Counter=counter+1
    Wend
    MsgBox Str(counter)
```

```
End Sub
```

程序运行后，在消息框中显示的提示信息是（　）。

A）21　　B）20　　C）19　　D）0

（2）在窗体上画一个命令按钮，其名称为 Command1，然后编写如下事件过程：

```
Private Sub Command1_Click()
  x=1
  Result=【1】
  While x<=10
    Result=【2】
    x=x+1
  Wend
  Print Result
End Sub
```

上述事件过程用来计算 10 的阶乘，请填空。

【答案】

（1）B　（2）【1】1【2】Result*x

8.5　Do 循环控制结构

Do 循环不仅可以不按照限定的次数执行循环体内的语句块，而且可以根据循环条件是 True 或 False 决定是否结束循环。

Do 循环的格式 1：

```
Do
   [语句块]
   [Exit Do]
Loop[While|Until  循环条件]
```

格式 2：

```
Do [While|Until  循环条件]
   [语句块]
   [Exit Do]
Loop
```

Do 循环语句的功能是：当指定的“循环条件”为 True 或直到指定的“循环条件”变为 True 之前重复执行一组语句（即循环体）。

典型题解

【例 8-8】假定有如下事件过程：

```
Private Sub Form_Click()
    Dim x As Integer, n As Integer
    x=1
    n=0
    Do While x<28
        x = x  *  3
        n = n + 1
    Loop
    Print x, n
```

```
End Sub
```

程序运行后，单击窗体，输出结果是（ ）。

A）81　4　　B）56　3　　C）28　1　　D）243　5

【解析】本题是 Do 循环控制结构的第二种格式。只要 x<28，继续执行循环。第一次循环 x=1，执行后 x=3；第二次循环后 x=9；第三次循环后 x=27，仍然小于 28 继续执行，第四次循环后 x=81，大于 28，循环终止。因此，运行后输出 x 的值 81，n 的值 4，正确答案为选项 A。

强化训练

（1）在窗体上画一个名称为 Command1 的命令按钮，然后编写如下事件过程：

```
Private Sub Command1_Click()
    Dim a As Integer, s As Integer
    a = 8
    s = 1
    Do
        s = s + a
        a = a - 1
    Loop While a <= 0
    Print s, a
End Sub
```

程序运行后，单击命令按钮，则窗体上显示的内容是（ ）。

A）7　9　　B）34　0　　C）9　7　　D）死循环

（2）有如下的程序段，该程序段执行完后，共执行循环的次数是（ ）。

```
Private Sub Command1_Click()
    total=0
    Counter=1
    Do
        Print Counter
        total=total+Counter
        Print total
        Counter=Counter+1
        If total>=10 Then
            Exit Do
        End If
    Loop While Counter<=10
End Sub
```

A）5　　B）10　　C）12　　D）20

（3）设 t=1×2×3×…×n，下列事件过程的功能是求 t 不大于 1000 时最大的 n 值，在横线上填上适当内容。

```
Private Sub Command1_Click()
Dim t%,n%
t = 1: n = 1
Do While 【1】
    n = n + 1
    【2】
Loop
Print "n=";n-1
```

```
    End Sub
```

（4）在下面的程序中，要求 Do... Loop 循环体执行 4 次，请填空。

```
    Private Sub Command1_Click()
      x=1
      i=O
      Do While ____
        x=x+2
      Loop
    End Sub
```

【答案】

（1）C　（2）A　（3）【1】t<=1000【2】t=t*n　（4）.x<8 (或 x<=7)

8.6 多重循环

通常把循环体内不含有循环语句的循环叫做单层循环，而把循环体内含有循环语句的循环称为多重循环。在循环体内含有一个循环语句的循环称为二重循环，含有多个循环语句的称为多重循环或多层循环、嵌套循环。

典型题解

【例 8-9】阅读下面的程序段：

```
For i=1 To 3
  For j= i To 3
    For k= 1 To 3
      a=a+i
    Next k
  Next j
Next i
```

执行上面的 3 重循环后，a 的值为（　）。

A）3　　B）9　　C）14　　D）30

【解析】对于多重 For 循环，解题的关键是确定循环的次数。本题的 For j 循环初值是 i 变量，所以要考虑 i 数值变化对循环次数的影响。当 For i 循环执行 3 次时，对应的 For j 循环初值分别是 1，2，3。所以本题的三重循环总共执行了 18 次。前 9 次，a 值每次加 1；中间 6 次，a 值每次加 2；最后 3 次，a 值每次加 3。故结果为 30，正确答案为选项 D。

强化训练

（1）在窗体上画一个名为 Command1 的命令按钮，然后编写如下事件过程：

```
    Private Sub Command1_Click()
      Dim I,Num
      Randomize
      Do
        For I=1 To 1000
          Num=Int(Rnd * 100)
          Print Num;
          Select Case Num
```

```
            Case 12
              Exit For
            Case 58
              Exit Do
            Case 65,68,92
              End
          End Select
        Next I
      Loop
    End Sub
```

程序运行后，单击命令按钮，则正确的描述是（ ）。

A）Do 循环的次数为 1000 次　　B）在 For 循环中产生的随机数小于或等于 100

C）当所产生的随机数为 12 时结束所有循环　　D）当所有的随机数为 65、68 或 92 时结束程序

（2）单击命名按钮时，下列程序代码的执行结果为（ ）。

```
Private Sub Command1_Click( )
  Print MyFunc (24,18)
End Sub
Public Function MyFunc (m As Integer, n As Integer) As Integer
Do While m<>n
    Do While m>n:m=m-n:Loop
     Do While m< n:n=n-m:Loop
Loop
    MyFunc=m
End Function
```

A）2　　B）4　　C）6　　D）8

（3）假定有以下程序段：

```
For i= 1 To 4
  For j=5 To 1 Step -1
    Print i*j
  Next j
Next i
```

则语句 Print i*j 的执行次数是（ ）。

A）20　　B）16　　C）17　　D）18

（4）下面程序运行时，内层循环的循环总次数是（ ）。

```
For M = 1 To 3
  For N =0 To M-1
  Next N
Next M
```

A）6　　B）5　　C）3　　D）4

【答案】

（1）D　（2）C （3）A　（4）A

第9章 数组

考点概览

本章内容在考试中所占比例较大。分析历次考试中所占的比例，每次考试平均 4 ~ 5 道题，其中填空题占 1 ~ 2 题，合计 8 ~ 10 分。

重点考点

① 数组的维数和下标的上界、下界的概念是经常考查的内容，要注意将这些内容与数组定义的两种不同格式结合学习。

② 使用循环语句对数组进行操作是本章的难点，包括数组的输入、输出和复制，历次考试都会涉及数组与循环控制结构综合考查的题目。

前几章学习的都属于基本数据类型的数据，通过简单变量名来访问它们的元素。本章学习的数组，不能用一个简单的变量名来访问它的某个元素，这与基本数据类型有所不同。本章考查的知识点主要集中在数组的基本操作、初始化和控件数组等内容。由于数组较难理解和掌握，历年考试中，考生在这方面丢分较多，应特别注意。

复习建议

① 掌握一维数组的声明和使用、动态数组、数组的排序、二维数组、控件数组等基本概念。

② 重点掌握数组的定义和使用，掌握固定大小数组和动态数组的使用方法。

③ 掌握使用数组来保存不同类型的数据。

④ 掌握使用数组进行排序，掌握控件数组的产生方法，学会使用动态数组。

⑤ 了解控件数组的基本原理和用途，了解控件数组中控件名称的组成特点，学会在窗口界面中设计控件数组和对控件数组编写事件过程。

⑥ 由于数组较难理解和掌握，历年考试中，考生在这方面丢分较多。复习本章时，考生应在掌握概念的基础上，多做以前考试的试题，分析以前考过的题型和出题方式，做到有的放矢。

9.1 数组的概念

数组的一般形式为：S(n)。其中 S 是数组名，n 是下标。

一个数组可以含有若干个数组元素，下标用来指出某个数组元素在数组中的位置。数组按下标的个数可以分为一维数组、二维数组和多维数组。

1. 数组的定义

数组应当先定义后使用。在 Visual Basic 中，可以用 4 个语句来定义数组，这 4 个语句格式相同，但适用范围不一样，如表 9-1 所示。

表 9-1 Visual Basic 数组定义形式

格　式	适用的范围
Dim	用在窗体模块或标准模块中，定义窗体或标准模块数组，也可用于过程中
ReDim	用在过程中
Static	用在过程中
Public	用在标准模块中，定义全局数组

2. 默认数组

在 Visual Basic 中，默认数组就是数据类型为 Variant（默认）类型的数组，同一个数组中可以存放各种不同类型的数据。

典型题解

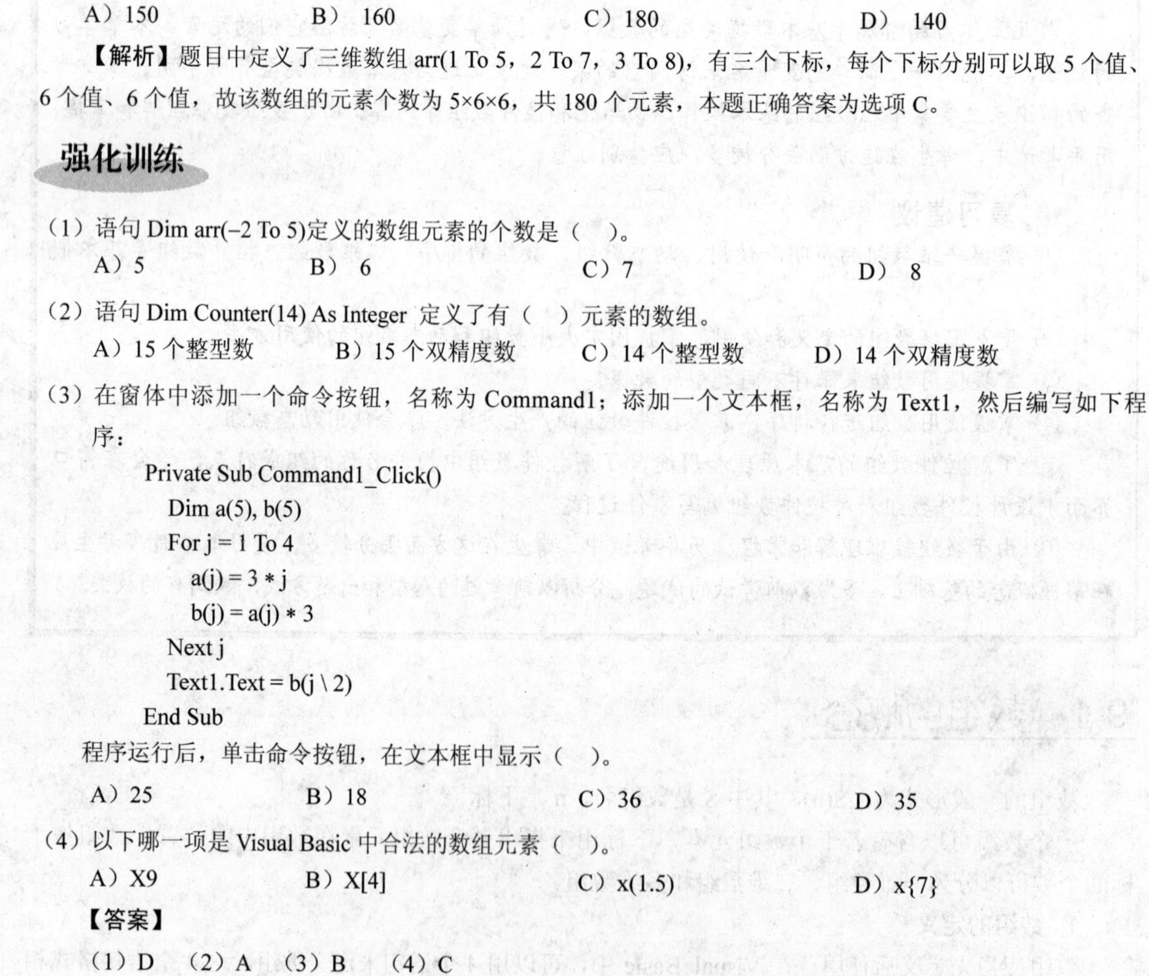

【例 9-1】用下面语句定义的数组元素的个数是（ ）。

Dim arr(1 To 5，2 To 7，3 To 8)

A）150　　B） 160　　C）180　　D） 140

【解析】题目中定义了三维数组 arr(1 To 5，2 To 7，3 To 8)，有三个下标，每个下标分别可以取 5 个值、6 个值、6 个值，故该数组的元素个数为 5×6×6，共 180 个元素，本题正确答案为选项 C。

强化训练

（1）语句 Dim arr(–2 To 5)定义的数组元素的个数是（ ）。

A）5　　B） 6　　C）7　　D） 8

（2）语句 Dim Counter(14) As Integer 定义了有（ ）元素的数组。

A）15 个整型数　　B）15 个双精度数　　C）14 个整型数　　D）14 个双精度数

（3）在窗体中添加一个命令按钮，名称为 Command1；添加一个文本框，名称为 Text1，然后编写如下程序：

```
Private Sub Command1_Click()
  Dim a(5), b(5)
  For j = 1 To 4
    a(j) = 3 * j
    b(j) = a(j) * 3
  Next j
  Text1.Text = b(j \ 2)
End Sub
```

程序运行后，单击命令按钮，在文本框中显示（ ）。

A）25　　B）18　　C）36　　D）35

（4）以下哪一项是 Visual Basic 中合法的数组元素（ ）。

A）X9　　B）X[4]　　C）x(1.5)　　D）x{7}

【答案】

（1）D （2）A （3）B （4）C

9.2　静态数组与动态数组

1. 静态数组

静态数组就是用数值常数或符号常量作为下标的数组。静态数组的定义比较简单，前面定义使用的都是静态数组。

2. 动态数组

动态数组就是用变量作为下标的数组，ReDim 语句用来重新定义动态数组，按照定义的上下界重新分配存储单元。ReDim 语句的格式为

ReDim [Preserve] 变量(下标)As 类型

当重新分配动态数组时，数组中的内容将被清除，如果在定义时使用了 Preserve 选项，则重新分配时不清除数组的内容。

典型题解

【例 9-2】以下有关数组定义的语句序列中，错误的是（　）。

A）
```
Static arr1(3)
arr1(1)=50
arr1(2)="Hello World"
arr1(3)=12.45
```

B）
```
Dim arr2()As Integer
Dim size As Integer
Private Sub Command2_Click()
size=InputBox("Input：")
        ReDim arr2(size)
   ⋮
        End Sub
```

C）
```
Option Base l
Private Sub Command3_Click()
Dim arr3(3)As Integer
   ⋮
End Sub
```

D）
```
Dim n As Integer
Private Sub Command4_Click()
Dim arr4(n) As Integer
   ⋮
End Sub
```

【解析】本题中，选项 A 定义了一个默认数组。选项 B 定义了一个动态数组。选项 C 直接定义。由于声明数组时不能通过变量声明数组长度，故选项 D 是错误的。这里需要注意用 ReDim 来重新定义动态数组，按照定义的上下界重新分配存储单元。当重新分配动态数组时，数组中的内容将被清除。另外，ReDim 语句只能出现在事件过程或通用过程中，用它定义的数组是一个“临时”数组，也就是说在执行数组所在的过程时为数组开辟一定的内存空间，当过程结束时，数组所占的这部分内存就被释放了。本题正确答案为选项 D。

强化训练

（1）在窗体上画一个命令按钮（其 Name 属性为 Command1），然后编写如下代码：

```
Option Base 1
Private Sub Command1_Click()
  Dim a(4,4)
  For i=1 To 4
    For j=1 To 4
      a(i,j)=(i–1)*3+j
```

```
        Next j
    Next i
    For i=3 To 4
        For j=3 To 4
            Print a(j,i)
        Next j
        Print
    Next i
End Sub
```

程序运行后，单击命令按钮，其输出结果为（　）。

A）6　9
　　7　10

B）7　10
　　8　11

C）8　11
　　9　12

D）9　12
　　10　13

（2）阅读程序：

```
Option Base 1
Dim arr() As Integer
Private Sub Form_Click()
    Dim i As Integer, j As Integer
    ReDim arr(4, 3)
    For i = 1 To 4
        For j = 1 To 3
            arr(i, j) = i  *  2 + j
        Next j
    Next i
    ReDim Preserve arr(4, 5)
    For j = 3 To 5
        arr(4, j) = j + 9
    Next j
    Print arr(4, 3) + arr(4, 5)
End Sub
```

程序运行后，单击窗体，输出结果为（　）。

A）26　　B）13　　C）8　　D）25

【答案】

（1）D　（2）A

9.3 数组的基本操作

考点 1　数组元素的输入、输出和赋值

1．数组的引用

数组的引用通常是指对数组元素的引用，引用的方法是在数组后面的括号中指定下标。

2．数组元素的输入

一维数组元素的输入是通过一重循环来实现的，二维数组和多维数组元素的输入是通过二重

和多重循环来实现的。

3．数组元素的输出

数组元素的输出可以用 Print 方法来实现。

4．数组元素的复制

单个数组元素可以像简单变量一样从一个数组复制到另一个数组。为了进行整个数组的复制，要使用 For 循环语句来实现。

典型题解

【例 9-3】在窗体上画一个名称为 Text1 的文本框和一个名称为 Command1 的命令按钮，然后编写如下事件过程：

```
Private Sub Command1_Click()
    Dim array1(10,10) As Integer
    Dim i As Integer, j As Integer
    For i = 1 To 3
        For j = 2 To 4
            array1(i,j) = i + j
        Next j
    Next i
    Text1.Text=array1(2,3)+array1(3,4)
End Sub
```

程序运行后，单击命令按钮，在文本框中显示的值是（ ）。

A）12　　B）13　　C）14　　D）15

【解析】本题首先用循环语句 For i、For j 对数组 array1 赋值，然后引用 array1（2,3）和 array1(3,4)的值。赋值后，array1（2,3）和 array1(3,4)的值分别为 5、7。通过 Text1.Text=array1(2,3)+array1(3,4)将 array1（2,3）与 array1(3,4)的和在文本框 Text1 中显示出来。最终文本框中显示的值是 12，本题正确答案为选项 A。

强化训练

（1）以下定义数组或给数组元素赋值的语句中，正确的是（ ）。

A）Dim a As Variant
　　a=Array(1,2,3,4,5)

B）Dim a(10) As Integer
　　a=Array(1,2,3,4,5)

C）Dim a%(10)
　　a(1)="ABCDE"

D）Dim a(3),b(3)As Integer
　　a(0)=0
　　a(1)=1
　　a(2)=2
　　b=a

（2）下列程序段的执行结果为（ ）。

```
Dim A(10,10)
For I=2 To 4
For J=4 To 5
    A(I,J)=I*J
  Next J
Next I
Print A(2, 5)+ A(3, 4) + A(4, 5)
```

A）22　　B）42　　C）32　　D）52

（3）下列程序段的执行结果为（　）。

```
Dim M(10)
For k=1 To 10
  M(k)=11-k
Next k
x=6
Print M (2+M(x))
```

A）2　　B）3　　C）4　　D）5

（4）以下程序输出的结果是（　）。

```
Option Base 1
…
Private Sub Command1_Click()
  Dim arr1(10) As Integer
  Dim arr2(3) As Integer
  Dim kk As Integer
  Dim i As Integer
  kk = 10
  For i = 1 To 10
    arr1(i) = 2 * i
  Next i
  For i = 1 To 3
    arr2(i) = 2 * arr1(3 * i)
  Next i
  For i = 1 To 3
    kk = kk + arr2(i)
  Next i
  Print kk
End Sub
```

A）80　　B）82　　C）70　　D）66

（5）在窗体上画一个命令按钮，其名称为 Command1，然后编写如下的事件过程：

```
Private Sub Command1_Click()
  Dim a(1 To 10) As Integer
  For i=1 To 10
    a(i)=i * i
  Next i
  Print a(i-2)
End Sub
```

程序运行后，单击命令按钮，在窗体上显示的内容是（　）。

A）100　　B）99　　C）81　　D）64

（6）以下程序运行后，在窗体中显示____。

```
Private Sub Command1_Click()
  Dim arr(100)
  For i = 1 To 100
    arr(i) = 2 * i
  Next i
```

```
    Print arr(arr(13) – 1)
End Sub
```

（7）在窗体上画一个文本框，然后编写如下程序段：

```
Option Base 1
Private Sub Form_Click()
  Dim Arr(10) As Integer
  For i=6 To 10
    Arr(i)=i-3
  Next i
  Text1.Text=Str(Arr(6)+Arr(Arr(10)))
End Sub
```

程序运行后，单击窗体，在文本框中显示的内容是____。

（8）在窗体上面两个名称分别为 Command1 和 Command2、标题分别为“初始化”和“求和”的命令按钮。程序运行后，如果单击“初始化”命令按钮，则对数组 a 的各元素赋值；如果单击“求和”命令按钮，则求出数组 a 的各元素之和，并在文本框中显示出来，如图所示，请填空。

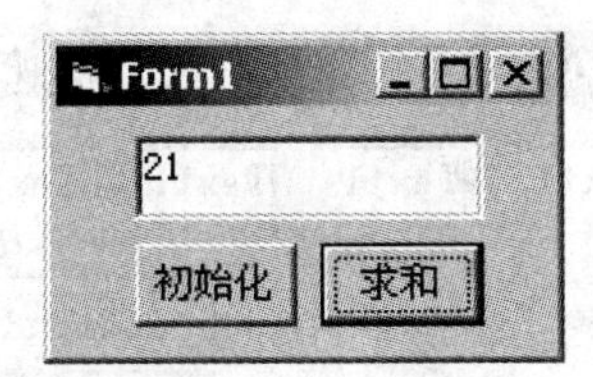


```
Option Base 1
Dim a(3, 2)As Integer
Private Sub Command1_Click()
  For i = 1 To 3
    For j = 1 To 2
      【1】 = i + j
    Next j
  Next i
End Sub
Private Sub Command2_Click()
  For j = 1 To 3
    For i = 1 To 2
      s = s + 【2】
    Next i
  Next j
  Text1.Text= 【3】
End Sub
```

【答案】

（1）A （2）B （3）C （4）B （5）C （6）50 （7）7 （8）【1】a(i,j)【2】a(j,i)【3】Str(s)或 s

考点 2 For Each…Next 语句

For Each…Next 语句类似于 For…Next 语句，两者都用来执行指定重复次数的一组操作，但 For Each…Next 语句专门用于数组或对象“集合”。它的格式如下：

```
For Each 成员 In 数组
```

```
    循环体
   [Exit For]
   …
Next [成员]
```

其中，“成员”是一个变体变量，它是为循环提供的，并在 For Each…Next 结构中重复使用，它实际上代表的是数组的每个元素。“数组”是一个数组名，没有括号和上下界。用 For Each…Next 语句可以对数组元素进行处理，包括查询、显示或读取。它所重复执行的次数由数组中元素的个数确定，也就是说，数组中有多少元素就自动重复执行多少次。

在数组操作中，For Each…Next 语句比 For…Next 语句更方便，因为它不需要指明结束循环的条件。

典型题解

【例 9-4】在窗体上画 4 个文本框（如图 9-1 所示），并用这 4 个文本框建立一个控件数组，名称为 Text1（下标从 0 开始，自左至右顺序增大），然后编写如下事件过程：

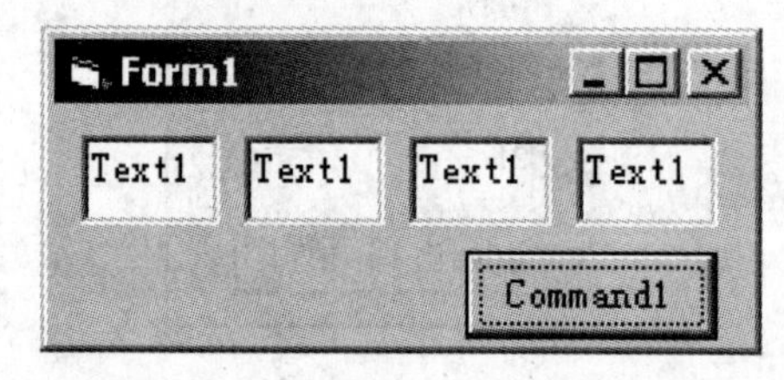

图 9-1

```
Private Sub Command1_Click()
   For Each TextBox in Text1
      Text1(i) = Text1(i).Index
      i = i + 1
   Next
End Sub
```

程序运行后，单击命令按钮，4 个文本框中显示的内容分别为（　）。

A）0　1　2　3　　B）1　2　3　4　　C）0　1　3　2　　D）出错信息

【解析】For Each 可以对数组元素进行处理，包括查询、显示或读取。它所重复执行的次数由数组中元素的个数确定。本题是一个包含 4 个文本框的控件数组，因此 For Each 应该执行 4 次，题目程序是把 Text(i) 的下标 Index 值赋给 Text(i)的 TexT 属性（由于 Text 属性是文本框的属性值，故可以省略），当 i=0 时，Text1(0)=Text1(0).Index=0，依此类推，Text1(1)=1。本题正确答案为选项 A。

强化训练

（1）在窗体上画一个命令按钮，其名称为 Command1，然后编写如下的事件过程：

```
Private Sub Command1_Click()
  Dim a(5) As String
  For i=1 To 5
    a(i)=Chr(Asc("A")+(i-1))
  Next i
  For Each b In a
    Print b;
  Next
```

```
        End Sub
```

程序运行后，单击命令按钮，在窗体上显示的内容是（　）。

A）ABCDE　　B）1 2 3 4 5　　C）abcde　　D）出错信息

（2）下列程序的输出结果是____。

```
Private Sub Command1_Click()
  Dim a(1 To 20)
  Dim i
  For i=1 To 20
    a(i)=i
  Next i
  For Each i In a()
    a(i)=20
  Next i
  Print a(2)
End Sub
```

【答案】

（1）A　（2）20

9.4　数组的初始化

数组的初始化就是给数组的各个元素赋值。Array 函数用来为数组元素赋值，即把一个数据集读入某个数组。Array 函数的格式如下：

数组变量名=Array（数组元素值）

其中，“数组变量名”是预先定义的数组名，在“数组变量名”之后没有括号。“数组元素值”是需要赋给数组各元素的值，各值之间以逗号分开。

典型题解

【例 9-5】在窗体上画一个命令按钮，名称为 Command1，然后编写如下事件过程：

```
Option Base 0
Private Sub Command1_Click()
  Dim city As Variant
  city = Array("北京", "上海", "天津", "重庆")
  Print city(1)
End Sub
```

程序运行后，如果单击命令按钮，则在窗体上显示的内容是（　）。

A）空白　　B）错误提示　　C）北京　　D）上海

【解析】默认情况下，Array 函数初始化的数组下标从 1 开始，但是声明了“Option Base 0”后，定义的数组下标从 0 开始。在本题中，定义的 city 数组的初始值为 city(0)= "北京"，city(1)= "上海"， city(2)= "天津"，city(3)= "重庆"，本题正确答案为选项 D。

【例 9-6】设有程序：

```
Option Base 1
Private Sub Command1_Click()
Dim arr1,Max as Integer
arr1=Array(12,435,76,24,78,54,866,43)
```

```
【1】=arr1(1)
For i=1To 8
If arr1(i)>Max Then【2】
Next i
Print"最大值是:";Max
End Sub
```

以上程序的功能是：用 Array 函数建立一个含有 8 个元素的数组，然后查找并输出该数组中元素的最大值，请填空。

【解析】根据题意，先用 Array 函数为数组 arr1 赋值，然后令变量 Max 等于 arr1(1)，相当于给 Max 赋了一个初始值。在 For 循环中，进行 8 次循环，逐一遍历比较 arr1(i)值与 Max 值的大小，如果 arrl(i)>Max，则令 Max 值等于此时的 arr1(i)值。通过这个过程，求出 arr1 数组中的最大元素，故【1】处填 Max。

根据上面的分析，【2】处应该把 arr1(i)赋给 Max，正确答案为：Max=arr1(i)。

强化训练

（1）在窗体中添加一个命令按钮（其 Name 属性为 Command1），然后编写如下代码：

```
Option Base 1
Private Sub Command1_Click()
  Dim a
  a = Array(2, 4, 6, 8)
  j = 1
  For i = 4 To 1 Step -3
    s = s + a(i) * j
    j = j * 10
  Next i
  Print s
End Sub
```

运行上面的程序，单击命令按钮，其输出结果是（　）。

A）22　　B）24　　C）26　　D）28

（2）在窗体上画一个名称为 Command1 的命令按钮，然后编写如下代码：

```
Option Base 1
Private Sub Command1_click()
  d = 0
  c = 10
  x = Array(10, 11, 20, 31, 23)
  For i = 1 To 5
    If x(i) > c Then
      d = d + x(i)
      c = x(i)
    Else
      d = d - c
    End If
  Next i
  Print d
End Sub
```

程序运行后，如果单击命令按钮，则在窗体上输出的内容为（ ）。

A）22　　B）88　　C）21　　D）66

（3）在窗体上画一个名称为Command1的命令按钮，然后编写如下事件过程：

```
Option Base 1
Private Sub Command1_Click()
  Dim a
  a=Array(2,4,6,8,10)
  For i＝1 To UBound(a)
    a(i)＝a(i)+i−1
  Next
  Print a(3)
End Sub
```

程序运行后，单击命令按钮，则在窗体上显示的内容是（ ）。

A）4　　B）2　　C）8　　D）6

（4）阅读程序：

```
Option Base 1
Private Sub Form_Click()
  Dim arr,Sum
  Sum=0
  arr=Array(1,3,5,7,9,11,13,15,17,19)
  For i=l To 10
    if arr(i)/3=arr(i)\3 Then
      Sum=Sum+arr(i)
    End If
  Next i
  Print Sum
End Sub
```

程序运行后，单击窗体，输出结果为（ ）。

A）13　　B）14　　C）15　　D）27

【答案】

（1）D　（2）C　（3）C　（4）D

9.5 控件数组

控件数组由一组相同类型的控件组成，这些控件共用一个相同的名字，具有同样的属性设置。数组中的每个控件都有惟一的下标，且其所有元素的Name属性必须相同。控件数组的每个元素都有一个下标，或者称为索引（Index），下标的值由Index属性指定。

典型题解

【例9-7】在窗体上画一个名称为Text1的文本框，然后画三个单选按钮，并用这三个单选按钮建立一个控件数组，名称为Option1。程序运行后，如果单击某个单选按钮，则文本框中的字体将根据所选择的单选按钮切换，如图9-2所示，请填空。

图 9-2

```
Private Sub Option1_Click(Index As Integer)
    Select Case 【1】
      Case 0
        a = "宋体"
      Case 1
        a = "黑体"
      Case 2
        a = "楷体__GB2312"
    End Select
    Text1.【2】 =a
End Sub
```

【解析】本题建立了单选按钮的控件数组，要求选择不同的单选按钮，则文本框中的字体将根据所选的单选按钮切换，所以在【1】填 Index，表示不同的控件。【2】处应把字体值赋给 Text1 的 FontName 属性，该属性确定文本框中文字的显示格式。Name 属性为 Font 属性的子属性。正确答案为【1】Index，【2】Font 或 FontName 或 Font.Name。

强化训练

（1）在窗体上画三个单选按钮，组成一个名为 chkOption 的控件数组。用于标识各个控件数组元素的参数是（ ）。

A）Tag　　B）Index　　C）ListIndex　　D）Name

（2）假定建立了一个名为 Command1 的命令按钮数组，则以下说法中错误的是（ ）。

A）数组中每个命令按钮的名称（Name 属性）均为 Command1

B）数组中每个命令按钮的标题（Caption 属性）都一样

C）数组中所有命令按钮可以使用同一个事件过程

D）用名称 Command1（下标）可以访问数组中的每个命令按钮

（3）在窗体上画一个名称为“Command1”、标题为“计算”的命令按钮，再画 7 个标签，其中 5 个标签组成名称为 Label1 的控件数组；名称为 Label2 的标签用于显示计算结果，其 Caption 属性的初始值为空；标签 Label3 的标题为“计算结果”。运行程序时会自动生成 5 个随机整数，分别显示在标签控件数组的各个标签中，如图所示。单击“计算”按钮，则将标签数组各元素的值累加，然后将计算结果显示在 Label2 中，请填空。

```
Private Sub Command1_Click()
    Sum = 0
    For i = 0 To 4
      Sum = Sum + 【1】
    Next
      【2】 = Sum
End Sub
```

【答案】

（1）B （2）B （3）【1】Val(Label1(i).Caption)，【2】Label2 或 Label2.Caption

第10章 过程

考点概览

本章内容在考试中所占比例较大。分析历次考试中所占的比例，每次考试平均 5~6 道题，其中填空题占 0~1 题，合计 10~12 分。

重点考点

① Sub 过程和 Function 过程（函数）的使用方法是本章的重点内容，调用 Sub 过程与 Function 过程不同，考生要注意区别。

② 参数传递是本章的难点，形参和实参的概念以及参数的传递方式是 Visual Basic 中比较难理解的概念之一，也是考试的重点内容。数组参数的传送是几乎每次考试都有的知识点，这个知识点有一定的难度，但是只要掌握了基本概念，就可以以一挡百。考生复习时应理解数组参数传递的要求和规则，并结合习题加深印象。其他常见的考点还有调用 Sub 过程、调用 Function 过程等。

③ 传值这个知识点应该引起考生注意，这个点在最近两年的考试中也多次出现，这个知识点重点考查传值和引用的区别，只要考生掌握了二者的区别，对于这类题目就能应付自如了。

本章的考点主要集中在 Sub 过程、Function 过程、参数传递等内容。在整个考试中属于难度偏大的内容，但考试中考查的都是基本知识。本章的知识一般与其他章节的知识结合起来考查，常考综合性的题目，考生应该给予足够的重视。

复习建议

① 理解通用过程与事件过程的基本概念和 Visual Basic 应用程序的结构。

② 掌握过程和函数的定义和调用方法，注意区分调用 Sub 过程与 Function 过程的不同。

③ 理解参数传递的基本概念：形参与实参，传值与传址。

④ 掌握进行参数传递的方法和递归过程的使用方法。

⑤ 了解不同变量的作用域，掌握静态变量的特点。

⑥ 多阅读任何与过程相关的代码，阅读时注意过程和函数的调用、参数的传递等容易混淆的概念。

10.1 Sub 过程

1. 建立 Sub 过程

（1）定义 Sub 过程

我们把由 Sub…End Sub 定义的子过程叫作子过程或 Sub 过程，子过程不返回与其名称相关联的值。

子过程的语法是：

```
[Static][Private][Public][Friend]Sub 过程名[(参数列表)]
    [语句块]
    [exit Sub]
    [语句块]
End Sub
```

（2）建立 Sub 过程

通用过程可以在标准模块中建立，也可在窗口模块中建立。

2. 调用 Sub 过程

（1）用 Call 语句调用 Sub 过程

格式：

```
Call 过程名[(参数)]
```

使用 Call 调用一个过程时，如果过程本身没有参数，则“参数”和括号可以省略；否则应给出相应参数，并把参数放在括号里。“参数”是传送给 Sub 过程的变量或常数。

（2）把过程作为一个语句来使用

在调用 Sub 过程时，如果省略关键字 Call，则和第一种方式有两点不同：去掉关键字 Call；去掉“参数”的括号。

3. 通用过程和事件过程

（1）通用过程

有时候多个不同事件过程需要使用一段相同的程序代码，因此可以把这段程序独立出来，作为一个过程，这样的过程叫作“通用过程”。

（2）事件过程

当 Visual Basic 中的对象对一个事件的发生作出认定时，便自动用相应事件的名字调用该事件的过程。事件过程与通用过程不同，因为它与某个运行事件或使用工具箱控件创建的对象相关联，而通用过程与其无关联。

事件过程也是 Sub 过程，但它是一种特殊的 Sub 过程，它也能被其他过程调用（包括事件过程和通用过程）。

控件事件过程一般格式：

```
[Private][Public] Sub 控件名_事件名（参数表）
  语句组
End  Sub
```

窗口事件过程一般格式：

```
[Private][Public] Sub Form_事件名（参数表）
  语句组
End  Sub
```

通用过程可以放在标准模块中，也可放在窗体模块中，而事件过程只能放在窗体模块中，不同模块中的过程（包括事件过程和通用过程）可以互相调用。

典型题解

【例 10-1】 单击窗体时，下列程序代码的执行结果为（ ）。

```
Private Sub Form_Click()
  Text 1
```

```
End Sub
Private Sub Text (x As Integer)
  x=x*3+1
  if x<6 Then
   call Text (x)
  End if
  x=x*2+1
  Print x;
End Sub
```

A）27 55　　B）11 35　　C）22 45　　D）24 51

【解析】本题难点在于 Sub 过程 Text 中嵌套了一个 Text 过程。根据 Text 的描述，当把 1 以传地址的方式传送给 x 时，x 的值为 4，此时 x 的值满足 If 条件，所以再次执行 1 次 Text 过程。第 2 次执行时，x 的值变为 13，此时跳过 If 语句，执行 x=x*2+1 语句，x 值变为 27，随后用 Print 方法输出。注意，到此时，整个 Text 过程仅仅执行完了 call Text（x）这一语句块，结束这个语句块，系统接着执行 x=x*2+1 语句，由于 x 参数的以传地址的方式传送，此时在执行该句前，x 的值为 27，执行完之后 x 的值为 55，再将这一值输出。本题正确答案为选项 A。

【例 10-2】阅读下面程序：

```
Public Sub xy(a As Integer, b As Integer)
  Dim t As Integer
  Do
    t=a Mod b
    a=b:b=t
  Loop While t
  Print a
End Sub
```

用 Call xy(96,40)调用该通用过程后，输出结果是（　）。

A）32　　B）16　　C）8　　D）4

【解析】解答此题的关键是读懂 Do…Loop 循环的执行过程，理解 Mod 运算的含义。Mod 是求模运算，所以 t 的值总是 a 除以 b 的余数。Do…Loop 循环要执行若干次，每执行一次循环体，变量 t、a 和 b 都会取得一个新值，就是将上一次的除数作为下一次的被除数，将上一次 a 除以 b 的余数作为下一次的除数。当 a 被 b 整除后，结束循环的执行。用 Call xy(96,40)语句调用该通用过程后，a 取得数值 96，b 取得数值为 40。xy 通用过程的功能是求 a 和 b 的最大公约数，本题正确答案为选项 C。

强化训练

（1）在窗体上画一个命令按钮，然后编写如下程序：

```
Dim X As Integer, Y As Integer
Private Sub Command1_Click()
  x=5
  y=5
  z=3
  sub1
  Print z;
  sub2
  Print z
```

```
End Sub
Sub sub1()
   z=x * y
End Sub
Sub sub2()
   z=x+y
End Sub
```

程序运行后，单击命令按钮，输出结果是（　）。

A）　3 15　　B）　25 10　　C）　3 3　　D）　3 10

（2）假设有如下的 Sub 过程：

```
Sub Calcul(a As Integer, b As Integer)
   a=a/b
   b=a * b
End Sub
```

在窗体上画一个命令按钮，然后编写如下事件过程：

```
Private Sub Command1_Click()
   Dim x As Single,y As Single
   X=8:y=5
   Calcul x,y
   Print x,y
End Sub
```

程序运行后，单击命令按钮，输出结果是（　）。

A）8　5　　B）5　8　　C）1.6　8.0　　D）1.6　40

（3）在下列过程调用语句中，被调用的过程一定为 Sub 过程的语句是（　）。

A）Pro1（x1，y1）　　B）Print Pro2（x2，y2）

C）x＝Pro3（x3，y3）　　D）Call Pro4（x4，y4）

（4）以下描述正确的是（　）。

在 Visual Basic 应用程序中，

A）过程的定义可以嵌套，但过程的调用不能嵌套

B）过程的定义不可以嵌套，但过程的调用可以嵌套

C）过程的定义和过程的调用均可以嵌套

D）过程的定义和过程的调用均不能嵌套

（5）以下叙述中错误的是（　）。

A）如果过程被定义为 Static 类型，则该过程中的局部变量都是 Static 类型

B）Sub 过程中不能嵌套定义 Sub 过程

C）Sub 过程中可以嵌套调用 Sub 过程

D）事件过程可以像通用过程一样由用户定义过程名

（6）以下说法中正确的是（　）。

A）事件过程也是过程，与通用过程完全一样

B）事件过程是程序员编写的各种子过程

C）事件过程通常放在标准模块中

D）事件过程是用来处理由用户操作或系统激发的事件的代码

（7）设有如下通用过程：

```
Public Function f(x As Integer)
    Dim y As Integer
    x = 20
    y = 2
    f = x * y
End Function
```

在窗体上画一个名称为 Command1 的命令按钮，然后编写如下事件过程：

```
Private Sub Command1_Click()
    Static x As Integer
    x = 10
    y = 5
    y = f(x)
    Print x; y
End Sub
```

程序运行后，如果单击命令按钮，则在窗体上显示的内容是（　）。

A）10　5　　B）20　5　　C）20　40　　D）10　40

（8）要定义一个过程为局部过程，应使用关键字____。

（9）Visual Basic 的过程有三种，它们是____过程、Function 过程和 Property 过程。

【答案】

（1）C　（2）C　（3）D　（4）B　（5）D　（6）D　（7）C　（8）Private　（9）Sub

10.2 Function 过程

1. 建立 Function 过程

关于 Function 过程的建立以及其他注意事项都和 Sub 过程相同。

Function 过程的定义格式如下：

```
[static][private][public]function 过程名[(参数列表)][As 类型]
[语句块]
[过程名=表达式]
[Exit Function]
[语句块]
End Function
```

2. 调用 Function 过程

Function 过程的调用比较简单，因为可以像使用 Visual Basic 内部函数一样调用 Function 过程。由于 Function 过程可以返回一个值，因此完全可以把它当作内部函数（如 Sqr、Str$等）一样使用。

典型题解

【例 10-3】以下关于函数过程的叙述中，正确的是（　）。

A）函数过程形参的类型与函数返回值的类型没有关系

B）在函数过程中，过程的返回值可以有多个

C）当数组作为函数过程的参数时，既能以传值方式传递，又能以传址方式传递

D）如果不指明函数过程参数的类型，则该参数没有数据类型

【解析】函数过程的返回值可以由用户自行定义，不受形式参数的影响，选项 A 说法正确。函数过程中，过程的返回值只能有一个，但可以有多种可能，选项 B 说法有误。当数组作为函数过程的参数时，一般只能以传地址的方式传输数值，选项 C 说法错误。在不指明函数过程参数的类型时，该参数为变体变量（Variant 数据类型），在 Visual Basic 中参数不可能没有数据类型，选项 D 错误。

【例 10-4】假定有以下函数过程：

```
Function Fun(S As String) As String
  Dim s1 As String
  For i = 1 To Len(S)
    s1 = UCase(Mid(S, i, 1)) + s1
  Next i
  Fun = s1
End Function
```

在窗体上画一个命令按钮，然后编写如下事件过程：

```
Private Sub Command1_Click()
  Dim Str1 As String, Str2 As String
  Str1 = InputBox("请输入一个字符串")
  Str2 = Fun(Str1)
  Print Str2
End Sub
```

程序运行后，单击命令按钮，如果在输入对话框中输入字符串"abcdefg"，则单击“确定”按钮后在窗体上的输出结果为（　）。

A）abcdefg　　B）ABCDEFG　　C）gfedcba　　D）GFEDCBA

【解析】本题关键点在于正确理解 s1=UCase(Mid (S,i,1)) + s1 所表达的字符串相加顺序。当输入“abcdefg”后，首先通过 For i 循环语句，逐一将该字符串中的字符按照从右往左的顺序变为大写字母后相加，最终结果为 Str2="GFEDCBA"，做本题时，很容易选 B，应加以注意。本题正确答案为选项 D。

强化训练

（1）在窗体中添加一个名称为 Command1 的命令按钮，然后编写如下代码：

```
Function F(a As Integer)
  b=0
  Static c
  b=b+1
  c=c+1
  F=a+b+c
End Function
Private Sub Command1_Click( )
  Dim a As Integer
  Dim b As Integer
  a=3
  For i = 1 To 3
    b=F(a)
    Print b
  Next i
End Sub
```

程序运行后，如果单击按钮，则在窗体上显示的内容是（　）。

A）4　　　　B）4
　 4　　　　　 5
　 4　　　　　 6
C）5　　　　D）5
　 6　　　　　 5
　 7　　　　　 5

（2）假定有下面的过程：

```
Function Func(a As Integer, b As Integer) As Integer
    Static m As Integer,i As Integer
    m=0
    i=2
    i=i+m+1
    m=i+a+b
    Func=m
End Function
```

在窗体上画一个命令按钮，然后编写如下事件过程：

```
Private Sub Command1_Click()
    Dim k As Integer,m As Integer
    Dim p As Integer
    k=4
    m=1
    p=Func(k,m)
    Print p;
    p=Func(k,m)
    Print p
End Sub
```

程序运行后，单击命令按钮，输出的结果为（　）。

A）8　17　　B）8　16　　C）8　20　　D）8　8

（3）阅读下面程序：

```
Function Func(x As Integer,y As Integer) As Integer
    Dim n As Integer
    Do While n<=4
        x=x+y
        n=n+1
    Loop
    Func=x
End Function
Private Sub Form_Click()
    Dim x As Integer,y As Integer
    Dim n As Integer,z As Integer
    x=1
    y=1
    For n=1 To 6
        z=Func(x,y)
    Next n
    Print z
```

```
End Sub
```

程序运行后，单击窗体，输出结果是（ ）。

A）16　　B）21　　C）26　　D）31

（4）在窗体上画一个命令按钮，其名称为 Command1，然后编写如下的程序：

```
Function Fun(x)
  y=0
  If x<10 Then
    y=x
  Else
    y=y+10
  End If
  Fun=y
End Function
Private Sub Command1_Click()
  n=InputBox("请输入一个数")
  n=Val(n)
  P=Fun(n)
  Print P
End Sub
```

程序运行后，单击命令按钮，显示输入对话框，如果在对话框中输入 100，然后单击“确定”按钮，则输出结果为（ ）。

A）10　　B）100　　C）110　　D）出错信息

（5）在窗体上画一个名称为 Command1 的命令按钮，然后编写如下通用过程和命令按钮的事件过程：

```
Private Function f(m As Integer)
  If m Mod 2=0 Then
    f=m
  Else
    f=1
  End If
End Function
Private Sub Command1_Click()
  Dim i As Integer
  s = 0
  For i=1 To 5
    s=s+f(i)
  Next
  Print s
End Sub
```

程序运行后，单击命令按钮，在窗体上显示的是（ ）。

A）11　　B）10　　C）9　　D）8

【答案】

（1）C （2）D （3）D （4）A （5）C

10.3 参数传送

1. 形参和实参

形参是在 Sub、Function 过程的定义中出现的变量名，实参是在调用 Sub 或 Function 过程时传送给 Sub 或 Function 过程的常数、变量、表达式或数组。

2. 引用

在 Visual Basic 中，参数有两种方式传递给过程：传地址和传值。传地址习惯上称为引用，引用方式通过关键字 ByRef 来实现，按地址传递参数在 Visual Basic 中是默认的。

3. 传值

传值就是通过值传送实际参数，而不是传送它的地址。按值传递参数时，传递的只是变量的副本。如果过程改变了这个值，则所作变动只影响副本而不会影响变量本身。

在 Visual Basic 中，用 ByVal 关键字指出参数是按值来传递的。如果在参数前加上了 ByVal，则表示其用传值方式传送，否则用引用方式传送（默认值）。

4. 数组参数的传送

Visual Basic 允许把数组作为实参传送到过程中。

典型题解

【例 10-5】单击命令按钮时，下列程序代码的执行结果为（　）。

```
Private Sub Command1_Click( )
  Dim x As Integer,y As Integer
  X=12:y=34
  Call Pro(x,y)
  Print x;y
End Sub
Public Sub Pro(n As Integer,ByVal m As Integer)
  n=n Mod 10
  m=m\10
End Sub
```

A）12　34　　B）2　34　　C）2　3　　D）12　3

【解析】系统默认为 ByRef，它指明参数传递是按地址进行的，实际参数变量的值会由于过程中对形参的操作而改变，因此选项 A、D 是错误的；而 ByVal 则不同，参数传递是按值传递的，实际参数变量的值不再由于过程中对形参的操作而改变，本题中过程 Pro 的参数 n 按地址引用，而参数 m 按值引用，本题正确答案为选项 B。

【例 10-6】在窗体上画一个名称为 Command1 的命令按钮，然后编写如下程序：

```
Option Base 1
Private Sub Command1_Click()
  Dim a(10) As Integer
  For i = 1 To 10
    a(i)= i
  Next
  Call swap( 【1】 )
  For i = 1 To 10
```

```
    Print a(i);
  Next
End Sub

Sub swap(b() As Integer)
  n = 【2】
  For i = 1 To n / 2
    t = b(i)
    b(i)= b(n)
    b(n)= t
    【3】
  Next
End Sub
```

上述程序的功能是：通过调用过程 swap，调换数组中数值的存放位置，即 a(1)与 a(10)的值互换，a(2)与 a(9)的值互换，……，a(5)与 a(6)的值互换。请填空。

【解析】本题第【1】处综合考查了数组参数的传送以及 For 循环控制语句。由于建立了一个 swap 过程，该过程具有调换数组中数值的存放位置的功能，故在本处调用该过程是，应把 a()作为 swap 的参数。【2】For 循环通过中介变量 t 交换数组中数值的存放位置。具体过程是，先把 b(i)值赋给 t，让 t 储存；随后将 b(n)值赋给 b(i)，这个过程完成了数组靠后的元素与靠前的元素的交换；b(n)的值被赋给 b(i)后，将接收 b(i)的值，以完成数值的对调，这个过程由 t 对它赋值完成。据此，可以看出本处应填数组的元素总数，即 UBound(b)。UBound(b)函数返回数组 b 的下标上界。由于在本程序中，只有 a(10)需要调用该过程，所以本处也可以填 10，效果是一样的。【3】根据上面的分析，该处应填写语句让 n 随着 For 循环的执行不断减小，而且每次减小的幅度为 1，故填 n=n−1。正确答案为【1】a()，【2】10，【3】n=n−1。

强化训练

（1）在窗体上画一个命令按钮，命名为 Command1。程序运行后，如果单击命令按钮，则显示一个输入对话框，在该对话框中输入一个整数，并用这个整数作为实参调用函数过程 F1，在 F1 中判断所输入的整数是否是奇数，如果是奇数，过程 F1 返回 1，否则返回 0。能够正确实现上述功能的代码是（　）。

A）
```
Private Sub Command1_Click()
x = InputBox("请输入整数")
a = F1(Val(x))
Print a
End Sub
Function F1(ByRef b As Integer)
If b Mod 2 = 0 Then
Return 0
Else
Return 1
End If
End Function
```

B）
```
Private Sub Command1_Click()
x = InputBox("请输入整数")
a = F1(Val(x))
Print a
End Sub
Function F1(ByRef b As Integer)
If b Mod 2 = 0 Then
F1 = 0
Else
F1 = 1
End If
End Function
```

C）
```
Private Sub Command1_Click()
x = InputBox("请输入整数")
```

D）
```
Private Sub Command1_Click()
x = InputBox("请输入整数")
```

F1 (Val(x))	F1 (Val(x))
Print a	Print a
End Sub	End Sub
Function Fl(ByRef b As Integer)	Function F1(ByRef b As Integer)
If b Mod 2 = 0 Then	If b Mod 2 = 0 Then
F1 = 1	Return 0
Else	Else
F1 = 0	Return 1
End If	End If
End Function	End Function

（2）在窗体上画一个名称为 Command1 的命令按钮，并编写如下程序：

```
Private Sub Command1_Click()
  Dim x As Integer
  Static y As Integer
  x=10
  y=5
  Call f1(x, y)
  Print x,y
End Sub
Private Sub f1(ByRef x1 As Integer, y1 As Integer)
  x1= x1*2
  y1= y1*2
End Sub
```

程序运行后，单击命令按钮，在窗体上显示的内容是（　）。

A）10　5　　B）10　20　　C）20　20　　D）20　10

（3）设有如下过程：

```
Sub F4(a,b,c)
  c=a+b
End Sub
```

所有参数的虚实结合都是地址数据传送方式的调用语句是（　）。

A） Call F4(3,5,z)　　B） Call F4(x+y,x-y,z)　　C） Call F4(3+x,5+y,z)　　D） Call F4(x,y,z)

（4）在窗体上画一个名称为 Command1 的命令按钮和一个名称为 Text1 的文本框，然后编写如下程序：

```
Private Sub Command1_Click()
Dim x, y, z As Integer
  x = 5
  y = 7
  z = 0
  Text1.Text = ""
  Call P1(x, y, z)
  Text1.Text = Str(z)
End Sub
Sub P1(ByVal a As Integer, ByVal b As Integer, c As Integer)
  c = a + b
End Sub
```

程序运行后，如果单击命令按钮，则在文本框中显示的内容是（ ）。

A）0 B）12 C）Str(z) D）没有显示

（5）在窗体上画一个名称为 Command1 的命令按钮，然后编写如下通用过程和命令按钮的事件过程：

```
Private Function fun(ByVal m As Integer)
   If m Mod 2 = 0 Then
      fun = 2
   Else
      fun = 1
   End If
End Function
Private Sub Command1_Click()
   Dim i As Integer, s As Integer
   s = 0
   For i = 1 To 5
      s = s + fun(i)
   Next
   Print s
End Sub
```

程序运行后，单击命令按钮，在窗体上显示的是（ ）。

A）6 B）7 C）8 D）9

（6）设有如下通用过程：

```
Public Sub Fun(a(), ByVal x As Integer)
   For i = 1 To 5
      x = x + a(i)
   Next
End Sub
```

在窗体上画一个名称为 Text1 的文本框和一个名称为 Command1 的命令按钮，然后编写如下的事件过程：

```
Private Sub Command1_Click()
   Dim arr(5) As Variant
   For i = 1 To 5
      arr(i) = i
   Next
   n = 10
   Call Fun(arr(), n)
   Text1.Text = n
End Sub
```

程序运行后，单击命令按钮，则在文本框中显示的内容是（ ）。

A）10 B）15 C）25 D）24

（7）在窗体上画一个名称为 Command1 的命令按钮，然后编写如下代码：

```
Option Base 1
Function Fun(a() As Integer)
   Sum= 0
   For i=1 To 3
      For j=1 To 3
         Sum=Sum+a(i,j)
      Next j
```

```
        Next i
        Fun=Sum
    End Function
    Private Sub Command1_Click()
        Dim arr(3,3) As Integer
        For i=1 To 3
            For j=1 To 3
                If i=j Then
                    arr(i,j)=1
                End If
                If i<>j Then
                    arr (i,j) =j
                End If
            Next j
        Next i
        x=Fun(arr())
        Print x
    End Sub
```

程序运行后，单击命令按钮，输出的结果为（ ）。

A）10　　B）15　　C）20　　D）30

（8）下面的 Sub 过程中，只有一个形参，且形参为窗体类型，请将程序补充完整。

```
    Sub Pro(____)
        FormNum.Width=2000
        FormNum.Height=1000
    End Sub
```

【答案】

（1）B （2）D （3）D （4）B （5）B （6）B （7）B （8）FormNum As Form

10.4 对象参数

在 Visual Basic 中还允许运用对象，即窗体或控件作为通用过程的参数，一般格式为：

```
    Sub 过程名（形参表）
        语句块
        [Exit Sub]
        语句块
    End Sub
```

“形参表”中的形参类型通常是 Control 或 Form。

典型题解

【例 10-7】设一个工程由两个窗体组成，其名称分别为 Form1 和 Form2，在 Form1 上有一个名称为 Command1 的命令按钮，窗体 Form1 的程序代码如下：

```
    Private Sub Command1_Click()
        Dim a As Integer
        a=100
        Call g(Form2, a)
```

```
End Sub
Private Sub g(f As Form, x As Integer)
  y=IIf(x>100, 200, -200)
  f.Show
  f.Caption =y
End Sub
```

运行以上的程序，正确的结果是（ ）。

A）Form1 的 Caption 属性值为 200　　B）Form2 的 Caption 属性值为-200

C）Form1 的 Caption 属性值为-200　　D）Form2 的 Caption 属性值为 200

【解析】根据定义的 g Sub 过程，当参数 x 值大于 100 时，y 取值 200，否则取值-200，然后再把 y 值赋给窗体 f 的 Caption 属性。在事件过程中调用此过程的实参分别为 Form2 与 a（其中 a 被赋值为 100）。由于 a=100，故 y=-200，所以正确的结果为 Form2 的 Caption 属性为-200。本题正确答案为选项 B。

强化训练

（1）以下关于过程及过程参数的描述中，错误的是（ ）。

A）过程的参数可以是控件名称

B）用数组作为过程的参数时，使用的是“传地址”方式

C）只有函数过程能够将过程中处理的信息传回到调用的程序中

D）窗体可以作为过程的参数

（2）在窗体上画两个组合框，其名称分别为 Combo1、Combo2，然后画两个标签，名称分别为 Label1、Label2，如图所示。程序运行后，如果在某个组合框中选择一个项目，则把所选中的项目在其下面的标签中显示出来，请填空。

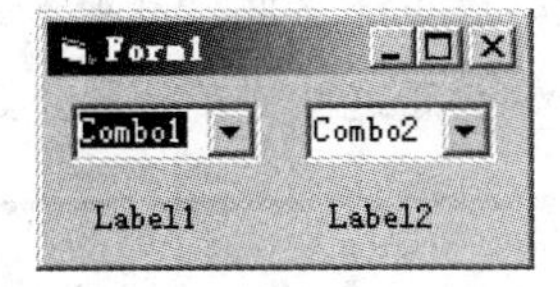


```
Private Sub Combo1_Click()
  Call ShowItem(Combo1, Label1)
End Sub
Private Sub Combo2_Click()
  Call ShowItem(Combo2, Label2)
End Sub
Public Sub ShowItem(tmpCombo As ComboBox, tmpLabel As Label)
  【1】.Caption = 【2】.Text
End Sub
```

【答案】

（1）C （2）【1】tmpLabel，【2】tmpCombo

第11章 键盘与鼠标事件过程

考点概览

本章内容在考试中所占比例较小。分析历次考试中所占的比例，每次考试平均 1~2 道题，其中填空题占 0~1 题，合计 2~4 分。

重点考点

本章主要考查键盘事件与鼠标事件，包括 KeyPress 事件、KeyDown 和 KeyUp 事件、鼠标事件、鼠标光标的形状与拖放等知识点。考查内容比较简单，考生对考纲上要求的知识点有基本了解即可。

复习建议

① KeyDown 事件和 KeyUp 事件是本章最常见的考点，这个知识点看似难度较大，但基本只考查基本知识，基本都属于送分题，考生复习时应将一些基本概念记牢，不要在这个点上失分。

② KeyPress 事件也是以往考查过的知识点，一般也只考查基本知识，不设计大量的分析，建议考生一定复习到这个点，但不必深究，不要耗费过多的时间。

③ 掌握鼠标事件中鼠标操作的三个过程：按下、松开和移动，掌握鼠标光标的形状和鼠标的拖放。

④ 由于这章知识点比较零散，一般出选择题。考生复习这部分的时候要注意理解各个事件是怎么触发的，各个参数的含义。掌握了这些，不管出什么样的题目，基本都能应付。

11.1 KeyPress 事件

当按下某个键时，所触发的是拥有焦点的那个控件的 KeyPress 事件。KeyPress 将每个字符的大、小写形式作为不同的键代码解释，即作为两种不同的字符，而 KeyDown 和 KeyUp 用两种参数（keycode、shift）解释每个字符的大写形式和小写形式。

典型题解

【例 11-1】 在窗体上画一个名称为 Text1 的文本框，要求文本框只能接收大写字母的输入，以下能实现该操作的事件过程是（ ）。

A）
```
Private Sub Text1_KeyPress(KeyAscii As Integer)
    If KeyAscii < 65 Or KeyAscii > 90 Then
        MsgBox "请输入大写字母"
        KeyAscii = 0
    End If
```

```
End Sub
B）Private Sub Text1_KeyDown(KeyCode As Integer, Shift As Integer)
If KeyCode < 65 Or KeyCode > 90 Then
        MsgBox "请输入大写字母"
        KeyCode = 0
    End If
End Sub
C）Private Sub Text1_MouseDown(Button As Integer, Shift As Integer, X As Single, Y As Single)
    If Asc(Text1.Text)< 65 Or Asc(Text1.Text)> 90 Then
        MsgBox "请输入大写字母"
    End If
End Sub
D）Private Sub Text1_Change()
    If Asc(Text1.Text)> 64 And Asc(Text1.Text)< 91 Then
        MsgBox "请输入大写字母"
    End If
End Sub
```

【解析】KeyPress 的参数 KeyAscii 对应不同的字符，它与 KeyDown 的参数 KeyCode 有本质上的区别。KeyCode 对应键的 ASCII 码，不区分大小写。根据题目要求，文本框的事件要区分字母的大小写，故选项 B 是错误的，选项 A 正确。选项 C 与选项 D 的错误在于 Text1 的事件与题目要求不符。MouseDown 表示是否按下鼠标，Change 表示文本框内容是否发生变化。本题正确答案为选项 A。

强化训练

（1）下列关于键盘事件的说法中，正确的是（　）。

A）按下键盘上的任意一个键都会引发 KeyPress 事件

B）大键盘上的<1>键和数字键盘的<1>键的 KeyCode 码相同

C）KeyDown 和 KeyUp 的事件过程中有 KeyAscii 参数

D）大键盘上的<4>键的上档字符是“$”，当同时按下<Shift>键和大键盘上的<4>键时，KeyPress 事件过程中的 KeyAscii 参数值是“$”的 ASCII 值

（2）下列程序完成的功能是将输入的字符转换为____。

```
Private Sub Form_KeyPress(KeyAscii As Integer)
    Dim char As String
    Char=Chr(KeyAscii)
    KeyAscii=Asc(Ucase(char))
End Sub
```

【答案】

（1）D　（2）大写

11.2　KeyDown 和 KeyUp 事件

KeyDown 和 KeyUp 事件是报告键盘按下键和松开键时本身准确的物理状态。与此成对照的是，

KeyPress 事件并不直接地报告键盘状态，它只提供键所代表的字符而不识别键的按下或松开状态。

典型题解

【例 11-2】 以下叙述中错误的是（　）。

A）在 KeyUp 和 KeyDown 事件过程中，从键盘上输入 A 或 a 被视作相同的字母（即具有相同的 KeyCode）

B）在 KeyUp 和 KeyDown 事件过程中，将键盘上的<1>和右侧小键盘上的<1>视作不同的数字（具有不同的 KeyCode）

C）KeyPress 事件中不能识别键盘上某个键的按下与释放

D）KeyPress 事件中可以识别键盘上某个键的按下与释放

【解析】 KeyUp 与 KeyDown 事件过程的 KeyCode 参数只对应按下或释放的键的 ASCII 码，而不是输入字符的 ASCII 码。也就是说，KeyCode 只针对键，按下或释放的键相同，KeyCode 值就相同，故 A、B 选项说法正确。KeyPress 表示一个完整的事件，它不能识别键盘上某个键的按下与释放。本题正确答案为选项 D。

强化训练

（1）为了对文本框控件识别输入的<F1>～<F12>功能键，应使用的事件是（　）。

A）KeyPress　　B）KeyDown　　C）MouseDown　　D）Change

（2）当用户按下并且释放一个键后会触发 KeyPress、KeyDown、KeyUp 事件，这 3 个事件发生的顺序是（　）。

A）KeyPress、KeyDown、KeyUp　　B）KeyDown、KeyPress、KeyUp

C）KeyPress、KeyUp、KeyDown　　D）没有规律

（3）在 KeyPress 或 KeyUp 的事件过程中，能用来检查<Ctrl>和<F3>键是否同时按下的表达式为（　）。

A）(button=vbCtrlMask)And(KeyCode=vbKeyF3)

B）KeyCode=vbKeyCode+vbKeyF3

C）(KeyCode=vbKeyF3)And(Shift And vbCtrlMask)

D）(Shift And vbCtrlMask)And(KeyCode And vbKeyF3)

（4）把窗体的 KeyPreview 属性设置为 True，并编写如下两个事件过程：

```
Private Sub For_KeyDown(KeyCode As Integer, Shift As Integer)
    Print KeyCode
End Sub
Private Sub Form_KeyPress(KeyAscii As Integer)
    Print KeyAscii
End Sub
```

程序运行后，如果按下<A>键，则在窗体上输出的数值为<u>【1】</u>和<u>【2】</u>。

【答案】

（1）B　（2）B　（3）C　（4）【1】65【2】97

11.3 鼠标事件

1. MouseDown 事件

MouseDown 是三种鼠标事件中最常使用的事件，按下鼠标按钮时就可触发此事件。

2. MouseUp 事件

释放鼠标按钮时，MouseUp 事件将会发生。

3. MouseMove 事件

当鼠标指针在屏幕上移动时就会发生 MouseMove 事件。当鼠标指针处在窗体和控件的边框内时，窗体和控件均能识别 MouseMove 事件。

4. 鼠标键

鼠标键状态由参数来设定，该参数是一个 16 位整数。可用该参数增强应用程序的功能。鼠标和键盘事件用 Shift 参数判断是否按下了<Shift>、<Ctrl>和<Alt>键，以及以什么样的组合（如果存在）按下这些键。

典型题解

【例 11-3】窗体的 MouseDown 事件过程：

```
Form_MouseDown (Button As Integer,Shift As Integer,X As Single,Y As Single)
```

有 4 个参数，关于这些参数，正确的描述是（　）。

A）通过 Button 参数判定当前按下的是哪一个鼠标键

B）Shift 参数只能用来确定是否按下<Shift>键

C）Shift 参数只能用来确定是否按下<Alt>和<Ctrl>键

D）参数 X、Y 用来设置鼠标当前位置的坐标

【解析】Button 参数用来判定当前按下的是哪一个鼠标键。Button 值为 1 时表示按下左键；为 2 时，表示按下右键；为 4 时，表示按下中间键，故 A 项是正确的。Shift 参数用来判断<Shift>、<Ctrl>和<Alt>键的状态，故 B、C 项说法有误。X、Y 参数用来获取鼠标的位置，而不是设置鼠标当前的位置，两者有根本的区别，考生应予以关注，D 项说法错误，本题正确答案为选项 A。

强化训练

（1）编写如下事件过程：

```
Private Sub Form_MouseDown(Button As Integer,Shift As Integer,X AS Single,Y As Integer)
  If Button=2 Then
    Print "AAAA"
  End If
End Sub
Private Sub Form_MouseUp(Button As Integer,Shift As Integer,X As Single,Y
As Integer)
  Print "BBBB"
End Sub
```

程序运行后，如果在窗体上单击鼠标右键，则输出结果为（　）。

A）AAAA
BBBB　　B）BBBB

C）AAAA　　D）BBBB
AAAA

（2）以下叙述中错误的是（　）。

A）双击鼠标可以触发 DblClick 事件　　B）窗体或控件的事件的名称可以由编程人员确定

C）移动鼠标时，会触发 MouseMove 事件　　D）控件的名称可以由编程人员设定

【答案】

（1）A　（2）B

11.4 鼠标光标的形状

可用 MousePointer 属性显示光标或任意定义过的鼠标指针。鼠标指针的改变可以告知用户诸多信息，例如，正在进行长时间的后台任务，调整某个控件或窗口的大小，某控件不支持拖放操作等。可用自定义鼠标指针表达无穷多个有关应用程序状态和功能的视觉信息。鼠标光标的形状通过 MousePointer 属性来设置。该属性可在属性窗口中设置，也可在程序代码中设置。

典型题解

【例 11-4】为了定义自己的鼠标光标，首先应把<u>【1】</u>属性设置为<u>【2】</u>，然后把<u>【3】</u>属性设置为一个图标文件。

【解析】首先选择所需要的对象，再把 MousePointer 属性设置为“99-Custom “，然后设置 MouseIcon 属性，把一个图标文件赋给该属性。正确答案为【1】MousePointer，【2】99，【3】MouseIcon。

强化训练

（1）自定义鼠标光标可在属性窗口中定义，也可用____设置。

（2）若将鼠标光标定义为沙漏（表示程序忙），应将<u>【1】</u>属性设置为<u>【2】</u>。

【答案】

（1）程序代码 （2）【1】MousePointer【2】11

11.5 拖放

1. DragMode 属性

对于 DragMode 属性，手动设置允许指定可以拖动控件的时间以及不可拖动控件的时间。为使用户拖动控件，需将控件 DragMode 属性设置为 1-自动化。

2. DragIcon 属性

在拖放操作中，用 DragIcon 属性可以提供可见的信息反馈。

3. DragDrop 事件

在拖动对象后释放鼠标按钮时，Visual Basic 生成 DragDrop 事件。

4. DragOver 事件

DragOver 事件它在拖放操作正在进行时发生。可使用此事件对鼠标指针在一个有效目标上的进入、离开或停顿等进行监控。

5. Drag 方法

用于除了 Line、Menu、Shape、Timer 或 CommonDialog 控件之外的任何控件的开始、结束或取消拖动操作。Drag 方法一般是同步的，这意味着其后的语句直到拖动操作完成之后才执行。然而，如果该控件的 DragMode 属性设置为 Manual(0 or vbManual)，则它可以异步执行。

典型题解

【例 11-5】DragOver 事件用于图标移动，格式如下，鼠标光标进入目标对象时，参数 State 的值是____。

```
Sub 对象名_DragOver(Source As Control,X As Single,Y As Single,State As Integer)
```

```
End Sub
```

【解析】DragOver 事件的 State 参数有 3 个值可取，当为 0 时，鼠标光标正进入目标对象区域；当为 1 时，鼠标光标退出目标对象区域；当为 2 时，鼠标光标正位于对象的区域之外。由此可见，正确答案为 0。

强化训练

（1）有如下程序代码：

```
Private Sub Form_MouseDown(Button As Integer,Shift As Integer,X As Single,Y As Single)
  FillColor=QBColor(Int(Rnd*15))
  Circle(X,Y),250
End Sub
```

该程序的功能是（　）。

A）鼠标拖曳时在窗体中构造一个圆　　B）双击鼠标时在窗体中构造一个圆

C）单击鼠标时在窗体中构造一个圆　　D）加载时在窗体中构造一个圆

（2）为了执行自动拖曳，必须把<u>【1】</u>属性设置为<u>【2】</u>；而为了执行手动拖曳，必须把该属性设置为<u>【3】</u>。

【答案】

（1）C　（2）【1】DrogMode【2】1【3】0

第12章 菜单程序设计

考点概览

本章内容在考试中所占比例较小。分析历次考试中所占的比例，每次考试平均1~2道题，其中填空题占0~1题，合计2~4分。

重点考点

本章讲述了 Visual Basic 中菜单的设计和控制，内容比较概括，考试中出现的题目也较为简单，着重对知识面的考查。

复习建议

① 弹出式菜单是本章每次考试都有题的知识点，这个知识点看起来复杂，但实际较为简单。在理解的基础上记住 PopupMenu 方法，将可以很好应对这个知识点的考题。

② 有效性控制这个知识点在以前的试题中也出现过，再次出现的概率很高。这个知识点一般考查最基本的，难度不大，考生在复习时应注意记住即可，不必深究，不要耗费过多的时间。

③ 本章考核的知识点主要集中在菜单项的控制、弹出菜单等内容，考查的内容相对较少，主要出现在选择题部分。复习时，可以着重复习这些知识点，其他知识点了解即可。

12.1 Visual Basic 中的菜单

菜单可分为两种基本类型，即弹出式菜单和下拉菜单。

典型题解

【例 12-1】下列关于菜单的说法，错误的是（ ）。

A）每个菜单项都是一个控件，与其他控件一样也有其属性和事件

B）除了 Click 事件之外，菜单项不可能影响其他事件

C）菜单项的索引号必须是连续的

D）菜单项的索引号可以不连续

【解析】从作用上来讲，菜单类似于按钮，每个菜单项都是一个控件，与其他控件一样也有其属性和事件，但它只有一个 Click 事件，故选项 A、B 正确。菜单项的索引号可以是连续的，也可以不连续，因此选项 C 说法错误，选项 D 说法正确，本题正确答案为选项 C。

强化训练

下拉式菜单具有很多特点，下列是其优点的是（ ）。

Ⅰ 整体感强　　Ⅱ 具有导航功能　　Ⅲ 占用屏幕小

A）Ⅰ、Ⅱ　　B）Ⅱ、Ⅲ　　C）只有Ⅰ　　D）全部

【答案】

D

12.2　菜单编辑器

菜单编辑器窗体分为 3 个部分，即数据区、编辑区和菜单显示区。

典型题解

【例 12-2】如果要在菜单中添加一个分隔线，则应将其 Caption 属性设置为（　）。

A）=　　B）*　　C）&　　D）-

【解析】如果要在菜单中添加一个分隔线，则应将其 Caption 属性设为“-”。C 项的连接符一般在字母前加，显示菜单时在该字母下加上一条下划线来表示访问键。本题正确答案为选项 D。

强化训练

（1）设置菜单居中显示，则设置协调位置的值为（　）。

A）0　　B）1　　C）2　　D）3

（2）以下叙述中错误的是（　）。

A）在同一窗体的菜单项中，不允许出现标题相同的菜单项

B）在菜单的标题栏中，“&”所引导的字母指明了访问该菜单项的访问键

C）程序运行过程中，可以重新设置菜单的 Visible 属性

D）弹出式菜单也在菜单编辑器中定义

（3）下面不是菜单编辑器组成部分的是（　）。

A）编辑区　　B）菜单项显示区　　C）菜单栏　　D）数据区

（4）下列不能打开菜单编辑器的操作是（　）。

A）按组合键<Ctrl+E>

B）单击工具栏中的“菜单编辑器”按钮

C）执行“工具”菜单中的“菜单编辑器”命令

D）按组合键<Shift+Alt+M>

【答案】

（1）C　（2）A　（3）C　（4）D

12.3　用菜单编辑器建立菜单

用菜单编辑器建立菜单，主要有 3 步：创建菜单；界面设计，设计菜单调用的窗体、控件等；编写程序代码。

典型题解

【例 12-3】在用菜单编辑器设计菜单时，必须输入的项是（　）。

A）快捷键　　B）标题　　C）索引　　D）名称

【解析】在用菜单编辑器设计菜单时，需要输入菜单的相关属性，例如标题、名称、索引、快捷键等。与其他控件一样，控件的 Name 属性是必不可少的。因此，必须输入的是名称项，本题正确答案为选项 D。

强化训练

（1）以下说法正确的是（ ）。

A）任何时候都可以通过执行“工具”→“菜单编辑器”命令打开菜单编辑器

B）只有当某个窗体为当前活动窗体时，才能打开菜单编辑器

C）任何时候都可以通过单击标准工具栏上的“菜单编辑器”按钮打开菜单编辑器

D）只有当代码窗口为当前活动窗口时，才能打开菜单编辑器

（2）在 Visual Basic 中，下拉式菜单在一个窗体上设计，窗体被分为菜单栏、子菜单区和____。

【答案】

（1）B （2）工作区

12.4 菜单项的控制

考点 1 有效性控制

菜单中的某些菜单项应能根据执行条件的不同进行动态变化，根据条件的不同设置某些菜单项的有效性。所有的菜单控件都有 Enabled 属性。当这个属性为 Flase 时，菜单项呈灰色显示，菜单命令无效使它不响应动作。

典型题解

【例 12-4】假定有一个菜单项，名为 MenuItem，为了在运行时使该菜单项失效（变灰），应使用的语句为（ ）。

A）MenuItem. Enabled =False
B）MenuItem. Enabled =True
C）MenuItem. Visible =True
D）MenuItem. Visible =False

【解析】Enabled 属性决定菜单项功能是否失效，选择 True 则不失效，如果选择 False，则失效，并用灰色表示。Visible 属性决定菜单项是否可见，选择 False 为不可见，选择 True 为可见。本题正确答案为选项 A。

强化训练

（1）假定已经建立了如下表的菜单结构：

标　题	名　称	层　次
数据库操作	Db	1
添加记录	Appear	2
查询记录	Query	2
按姓名查找	Qname	3
按学号查找	Qnumber	3
删除记录	Delete	2

在窗体上画一个名称为 c1 的命令按钮，要求在运行时，如果单击命令按钮，则把菜单项“按姓名查找”设置为无效，下面正确的事件过程是（　）。

A）Private Sub c1_Click()
Query Qname.Enabled=False
End Sub

B）Private Sub c1_Click()
Db.Query Qname.Enabled=False
End Sub

C）Private Sub c1_Click()
Qname.Enabled=False
End Sub

D）Private Sub c1_Click()
Me.Db.Query Qname.Enabled=False
End Sub

（2）以下叙述中错误的是（　）。

A）下拉式菜单和弹出式菜单都用菜单编辑器建立

B）在多窗体程序中，每个窗体都可以建立自己的菜单系统

C）除分隔线外，所有菜单项都能接收 Click 事件

D）如果把一个菜单项的 Enabled 属性设置为 False，则该菜单项不可见

【答案】

（1）C　（2）D

考点 2　菜单项标记

所谓的菜单项标记，就是在菜单项前面加上一个“√”。它有两个作用：一是可以明显地表示当前某个（或某些）命令状态是“On”或“Off”；二是可以表示当前选择的是哪个菜单项。

典型题解

【例 12-5】 Visual Basic 通过菜单编辑器应用程序的菜单，若要求在程序运行的过程中，选中该命令时，在该命令前有“√”的标记，则应该在菜单编辑器中（　）。

A）选中“复选”　B）“复选”不被选中　C）选中“有效”　D）“有效”不被选中

【解析】 菜单项标记可以通过菜单设计窗口中的“复选”属性设置，当该属性为 True 时，相应的菜单项前有“√”标记；如果该属性为 False，相应的菜单项前就没有“√”标记。若需要在菜单项前面有“√”的标记，应该在设置选中“复选”，也可以在程序中使用菜单的 Checked 属性。本题正确答案为选项 A。

强化训练

（1）设有如下表所示的菜单结构：

标　题	名　称	层　次
显示	appear	1
大图标	bigicon	2
小图标	smallicon	3

要求程序运行后，如果单击菜单项“大图标”，则在该菜单项前添加“√”。以上正确的事件过程是（　）。

A）Private Sub bigicon_Click()
bigicon.Checked=False
End Sub

B）Private Sub bigicon_Click()
Me.appare.bigicon.Checked=True
End Sub

C）Private Sub bigicon_Click()
bigicon.Checked=True
End Sub

D）Private Sub bigicon_Click()
appear.bigicon.Checked=True
End Sub

（2）以下关于菜单项标记的说法，错误的是（ ）。

A）菜单项标记可以明显地表示当前某个（某些）命令状态是“On”或“Off”。

B）菜单项标记可以表示当前选择的是哪个菜单项。

C）菜单项标记应通过菜单设计窗口中的“复选”属性设置

D）当菜单项的“复选”属性设置为 True 时，菜单项将没有“√”。

【答案】

（1）C （2）D

考点 3 键盘选择

用键盘选取菜单通常有两种方法，即热键和访问键（Access Key）。所谓的访问键，就是菜单项中加了下划线的字母，只要按<Alt>键和加了下划线的字母键，就可以选择相应的菜单项。为了设置访问键，必须在准备加下划线的字母的前面加上一个“&”。

典型题解

【例 12-6】设菜单中有一个菜单项为“Open”。若要为该菜单命令设置访问键，即按下<Alt>键及字母<O>时，能够执行“Open”命令，则在菜单编辑器中设置“Open”命令的方式是（ ）。

A）把 Caption 属性设置为&Open

B）把 Caption 属性设置为 O&pen

C）把 Name 属性设置为&Open

D）把 Name 属性设置为 O&pen

【解析】若要为菜单命令设置访问键，可在要设的菜单项的 Caption 属性中加“&”，“&”后面的字母即为访问键，本题正确答案为选项 A。

强化训练

（1）为了能够通过键盘访问主菜单项，可在菜单编辑器的“标题”选项中某个字母前插入符号____。运行时，该字母会带有下划线，按<Alt>键和该字母就可以访问相应的主菜单项。

（2）用键盘选取菜单项通常有两种方法，即热键和____。

【答案】

（1）& （2）访问键

12.5 菜单项的增减

菜单项的操作是通过控件数组来实现的，控件数组可以在设计阶段建立，也可以在运行时建立。

典型题解

【例 12-7】可使用控件数组来动态增减菜单项目，而控件数组通过（ ）访问控件数组中的元素。

A）下标　　B）名称　　C）文件　　D）热键

【解析】菜单项的操作是通过控件数组来实现的，一个控件数组中含有若干个控件，这些控件的名称相同，所使用的事件过程相同，但其中每个元素都有自己的属性。和普通数组一样，通过下标(Index)访问数组中的元素。所以，本题答案为 A。

强化训练

（1）以下关于菜单的叙述中，错误的是（　）。

A）在程序运行过程中可以增加或减少菜单项

B）如果把一个菜单项的 Enabled 属性设置为 False，则删除该菜单项

C）弹出式菜单在菜单编辑器中设计

D）利用控件数组可以实现菜单项的增加或减少

（2）运行时动态增减菜单项目必须使用控件数组，相应增加菜单时需要采用<u>【1】</u>方法，减少菜单时需要采用<u>【2】</u>方法。

【答案】

（1）B　（2）【1】Load【2】Unload

12.6　弹出式菜单

建立弹出式菜单分两步进行：首先用菜单编辑器建立菜单，然后用 PopupMenu 方法显示出来。建立菜单时需把主菜单项的“可见”属性设置为 False，子菜单项不要设置为 False。

典型题解

【例 12-8】在菜单编辑器中建立一个菜单，其主菜单项的名称为 mnuEdit，Visible 属性为 False，程序运行后，如果用鼠标右键单击窗体，则弹出与 mnuEdit 对应的菜单。以下是实现上述功能的程序，请填空。

```
Private Sub Form_【1】 (Button As Integer, Shift As Integer, X As Single, Y As Single)
    If Button=2 Then
        【2】mnuEdit
    End If
End Sub
```

【解析】由于要触发鼠标单击事件，可以用 MouseDown 或 MouseUp；分别表示鼠标的按下与放开。PopupMenu 方法用来设置弹出式菜单，后面直接接所需设置为弹出式菜单的菜单名称。故本题答案是【1】MouseDown 或 MouseUp，【2】PopupMenu。

强化训练

假定有如下事件过程：

```
Private Sub Form_MouseDown(Button As Integer, Shift As Integer, X As Single, Y As Single)
  If Button = 2 Then
    PopupMenu popForm
  End If
End Sub
```

则以下描述中错误的是（　）。

A）该过程的功能是弹出一个菜单

B）PopForm 是在菜单编辑器中定义的弹出式菜单的名称

C）参数 X、Y 指明鼠标的当前位置

D）Button=2 表示按下的是鼠标左键

【答案】

D

第13章 对话框程序设计

考点概览

本章内容在考试中所占比例很小。分析历次考试中所占的比例，每次考试平均1道选择题，合计2分。

重点考点

文件对话框是本章几乎每次考试都有题的知识点，这个知识点是最基本的，相对比较简单，考试中也基本都属于送分题，考生复习时应将一些基本概念记牢，不要在这个点上失分。

复习建议

① 了解Visual Basic中的对话框，掌握各种对话框的特点。

② 掌握文件对话框的各种属性，重点掌握Filter属性。

③ 本章在考试中占的比例比较小，但属于Visual Basic程序设计中不可缺少的一部分，需要掌握。复习时，重点掌握通用对话框和文件对话框相关的知识点，其他知识可以仅作为了解。

13.1 概述

1. 对话框的分类与特点

（1）对话框的分类

Visual Basic中的对话框分为3种类型，即预定义对话框、自定义对话框和通用对话框。

（2）对话框的特点

对话框与窗体类似，但它是一种特殊的窗体，具有区别于一般窗体的不同的属性。

2. 自定义对话框

预定义对话框很容易建立，但在应用上有一定的限制。建立自定义对话框的方法与建立窗体的方法相同。

3. 通用对话框控件

通用对话框是一种ActiveX控件， CommonDialog控件在Visual Basic和Microsoft Windows动态链接库Commdlg.dll的例程之间提供了一个接口。对话框的类型可以通过Action属性设置，也可以用相应的方法设置。

典型题解

【例13-1】下列关于自定义对话框的说法中，错误的是（ ）。

A）自定义对话框的边框应该是固定的

B）应该只允许自定义对话框其中的某个按钮可以关闭对话框

C）自定义对话框不应该有最大化、最小化按钮

D）自定义对话框应该是不能关闭的

【解析】自定义对话框同预定义对话框一样，边框应该是固定的，只允许内部按钮关闭，没有最大化和最小化按钮。同时，对话框不是应用程序的主要工作区，只是临时使用，使用后就关闭。因此，自定义对话框应该是使用后就关闭的，不应该是不可以关闭的，选项 D 说法不正确。本题正确答案为选项 D。

强化训练

（1）Visual Basic 中的对话框分为 3 种类型，它们是（　）。

A）预定义对话框、自定义对话框和通用对话框　B）预定义对话框、消息框和输入框

C）自定义对话框、消息框和输入框　D）通用对话框、自定义对话框和输入框

（2）下列说法错误的是（　）。

A）通用对话框的 Name 属性的默认值为 CommonDialogX，此外，每种对话框都有自己的默认标题

B）文件对话框可分为两种，即打开（Open）文件对话框和保存（Save As）文件对话框

C）打开文件对话框可以让用户指定一个文件，由程序使用；而用保存文件对话框可以指定一个文件，并以这个文件名保存当前文件

D）DefaultEXT 属性、DialogTitle 属性都是打开对话框的属性，但非保存对话框的属性

（3）对话框在关闭之前，不能继续执行应用程序的其他部分，这种对话框属于（　）。

A）输入对话框　B）输出对话框　C）模式（模态）对话框　D）无模式对话框

（4）Visual Basic 中 InputBox 函数建立的输入框属于（　）。

A）预定义对话框　B）自定义对话框　C）通用对话框　D）都不是

（5）创建自定义对话框第一个步骤是（　）。

A）在工程中添加窗体　B）设计对话框外观

C）设计控件对象的外观和特征　D）调整窗体的大小和位置

（6）在窗体上添加了一个通用对话框控件 CommonDialog1，以上正确的语句是（　）。

A）CommonDialog1.Filter=All Files|*.*|Pictures(*.Bmp)|*.Bmp

B）CommonDialog1.Filter="All Files"|*.*|Pictures(*.Bmp)|*.Bmp

C）CommonDialog1.Filter={All Files|*.*|Pictures(*.Bmp)|*.Bmp}

D）CommonDialog1.Filter="All Files|*.*|Pictures(*.Bmp)|*.Bmp"

【答案】

（1）A　（2）D　（3）C　（4）A　（5）A　（6）D

13.2 文件对话框

文件对话框的属性有：DefaultEXT 属性、DialogTitle 属性、FileName 属性、FileTitle、Filter 属性、FilterIndex 属性、Flags 属性、InitDir 属性、CancelError 属性、HelpCommand 属性。

典型题解

【例 13-2】在文件对话框中，FileName 和 FileTitle 属性是不同的。FileName 属性用来设置或返回要保存的文件的<u>【1】</u>，FileTitle 属性用来指定文件对话框中所选择的文件名（不包括<u>【2】</u>）。

【解析】FileName 和 FileTitle 的区别是，FileName 指定完整的路径，而 FileTitle 只指定文件名。正确答

案为【1】路径及文件名【2】路径。

强化训练

（1）在窗体上画一个通用对话框，其名称为 CommonDialog1，然后画一个命令按钮，并编写如下的事件程序：

```
Private Sub Commandl_Click()
  CommonDialog1.Flags=cdlOFNHideReadOnly
  CommonDialog1.Filter="AllFiles(*.*)|*.*|TextFiles(*.txt)|*.txt| BatchFiles(*.bat)|*.bat"
  CommonDialog1.FilterIndex=2
  CommonDialog1.ShowOpen
  MsgBox CommonDialog1.FileName
End Sub
```

程序运行后，单击命令按钮，将显示一个“打开”对话框，此时在“文件类型”框中显示的是（　）。

A）All Files(*.*)　　B）Text Files(*.txt)　　C）Batch Files(*.bat)　　D）不确定

（2）以下叙述中错误的是（　）。

A）在程序运行时，通用对话框控件是不可见的

B）在同一个程序中，用不同的方法（如 ShowOpen 或 ShowSave 等）打开的通用对话框具有不同的作用

C）调用通用对话框控件的 ShowOpen 方法，可以直接打开在该通用对话框中指定的文件

D）调用通用对话框控件的 ShowColor 方法，可以打开颜色对话框

（3）通用对话框的“打开”对话框的作用是（　）。

A）选择某一个文件并打开　　B）选择某一个文件但不能打开文件

C）选择多个文件并打开这些文件　　D）选择多个文件但不能打开这些文件

（4）在文件对话框中，FileName 和 FileTitle 属性是不同的。【1】属性用来设置或返回要保存的文件的路径及文件名，【2】属性用来指定文件对话框中所选择的文件名（不包括路径）。

（5）假定在窗体上有一个通用对话框，其名称为 CommonDialog1，为了建立一个保存文件对话框，则需要把【1】属性设置为【2】，其等价的方法为【3】。

【答案】

（1）B　（2）C　（3）B　（4）【1】FileName【2】FileTitle　（5）【1】Action【2】2【3】ShowSave

13.3　其他对话框

可用“颜色”对话框在调色板中选择颜色，或者创建并选定自定义颜色。Color 属性用来设置初始颜色，并把对话框中选择的颜色返回给应用程序。

典型题解

【例 13-3】在窗体中添加一个通用对话框 Commondialog1 和一个命令按钮 Command1，当单击按钮时，打开颜色对话框，能实现此功能的程序段是（　）。

A）Private Sub Command1_Click()
　Commondialog1.ShowOpen
　End Sub

B）Private Sub Command1_Click()
　Commondialog1.ShowColor
　End Sub

C）Private Sub Command1_Click()
　Commondialog1.ShowOpen

D）Private Sub Command1_Click()
　Commondialog1.ShowColor

```
Commondialog1.ShowFont
End Sub
```

```
Commondialog1.ShowHelp
End Sub
```

【解析】Visual Basic 主要提供了打开文件、保存文件、颜色、字体、打印和帮助等通用对话框，其对应的方法分别为 ShowOpen、ShowSave、ShowColor、ShowFont、ShowPrinter 和 ShowHelp。本题正确答案为选项 B。

强化训练

（1）使通用对话框 C1 显示为一个标准的颜色对话框，应使用语句为<u>【1】</u>；使通用对话框 C1 显示为一个标准的字体对话框，应使用的语句是<u>【2】</u>。

（2）使用通用对话框控件打开字体对话框时，如果要在字体对话框中列出可用的屏幕字体和打印字体，必须设置通用对话框控件的 Flags 属性为____。

【答案】

（1）【1】C1.ShowColor【2】C1.ShowFont （2）3

第14章 多重窗体程序设计与环境应用

考点概览

本章内容在考试中所占比例很大。分析历次考试中所占的比例，每次考试平均 2 道题，其中填空题占 0~1 题，合计 4 分。

重点考点

① 多重窗体程序的执行与保存是本章的重点，这个知识点应引起考生注意，这个知识点在以往的考试中多次出现过，涵盖的知识内涵丰富，可考的地方非常多，而且可难可简单。

② Visual Basic 工程结构是本章的难点，只要正确理解工程结构的内容，这个知识点的题目将迎刃而解。

复习建议

① 本章考核知识点主要集中在多重窗体程序的执行与保存、Visual Basic 工程结构两个部分。虽然占的比例较小，但这是进行 Visual Basic 程序开发必须掌握的、经常需要运用的知识，需要掌握。

② 复习本章时，考生可以根据指定教材，重点把握多重窗体程序的执行与保存、Visual Basic 工程结构两部分，其他可仅作为了解。

14.1 建立多重窗体应用程序

在多重窗体程序中，要建立的界面由多个窗体组成，每个窗体的界面设计与单个界面设计完全一样。

典型题解

【例 14-1】下列程序的功能是控制窗体的显示与隐藏，请将程序补充完整。

```
Private Sub Form_Click()
  Dim msg As Integer
  Form1【1】
  MsgBox "choose ok to make the form reappear"
  Form1【2】
End Sub
```

【解析】Visual Basic 中，显示窗体用 Show 语句，隐藏窗体用 Hide 语句，语法分别是：Object.Show style 和 Object.Hide。需要指出的是，Hide 方法只能隐藏某一窗体，但不能将其从内存中清除出去。只有执行 UnLoad

方法，才可以清除内存中的窗体。按照本题要求，单击窗体后窗体隐藏，执行对话框后，窗体重新显示出来，正确答案为【1】Hide【2】Show。

强化训练

（1）以下叙述中错误的是（　）。

A）一个工程中只能有一个 Sub Main 过程

B）窗体的 Show 方法的作用是将指定的窗体装入内存并显示该窗体

C）窗体的 Hide 方法和 UnLoad 方法的作用完全相同

D）若工程文件中有多个窗体，可以根据需要指定一个窗体为启动窗体

（2）以下关于多重窗体程序的叙述中，错误的是（　）。

A）用 Hide 方法不但可以隐藏窗体，而且能清除内存中的窗体

B）在多重窗体程序中，各窗体的菜单是彼此独立的

C）在多重窗体程序中，可以根据需要指定启动窗体

D）对于多重窗体程序，需要单独保存每个窗体

（3）SDI 是指<u>【1】</u>界面，MDI 是指<u>【2】</u>界面。

【答案】

（1）C　（2）A　（3）【1】单文档【2】多文档

14.2　多重窗体程序的执行与保存

1. 指定启动窗体

在默认情况下，应用程序中的第一个窗体被指定为启动窗体。应用程序开始运行时，此窗体就被显示出来。因而，最先执行的代码是该窗体的 Form_Initialize 事件中的代码。如果想在应用程序启动时显示别的窗体，那么就得改变启动窗体。

2. 多窗体程序的存取

（1）保存多窗体程序

Visual Basic 要求每个窗体都要有自己的名字，多个工程可共享一个窗体。在将 FormX 存盘之前，必须保证它是当前开发环境中的活动窗体，或者说选中窗体。在 File“文件”菜单中，单击 Save FormX As Form X 另存为命令。

（2）装入多窗体程序

如果要向工程中添加现存窗体，那么先单击 Visual Basic Project（工程）菜单中的 AddForm（添加窗体）菜单项，然后单击 Existing（现存）选项卡。

（3）多窗体程序的编译

多窗体程序可以编译生成可执行文件.exe,而可执行文件总是针对工程建立的。因此，多窗体程序的编译操作与单窗体程序是一样的。

典型题解

【例 14-2】以下叙述中错误的是（　）。

A）打开一个工程文件时，系统自动装入与该工程有关的窗体、标准模块等文件

B）保存 Visual Basic 程序时，应分别保存窗体文件及工程文件

C）Visual Basic 应用程序只能以解释方式执行

D）事件可以由用户引发，也可以由系统引发

【解析】 Visual Basic 应用程序可以两种方法执行：编译方式与解释方式，故选项 C 是错误的。A、B 项的说法正确。事件可以由用户引发，也可以由系统引发，比如 Form 的 Load 事件就是系统在装载窗体时自动引发，故 D 项说法也是正确的。本题正确答案为选项 C。

强化训练

（1）有关多文档界面（Multiple Document Interface）的描述不正确的是（　）。

A）多文档界面（MDI）是指在一个父窗口下面可以同时打开多个子窗口

B）子窗口归属于父窗口

C）如果父窗口关闭，则所有子窗口全部关闭

D）如果所有子窗口全部关闭，则父窗口关闭

（2）下面关于多重窗体的叙述中，正确的是（　）。

A）作为启动对象的 Sub Main 只能放在窗体模块内

B）如果启动对象是 Sub Main，则程序启动时不加载任何窗体，以后由该过程根据不同情况决定是否加载以及加载哪一个窗体

C）没有启动窗体，程序不能执行

D）以上都不对

（3）如果 Forml 是启动窗体，并且 Forml 的 Load 事件过程中有 form2.show，则程序启动后（　）。

A）发生一个运行错误

B）发生一个编译错误

C）在所有的初始化代码运行后，Form1 是活动窗体

D）在所有的初始化代码运行后，Form2 是活动窗体

（4）假定一个工程由一个窗体文件 Form1 和两个标准模块文件 Model1 及 Model2 组成。

Model1 代码如下:

```
Public x As Integer
Public y As Integer
  Sub S1()
  x =1
  S2
End Sub
Sub S2()
  y = 10
  Form1.Show
End Sub
```

Model2 代码如下:

```
Sub Main()
  S1
End Sub
```

其中 Sub Main 被设置为启动过程。程序运行后，各模块的执行顺序是（　）。

A）Form1→Model1→Model2　　　　B）Model1→Model2→Form1

C）Model2→Model1→Form1　　　　D）Model2→Form1→Model1

（5）以下叙述中错误的是（ ）。

A）一个工程中可以包含多个窗体文件

B）在一个窗体文件中用 Private 定义的通用过程能被其他窗体调用

C）在设计 Visual Basic 程序时，窗体、标准模块、类模块等需要分别保存为不同类型的磁盘文件

D）全局变量必须在标准模块中定义

（6）以下关于保存工程的说法正确的是（ ）。

A）保存工程时只保存窗体文件即可　　B）保存工程时只保存工程文件即可

C）先保存窗体文件，再保存工程文件　　D）先保存工程文件，再保存窗体文件

（7）在 Visual Basic 中，除了可以指定某个窗体作为启动对象之外，还可以指定____作为启动对象。

【答案】

（1）D　（2）B　（3）C　（4）C　（5）B　（6）C　（7）Sub Main

14.3 Visual Basic 工程结构

1．标准模块

标准模块或代码模块是一个具有文件扩展名.bas 并包含能够在程序任何地方使用的变量和过程的特殊文件。

2．窗体模块

窗体模块包含程序中任何部分都可以调用的通用过程部分、事件过程部分、声明部分。

3．Sub Main 过程

有时候也许要应用程序启动时不加载任何窗体，要做到这一点，可在标准模块中创建一个名为 Main 的子过程。

典型题解

【例 14-3】如果一个工程含有多个窗体及标准模块，则以下叙述中错误的是（ ）。

A）如果工程中含有 Sub Main 过程，则程序一定首先执行该过程

B）不能把标准模块设置为启动模块

C）用 Hide 方法只是隐藏一个窗体，不能从内存中清除该窗体

D）任何时刻最多只有一个窗体是活动窗体

【解析】Sub Main 过程是 Visual Basic 中一个比较特殊的过程。它是 Visual Basic 的启动过程，如果用 Sub Main 过程，则可以（但不是必须）首先执行 Sub Main 过程。Sub Main 过程不能自动被识别，必须通过“工程”→“工程属性”→“通用”选项卡设置。所以选项 A 是错误的。这个错误叙述在考试中经常出现，考生应予以关注。标准模块不能设置为启动模块，B 项是正确的。Hide 方法只能隐藏一个窗体，如果想清除该窗体，要使用 UnLoad 方法，C 项也是对的。本题正确答案为选项 A。

强化训练

（1）关于多窗体应用程序的叙述正确的是（ ）。

A）连续向工程中添加多个窗体，存盘后只生成一个窗体模块

B）连续向工程中添加多个窗体，会生成多个窗体模块

C）每添加一个窗体，即生成一个工程文件

D）只能以第一个建立的窗体作为启动界面

（2）以下叙述中错误的是（　）。

A）在工程资源管理器窗口中只能包含一个工程文件及属于该工程的其他文件

B）以.BAS 为扩展名的文件是标准模块文件

C）窗体文件包含该窗体及其控件的属性

D）一个工程中可以含有多个标准模块文件

（3）以下叙述中错误的是（　）。

A）一个工程可以包括多种类型的文件

B）Visual Basic 应用程序既能以编译方式执行，也能以解释方式执行

C）程序运行后，在内存中只能驻留一个窗体

D）对于事件驱动型应用程序，每次运行时的执行顺序可以不一样

（4）以下不属于 Visual Basic 系统的文件类型是（　）。

A）.frm　　B）.bat　　C）.vbg　　D）.vbp

（5）Visual Basic 应用程序中标准模块文件的扩展名是____。

【答案】

（1）B　（2）A　（3）C　（4）B　（5）.bas 或 bas

14.4　闲置循环与 DoEvents 语句

1. 闲置循环

闲置循环就是当应用程序处于闲置状态时，用一个循环来执行其他操作。

2. DoEvents 函数

DoEvents 的功能是转让控制权，以便让操作系统处理其他的事件。

典型题解

【例 14-4】以下叙述中正确的是（　）。

A）和注释语句一样，DoEvents 是一个非执行语句

B）在程序中使用 DoEvents 语句不能改变语句序列的执行顺序

C）DoEvents 语句提供了在闲置循环中将控制权交给操作系统的功能

D）DoEvents 没有返回值

【解析】当作为函数使用时，DoEvents 返回当前装入 Visual Basic 应用程序工作区的窗体号。可见，DoEvents 是一个执行语句，选项 A 不正确；在程序中使用 DoEvents 语句可以改变语句序列的执行顺序，选项 B 不正确；选项 C 正确说明了 DoEvents 函数的作用；DoEvents 返回当前装入 Visual Basic 应用程序工作区的窗体号，选项 D 说法不正确。本题正确答案为选项 C。

强化训练

（1）DoEvents 的作用是将 CPU 控制切换到____。

（2）闲置循环就是在____状态下执行的循环。

【答案】

（1）操作环境内核　（2）闲置

第15章 数据文件

考点概览

本章内容在考试中所占比例较小。分析历次考试中所占的比例，每次考试平均 3~4 道题，其中填空题占 0~1 题，合计 6~8 分。

重点考点

① 随机文件的打开与读写操作是本章几乎每次考试都有题的知识点，这个知识点一般有一定的难度，考生需要根据题目的具体情况进行分析，根据具体的环境答题，否则容易出错。

② 文件操作语句和函数这个知识点应该引起考生注意，考生应掌握不同类型文件的不同操作语句和函数，区别记忆。

文件操作的内容包括目录、文件夹和文件，使用 Visual Basic 可以利用多种方法实现文件操作。本章考核的知识点主要集中在顺序文件、随机文件、文件系统控件等部分，涉及的知识点和常识较多，且有一定的难度。复习时，考生应区别地记忆相关知识点，并通过上机实践，增进理解。

复习建议

① 掌握 Visual Basic 中文件的概念、种类及其结构，这些知识点是本章的基础内容。

② 顺序访问模式的规则最简单，掌握顺序文件的操作，顺序文件的写入步骤：打开、写入、关闭；读出步骤：打开、读出、关闭。

③ 掌握随机文件的操作：打开、读/写、关闭，需要注意文件以随机方式打开后，可以同时进行写入和读出操作，但需要指明记录的长度。

④ 了解二进制文件的操作，以及与文件操作有关的一些语句

15.1 文件概述

1. 文件的结构

Visual Basic 文件由记录组成，记录由字段组成，字段由字符组成，以记录为单位处理数据。

2. 文件类型

根据不同的分类标准，文件可分为不同的类型。

典型题解

【例 15-1】以下关于文件的叙述中，错误的是（　）。

A）顺序文件中的记录一个接一个地顺序存放

B）随机文件中记录的长度是随机的

C）执行打开文件的命令后，自动生成一个文件指针

D）LOF 函数返回给文件分配的字节数

【解析】顺序文件，顾名思义，它的记录一个接一个地顺序存放，选项 A 表述正确。随机文件中记录的长度是不是随机的，而是固定的，这样将方便文件的读写操作，选项 B 表述错误。文件被打开后，自动生成一个文件指针，它是隐含的，文件的读写就是从这个指针所指的位置开始，选项 C 表述正确，选项 D 的 LOF 函数返回给文件分配的字节数。本题正确答案为选项 B。

强化训练

（1）Visual Basic 提供的对数据文件的三种访问方式为随机访问方式、____和二进制访问方式。

（2）为了有效地存取数据，数据必须以某种特定的方式存放，这种特定的方式称为【1】，Visual Basic 文件由【2】组成。

【答案】

（1）顺序访问方式　（2）【1】文件结构【2】记录

15.2 文件的打开与关闭

1. 文件的打开（建立）

对文件做任何读、写操作之前都必须先打开或建立文件，在 Visual Basic 中用 Open 语句来打开或建立一个文件。Open 语句分配一个缓冲区供文件进行输入、输出之用，并决定缓冲区所使用的访问方式，格式如下：

Open 文件说明 For 方式 [Access 存取类型] [锁定] As [#] 文件号 [Len=记录长度]

2. 文件的关闭

格式：Close [[#]文件号] [, [#]文件号]……

该语句的功能是关闭 Open 语句所打开的输入/输出(I/O)文件。把文件缓冲区中的所有数据写到文件中，释放与该文件相联系的文件号。

典型题解

【例 15-2】执行语句 Open "Tel.dat" For Random As #l Len=50 后，对文件 Tel.dat 中的数据能够执行的操作是（ ）。

A）只能写，不能读　B）只能读，不能写　C）既可以读，也可以写　D）不能读，不能写

【解析】以 Open 语句打开一个随机文件可以进行读操作，也可以进行写操作。写操作使用 Put #语句，读操作使用 Get #语句。本题正确答案为选项 C。

强化训练

在程序中，如果执行 Close 命令，则其作用是（ ）。

A）关闭当前正在使用的一个文件　B）关闭第一个打开文件

C）关闭最近一次打开的文件　D）关闭所有文件

【答案】

D

15.3 文件操作语句和函数

1. 文件指针

语法：Seek #文件号，位置

该语句的功能是，在 Open 语句打开的文件中，设置文件指针的位置。打开文件后，操作系统自动生成一个指示文件读、写位置的隐含的文件指针，Seek 语句用来定位文件指针。

2. 其他常用的函数

（1）FreeFile

返回一个整数，代表下一个可供 Open 语句使用的文件号。

（2）Loc 函数

格式：Loc（文件号）

该函数的功能是返回一个长整数，在已打开的文件中指定当前读/写位置。

（3）LOF 函数

格式：LOF（文件号）

该函数返回一个长整数，表示用 Open 语句打开的文件的大小，该大小以字节为单位。

（4）EOF 函数

格式：EOF（文件号）

返回一个整数，它包含布尔值 True，表明已经到达随机存取文件或以 Input 方式打开的顺序文件的结尾。

典型题解

【例 15-3】在用 Open 语句打开文件时，如省略“For 方式”，则打开的文件的存取方式是（ ）。

A）顺序输入方式　B）二进制方式　C）随机存取方式　D）顺序输出方式

【解析】Open 语句的功能是：为文件的输入输出分配缓冲区，并确定缓冲区所使用的存取方式。其中，“For 方式”指定文件的输入输出方式，可以是 Output（指定顺序输出方式）、Input（指定顺序输入方式）、Append（指定顺序输出方式）、Random（指定随机存取方式）。如果省略“For 方式”，文件也是以默认方式 Random 打开。本题正确答案为选项 C。

强化训练

（1）下列访问方式中，访问方式不能以不同的文件号打开当前未关闭的文件是（ ）。

A）Output　B）Input　C）Random　D）Binary

（2）要判别顺序文件中的数据是否读完，应使用（ ）函数。

A）LOF　B）LOC　C）EOF　D）FreeFile

（3）假设随机文件“C:\dir1\file3.dat”的每条记录占用 100 个字节的存储空间，则使用文件号 5 打开该随机文件使用的语句为____。

【答案】

（1）A　（2）C　（3）Open "C:\dir1\file3.dat" For Random As #5 Len=100

15.4　顺序文件

1. 顺序文件的写操作

（1）Print#语句

格式：Print #文件号，[[Spc(n)|Tab（n）][表达式表][；|，]]

Print#语句的功能是，将格式化显示的数据写入顺序文件中。

（2）Write 语句

格式：Write #文件号，表达式表

该语句和 Print 语句功能相同，将数据写入顺序文件中。

2. 顺序文件的读操作

顺序文件的读操作由 Input #或 Line Input#语句来完成。

（1）Input #语句

格式：Input #文件号，变量表

该语句实现从已打开的顺序文件中读出数据并将数据赋给指定变量。

（2）Line Input #语句

格式：Line Input #文件号，字符串变量

该语句实现从已打开的顺序文件中读出一行并将它分配给字符串变量。

（3）Input$ 函数

格式：Input$(n,#文件号)

该函数返回从指定文件中读出的指定数目字符的字符串。

典型题解

【例 15-4】设在工程中有一个标准模块，其中定义了如下记录类型：

```
Type Books
  Name As String *10
  TelNum As String *20
End Type
```

在窗体上画一个名为 Command1 的命令按钮，要求当执行事件过程 Command1_Click 时，在顺序文件 Person.txt 中写入一条记录，下列能够完成该操作的事件过程是（　）。

A）
```
Private Sub Command1_Click()
    Dim B As Books
    Open "c:\Person.txt" For Output As #1
    B.Name=InputBox("输入姓名")
    B.TelNum=InputBox("输入电话号码")
    Write #1,B.Name,B.Te1Num
    Close #1
End Sub
```

B）
```
Private Sub Command1_Click()
    Dim B As Books
    Open "c:\Person.txt" For Input As #1
    B.Name=InputBox("输入姓名")
    B.TelNum=InputBox("输入电话号码")
    Print #1, B.Name, B.TelNum
    Close #1
End Sub
```

C）
```
Private Sub Command1_Click()
    Dim B As Books
    Open "c:\Person.txt" For Output As #1
```

D）
```
Private Sub Command1_Click()
    Open "c:\Person.txt" For Input As #1
    Name=InputBox("输入姓名")
```

```
    B.Name=InputBox("输入姓名")
    B.TelNum=InputBox("输入电话号码")
    Write #1,B
    Close #1
End Sub
```

```
    TelNum=InputBox("输入电话号码")
    Print #1, Name , TelNum
    Close #1
End Sub
```

【解析】由于要写入，故顺序文件的打开方式应为 Output，而不是 Input，所以选项 B 和选项 D 错误。同时用“Write #”语句写入时，要指明写入的变量名，对于记录类型的变量，要分别写出元素，所以选项 C 也是错误的，本题正确答案为选项 A。

【例 15-5】设在工程中有一个标准模块，其中定义了如下记录类型：

```
Type Books
    Name As String * 10
    TelNum As String * 20
End Type
```

在窗体上添加一个名为 Command1 的命名按钮，要求当执行事件过程 Command1_Click 时，在顺序文件 Person.txt 中写入一条记录。请在横线中填入适当的内容，将程序补充完整。

```
Private Sub Command1_Click( )
    Dim B As ____
    Open "c:\Person.txt" For Output As #1
    B.Name=InputBox("输入姓名")
    B.TelNum=InputBox("输入学号")
    Write#1, B.Name, B.TelNum
    Close #1
End Sub
```

【解析】本题先定义一个 Books 数据类型，包括两个元素：Name 与 TelNum。为变量 B 赋值并写入，首先要定义变量 B 的数据类型，根据题意，应定义变量 B 为 Books 数据，正确答案为 Books。

强化训练

（1）在窗体上画一个名称为 Command1 的命令按钮和一个名称为 Text1 的文本框，在文本框中输入以下字符串：

Microsoft Visual Basic Programming

然后编写如下事件过程：

```
Private Sub Command1_Click()
    Open "d:\temp\outf.txt" For Output As #1
    For i = 1 To Len(Text1.Text)
    c = Mid(Text1.Text, i, 1)
    If c >= "A" And c <= "Z" Then
        Print #1, LCase(c)
    End If
    Next i
    Close
End Sub
```

程序运行后，单击命令按钮，文件 outf.txt 中的内容是（　）。

A）MVBP　　B）mvbp　　C）M
V
B
P　　D）m
v
b
p

（2）以下关于顺序文件的叙述中，正确的是（ ）。

A）可以用不同的文件号以不同的读写方式打开同一个文件

B）文件中各记录的写入顺序与读出顺序是一致的

C）可以用 Input#或 Line Input#语句向文件写记录

D）如用 Append 方式打开文件，则既可以在文件末尾添加记录，也可读取原有记录

（3）用 Line Input 语句从顺序文件读出数据时，每次读出一行数据，所谓一行是指遇到____分隔符，即认为一行的结束。

（4）以下程序的功能是：把当前目录下的顺序文件 smtext1.txt 的内容读入内存，并在文本框 Text1 中显示出来，请填空。

```
Private Sub Command1_Click()
  Dim inData As String
  Text1.Text=""
  Open ".\smtext1" 【1】 As #1
  Do While 【2】
    Input # 1,inData
    Text1.Text=Text1.Text&inData
  Loop
  Close # 1
End Sub
```

（5）在名称为 Form1 的窗体上画一个文本框，其名称为 Text1，在属性窗口中把该文本框的 MultiLine 属性设置为 True，然后编写如下的事件过程：

```
Private Sub Form_Click()
  Open "d:\test\smtext1.txt" For Input As #1
  Do While Not 【1】
    Line Input #1, aspect$
    whole$ = whole$ + aspect$ + Chr$(13) + Chr$(10)
  Loop
  Text1.Text = whole$
  Close #1
  Open "d:\test\smtext2.txt" For Output As #1
  Print #1, 【2】
  Close #1
End Sub
```

上述程序的功能是，把磁盘文件 smtext1.txt 的内容读到内存并在文本框中显示出来，然后把该文本框中的内容存入磁盘文件 smtext2.txt，请填空。

（6）把一个磁盘文件的内容读到内存并在文本框中显示出来，然后把该文本框中的内容存入另一个磁盘文件，请填空完成程序。在窗体上建立一个文本框，在属性窗口中把该文本框的 Multiline 属性设置为 True，然后编写如下的事件过程：

```
Private Sub Form_Click()
  Open "d:\test\smtext1.txt" For Input As #1
  Text1.Fontsize=14
  Text1.FontName="幼圆"
  Do While Not EOF(1)
     【1】
```

```
        whole$=whole$+aspect$+Chr$(13)+Chr$(10)
      Loop
      Text1.Text=【2】
    Close
    Open "d:\test\smtext2.txt"For Output As #1
    Print #1,【3】
    Close
  End Sub
```

【答案】

（1）D　（2）B　（3）Enter　（4）【1】For Input【2】Not EOF(1)　（5）【1】EOF(1)【2】text1.text(或whole$)　（6）【1】Line Input # 1, Aspect$【2】whole$【3】Text1.Text

15.5 随机文件

1. 随机文件的打开与读写操作

随机文件的写操作由 Put 语句来完成，读操作由 Get 语句完成。

（1）Put #语句

格式：Put #文件号，[记录号]，变量

该语句把“变量”的内容写入由“文件号”所指定的磁盘文件中。

（2）Get #语句

格式：Get #文件号，[记录号]，变量

该语句把“文件号”所指定的磁盘文件中的数据读到“变量”中。

2. 随机文件中记录的添加与删除

随机文件增加记录，就是先找到文件最后一个记录的记录号，然后把要增加的记录写到它的后面。删除一个记录，就是先找到要删除记录的记录号，然后把下一个记录重写到要删除的记录的位置上，之后，依次向前移动后面的所有记录，并把原来的记录数减 1。

典型题解

【例 15-6】建立随机文件 TEST.DAT 存放学生的姓名和总分，然后把该文件中的数据读出来显示。请在【1】和【2】处填适当的内容，将程序补充完整。

```
Type Record
  Student As String*20
  Score As Single
End Type
Private Sub Command1_Click( )
  Dim Class As Record
  Open "Text.dat" For 【1】 As #1 Len=Len(Class)
  Class.Student="LiuMin": Class.Score=596
  Put #1, 1, Class
  Close #1
  Open "Text.dat"For Random As #1 Len=Len(Class)
  【2】
  Print "STUDENT: ", Class, Studnet
  Print "SCORE : ", Class.Score
```

```
    Close #1
End Sub
```

【解析】对于【1】，首先用 Type 函数定义一个记录类型数据 Record，然后定义 Class 变量为 Record。用 Open 语句打开随机文件时，For 后面【1】应填 Random，表示以随机方式打开文件。

【2】处由于要执行读操作，故使用 Get #语句。Get #语句后接三个参数，分别表示文件号、记录号、变量。由于这是与上一步 Put #语句相反的操作，故参数都一样，分别为 1、1、Class。正确答案为【1】Random，【2】Get # 1,1,Class。

【例 15-7】设在工程中有一个标准模块，其中定义了如下记录类型：

```
Type Record
  ID As Integer
  Name As String * 20
End Type
```

在窗体中添加一个名为 Command1 的命令按钮，假设 d:\F1.dat 文件中含有 5 个用户自定义类型的记录。要求当执行事件过程 Command1_Click 时，随机访问该文件，并把文件中的第 4 条记录读出，下列能够完成该操作的程序段是（　）。

A）Private Sub Command1_Click()

```
    Dim MyRecord As Record, Position
    Open "d:\F1.dat"For Random As #1 Len = Len(MyRecord)
    Position=4
    Get #1, Position, MyRecord
    Close #1
End Sub
```

B）Private Sub Command1_Click()

```
    Dim MyRecord As Record, Position
    Open "d:\F1.dat"For Random As #1 Len = Len(MyRecord)
    Position=4
    Put #1, Position, MyRecord
    Close #1
End Sub
```

C）Private Sub Command1_Click()

```
    Dim MyRecord As Record, Position
    Open "d:\F1.dat"For Output As #1 Len = Len(MyRecord)
    Position=4
    Get #1, Position, MyRecord
    Close #1
End Sub
```

D）Private Sub Command1_Click()

```
    Dim MyRecord As Record, Position
    Open "d:\F1.dat"For Input As #1 Len = Len(MyRecord)
    Position=4
    Get #1, Position, MyRecord
```

```
    Close #1
End Sub
```

【解析】由于是以随机方式访问该文件，故打开方式为 Random。选项 C 以 Output 方式打开，选项 D 以 Input 方式打开都是错误的。同时由于要读出第四条记录，故使用 Get #语句，所以 B 选项也是错误的，本题正确答案为选项 A。

强化训练

（1）以下说法中错误的是（ ）。

A）在顺序文件中，记录的逻辑顺序与存储顺序是一致的

B）随机文件的读写操作比顺序文件更灵活

C）在随机文件中，每个记录的长度是固定的，而且每个记录都有记录号

D）随机文件的读写操作与顺序文件相同

（2）随机文件写操作的第一步是（ ）。

A）定义数据类型　　B）打开随机文件

C）将内存中的数据写入磁盘　　D）关闭文件

（3）窗体上有两个名称分别为 Textl、Text2 的文本框，一个名称为 Command1 的命令按钮，运行后的窗体外观如图所示。

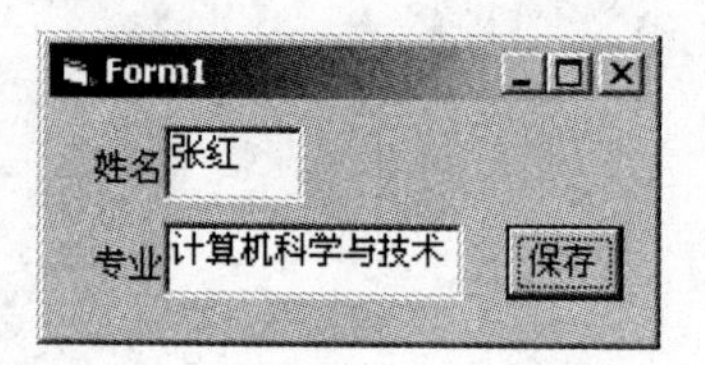

设有如下的类型声明：

```
Type Person
name As String*8
    major As String*20
End Type
```

当单击“保存”按钮时，将两个文本框中的内容写入一个随机文件 Test29.dat 中。设文本框中的数据已正确地赋值给 Person 类型的变量 p，则能够正确地把数据写入文件的程序段是（ ）。

A）Open "c:\Test29.dat" For Random As #1
```
Put #1, 1, p
Close #1
```

B）Open "c:\Test29.dat" For Random As #1
```
Get #1, 1, p
Close #1
```

C）Open "c:\Test29.dat" For Random As #1 Len=Len(p)
```
Put #1, 1, p
Close #1
```

D）Open "c:\Test29.dat" For Random As #1 Len=Len(p)
```
Get #1, 1, p
Close #1
```

（4）为了把一个记录型变量的内容写入随机文件中指定的位置，所使用的语句的格式为（ ）。

A）Get 文件号，记录名，变量名　　B）Get 文件号，变量名，记录号

C）Put 文件号，变量名，记录号　　D）Put 文件号，记录号，变量名

【答案】

（1）D （2）A （3）C （4）D

15.6 文件系统控件

1. 驱动器列表框和目录列表框

（1）驱动器列表框

驱动器列表框用来显示用户系统中所有有效磁盘驱动器的列表。需要注意的是它的 Driver 属性，该属性不能通过属性窗口设置，只能用程序代码设置。用来设置或返回所选择的驱动器名，格式如下：

驱动器列表框名称.Drive[=驱动器名]

（2）目录列表框

目录列表框用来显示当前驱动器上的目录结构。这个控件可以显示分层的目录列表，需要掌握的是它的 Path 属性。Path 属性适用于目录列表框和文件列表框。该属性也不能在属性窗口中进行设置，只能在程序代码中用来设置和返回当前驱动器的路径，格式如下：

[窗体.]目录列表框.|文件列表框.Path[="路径"]

2. 文件列表框

文件列表框的功能和驱动器列表框、目录列表框的功能类似，在 Path 属性指定的目录中，文件列表框控件将文件定位并列举出来。该控件用来显示所选择文件类型的文件列表，文件列表框需要掌握的属性较多。

① Pattern 属性：该属性返回或设置一个值，该值指示在运行时显示在文件列表框控件中的文件名。

② FileName 属性：该属性返回或设置所选文件的路径和文件名，文件名可以带有路径，可以带有通配符，该属性在设计时不可用。

③ ListCount 属性：该属性是很多控件共有的属性，在文件列表框里返回当前目录中匹配 Pattern 属性设置的文件个数。该属性也不能在窗口中设置，只能在程序代码中使用。

④ ListIndex 属性：用来设置或返回当前控件上所选择的项目的“索引值”（即下标）。该属性也不能在窗口中设置，只能在程序代码中使用。

⑤ List 属性：在 List 属性中存有文件列表框中所有项目的数组，可以用来设置或返回各种列表框中的某一项目。

典型题解

【例 15-8】在窗体上画一个名称为 Drive1 的驱动器列表框，一个名称为 Dir1 的目录列表框，一个名称为 File1 的文件列表框，两个名称分别为 Label1、Label2、标题分别为空白和“共有文件”的标签。编写程序，使得驱动器列表框与目录列表框、目录列表框与文件列表框同步变化，并且在标签 Label1 中显示当前文件夹中文件的数量如图 15-1 所示。

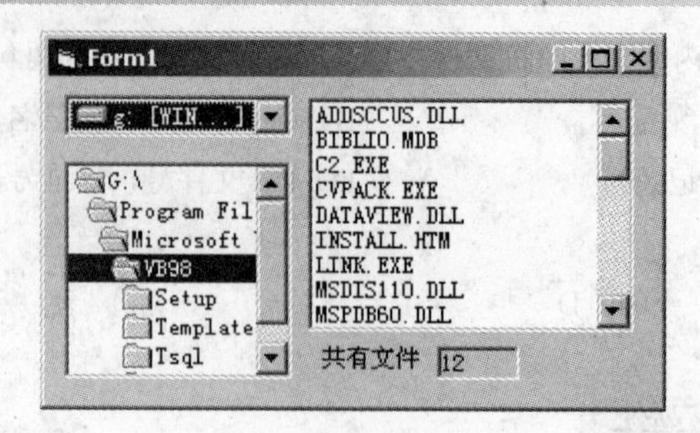

图 15-1

能够正确实现上述功能的程序是（ ）。

A）
```
Private Sub Dir1_Change()
    File1.Path=Dir1.Path
End Sub
Private Sub Drive1_Change()
    Dir1.Path=Drive1.Drive
    Label1.Caption=File1.ListCount
End Sub
```

B）
```
Private Sub Dir1_Change()
File1.Path=Dir1.Path
End Sub
Private Sub Drive1_Change()
Dir1.Path=Drive1.Drive
Label1.Caption=File1.List
End Sub
```

C）
```
Private Sub Dir1_Change()
    File1.Path=Dir1.Path
    Label1.Caption=File1.ListCount
End Sub
Private Sub Drive1_Change()
    Dir1.Path=Drive1.Drive
    Label1.Caption=File1.ListCount
End Sub
```

D）
```
Private Sub Dir1_Change()
File1.Path=Dir1.Path
    Label1.Caption=File1.List
End Sub
Private Sub Drive1_Change()
        Dir1.Path=Drive1.Drive
    Label1.Caption=File1.List
End Sub
```

【解析】要使驱动器列表框与目录列表框、目录列表框与文件列表框同步变化，需要在改变 Drive1 的值时，将 Drive1.Drive 赋给 Dir1.Path （即在 Drive1 的 Change()事件中填入代码“Dir1.Path=Drive1.Drive”）；在改变 Dir1 的文件目录时，将 Dir1 的 Path 属性值赋给 File1 的 Path 属性（即在 Dir1 的 Change()事件中填入代码“File1.Path=Dir1.Path”）。本题中，同时要求返回文件的数量值，因此应将 File1 的 ListCount 属性值赋给 Label1 的 Caption 属性。为了达到改变 Drive1、Dir1 中的任意一个都可实现同步，Dir1_Change()和 Drive1_Change()中都需要加入这一句，本题正确答案为选项 C。

强化训练

（1）在窗体上画一个名称为 Drive1 的驱动器列表框，一个名称为 Dir1 的目录列表框。当改变当前驱动器时，目录列表框应该与之同步改变。设置两个控件同步的命令放在一个事件过程中，这个事件过程是（ ）。

A）Drive1_Change　B）Drive1_Click　C）Dir1_Click　D）Dir1_Change

（2）改变驱动器列表框的 Drive 属性值将激活的事件是（ ）。

A）Change　B）Scroll　C）KeyDown　D）KeyUp

（3）设置或返回当前要操作的驱动器使用的属性为（ ）。

A）Value　B）List　C）pattern　D）Drive

（4）下列属性中，目录列表框和文件列表框都有的属性为（ ）。

A）List　　B）Path　　C）Value　　D）Pattern

（5）在窗体上画一个名称为 File1 的文件列表框，并编写如下程序：

```
Private Sub File1_DblClick()
  x＝Shell(File1.FileName, 1)
End Sub
```

以下关于该程序的叙述中，错误的是（　）。

A）x 没有实际作用，因此可以将该语句写为：Call Shell(File1.FileName,1)

B）双击文件列表框中的文件，将触发该事件过程

C）要执行的文件的名字通过 File1.FileName 指定

D）File1 中显示的是当前驱动器、当前目录下的文件

【答案】

（1）A　（2）A　（3）D　（4）B　（5）A

15.7 文件基本操作

1. 删除文件

格式为：Kill 文件名

这里的“文件名”可以含有路径，也可以含有通配符。

2. 复制文件

格式为：FileCopy 源文件名，目标文件名

“源文件名”和“目标文件名”可以含有驱动器的路径信息，但不能含有通配符(*或?)。FileCopy 语句不能复制已经由 Visual Basic 打开的文件。

3. 文件（目录）重命名

格式为：Name 原文件名 As 新文件名

Name 参数不能包括多字符（*）和单字符（?）的通配符。

典型题解

【例 15-9】把文件“c:\dir1\f1.dat”改名为“c:\dir1\file1.dat”使用的命令为____。

【解析】文件重命名的格式为“Name 原文件名 As 新文件名”。“原文件名”和“新文件名”都是字符串表达式，是可以包含路径的文件名，正确答案为 Name “c:\dir1\f1.dat” As “c:\dir1\file1.dat”。

强化训练

（1）删除磁盘文件的语句是____。

（2）把文件“c:\dir1\f2.dat”复制到“d:\dir2”下，以文件名“file2.dat”保存使用的命令是____。

【答案】

（1）Kill　（2）FileCopy “c:\dir1\f2.dat” ”d:\dir2\file2.dat”

第16章 笔试模拟试卷及解析

第1套笔试模拟试卷

（考试时间90分钟，满分100分）

一、选择题（每小题2分，共70分）

下列各题A）、B）、C）、D）4个选项中，只有一个选项是正确的，请将正确选项涂写在答题卡相应的位置上，答在试卷上不得分。

（1）下列选项中不属于结构化程序设计方法的是（　）。

A）自顶向下　　B）逐步求精　　C）模块化　　D）可复用

（2）在结构化程序设计中，模块划分的原则是（　）。

A）各模块应包括尽量多的功能　　B）各模块的规模应尽量大

C）各模块之间的联系应尽量紧密　　D）模块内具有高内聚度、模块间具有低耦合度

（3）一棵二叉树中共有70个叶子结点与80个度为1的结点，则该二叉树中的总结点数为（　）。

A）221　　B）219　　C）231　　D）229

（4）下面选项中不属于面向对象程序设计特征的是（　）。

A）继承性　　B）多态性　　C）类比性　　D）封装性

（5）下列叙述中正确的是（　）。

A）在面向对象的程序设计中，各个对象之间具有密切的联系

B）在面向对象的程序设计中，各个对象都是公用的

C）在面向对象的程序设计中，各个对象之间相对独立，相互依赖性小

D）上述三种说法都不对

（6）设有如下三个关系表

R

A
m
n

S

B	C
1	3

T

A	B	C
m	1	3
n	1	3

下列操作中正确的是（　）。

A）T=R∩S　　B）T=R∪S　　C）T=R×S　　D）T=R/S

（7）某二叉树中有 n 个度为 2 的结点，则该二叉树中的叶子结点数为（　）。

A）n+1　　B）n-1　　C）2n　　D）n/2

（8）在关系数据库中，用来表示实体之间联系的是（　）。

A）树结构　　B）网结构　　C）线性表　　D）二维表

（9）数据库技术的根本目标是要解决数据的（　）。

A）存储问题　　B）共享问题　　C）安全问题　　D）保护问题

（10）下列叙述中错误的是（　）。

A）在数据库系统中，数据的物理结构必须与逻辑结构一致

B）数据库技术的根本目标是要解决数据的共享问题

C）数据库设计是指在已有数据库管理系统的基础上建立数据库

D）数据库系统需要操作系统的支持

（11）在窗体上画一个名称为 Commandl 的命令按钮，然后编写如下程序：

```
Private Sub Command1_Click()
  Static X As Integer
  Static Y As Integer
  Cls
  Y = 1
  Y = Y + 5
  X = 5 + X
  Print X, Y
End Sub
```

程序运行时，三次单击命令按钮 Command1 后，窗体上显示的结果为（　）。

A）15　　16　B）15　　6　　C）15　　15　　D）5　　6

（12）在窗体上画一个名称为 Timer1 的计时器控件，要求每隔 0.5 秒发生一次计时器事件，则以下正确的属性设置语句是（　）。

A）Timer1.Interval=0.5　　B）Timer1.Interval=5

C）Timer1.Interval=50　　D）Timer1.Interval=500

（13）设有如下的记录类型：

```
Type Student
  numberAs String
  name As String
  age As Integer
End Type
```

则正确引用该记录类型变量的代码是（　）。

A）Student.name="张红"

B）Dim s As Student
　s.name="张红"

C）Dim s As Type Student
　s.name="张红"

D）Dim s As Type
　s.name="张红"

（14）设 a="Visual Basic"，下面使 b="Basic"的语句是（　）。

A）b = Left(a, 8, 12)　B）b = Mid(a, 8, 5)　C）b = Right(a, 5, 5)　D）b = Left(a, 8, 5)

（15）如果要改变窗体的标题，则需要设置的属性是（　）。

A）Caption　B）Name　C）BackColor　D）BorderStyle

（16）有如下程序：

```
Private Sub Command1_Click()
  s = 0
  Do
     s=(s+1) ( (s+2)
     N= N+1
     Loop Until s>=10
     Print N; s
End Sub
```

运行后的输出结果是（　）。

A）0　1　B）30　30　C）4　30　D）2　12

（17）确定一个控件在窗体上的位置的属性是（　）。

A）Width 和 Height　B）Width 或 Height　C）Top 和 Left　D）Top 或 Left

（18）执行下面的程序段，x 的值为（　）。

```
Private Sub Command1_Click()
For i=1 To 5
   a=a+i
Next i
x=Val(i)
MsgBox x
End Sub
```

A）5　B）6　C）7　D）8

（19）1 个二维数组可以存放 1 个矩阵，在程序开始有语句 Option Base 0，则下面定义的数组中正好可以存放 1 个 4×3 矩阵（即只有 12 个元素）的是（　）。

A）Dim a(-2 To 0, 2) As Integer　B）Dim a(3, 2) As Integer

C）Dim a(4, 3) As Integer　D）Dim a(-1 To -4, -1 To -3) As Integer

（20）执行以下程序段后，变量 c$的值为（　）。

```
a$ = "Visual Basic Programming"
b$ = "Quick"
c$ = b$ & UCase(Mid$(a$, 7, 6)) & Right$(a$, 12)
```

A）Visual BASIC Programming　B）Quick Basic Programming

C）QUICK Basic Programming　D）Quick BASIC Programming

（21）以下可以作为 Visual Basic 变量名的是（　）。

A）A#A　B）counstA　C）3A　D）?AA

（22）在窗体上有如下图所示的控件，各控件的名称与其标题相同，并有如下程序：

```
Private Sub Form_Load()
     Command2.Enabled = False
     Check1.Value = 1
End Sub
```

刚运行程序时，看到的窗体外观是（　）。

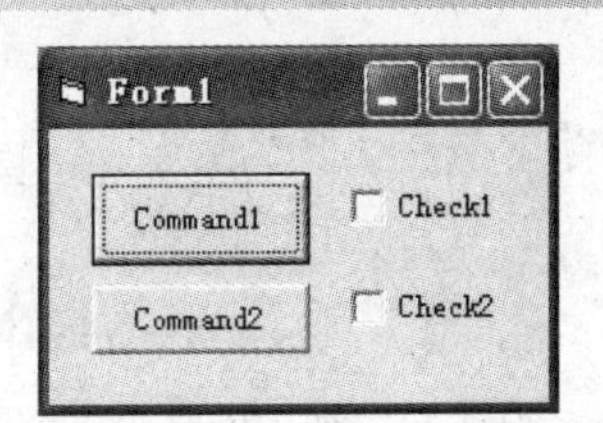

A）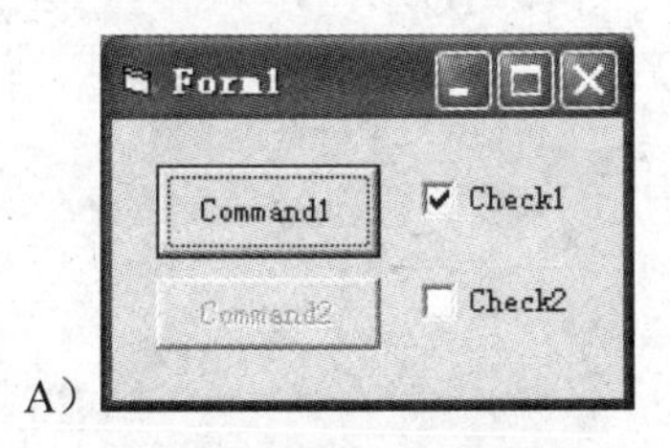

B）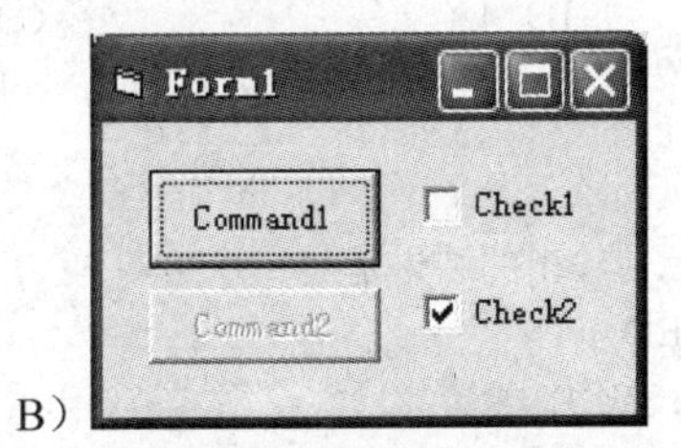

C）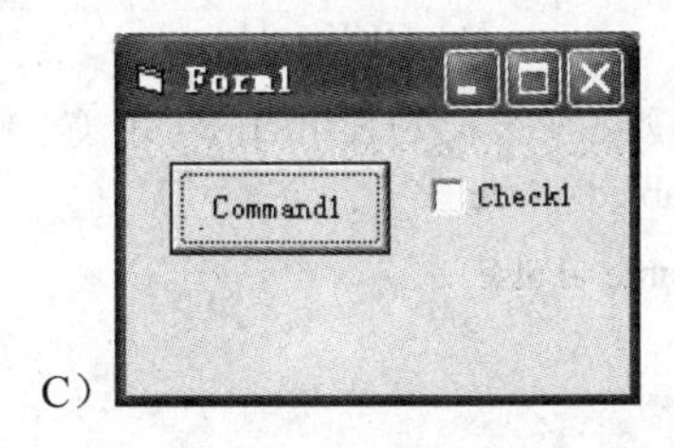

D）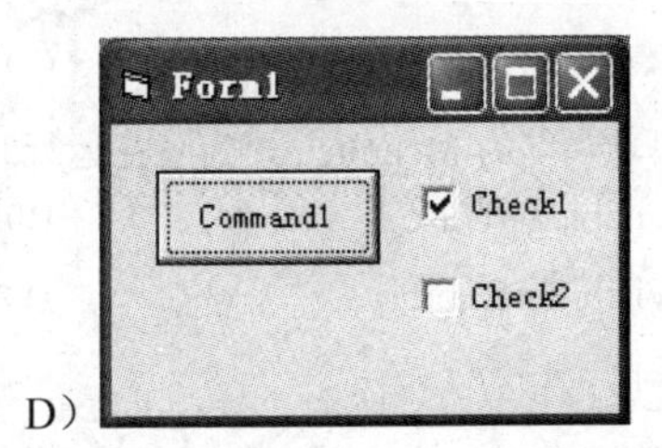

（23）在窗体上画一个列表框和一个命令按钮，其名称分别为 List1 和 Commandl，然后编写如下事件过程：

```
Private Sub Form_Load()
    List1.AddItem "Item 1"
    Listl.AddItem "Item 2"
    Listl.AddItem "Item 3"
End Sub
Private Sub Commandl_Click()
    Listl.List(Listl.ListCount)="AAAA"
End Sub
```

程序运行后，单击命令按钮，其结果为（　）。

A）把字符串“AAAA”添加到列表框中，但位置不能确定

B）把字符串“AAAA”添加到列表框的最后（即“Item 3”的后面）

C）把列表框中原有的最后一项改为“AAAA”

D）把字符串“AAAA”插入到列表框的最前面（即“Item 1”的前面）

（24）在窗体中添加一个名称为 Command1 的命令按钮，然后编写如下代码：

```
Function F(a As Integer)
  b=0
  Static c
    b=b+1
    c=c+1
    F=a+b+c
End Function
Private Sub Command1_Click( )
  Dim a As Integer
  Dim b As Integer
  a=2
```

```
        For i = 1 To 3
          b=F(a)
          Print b
        Next i
    End Sub
```

程序运行后，如果单击按钮，则在窗体上显示的内容是（　）。

A）4	B）4	C）5	D）5
4	5	6	5
4	6	7	5

（25）执行以下语句后，输出的结果是（　）。

```
    s$="ABCDEFGHI"
    Print Mid$(s$,3, 4)
    Print Len(s$)
```

A）ABCD　11　　B）CDEF　11　　C）EFGH　11　　D）HIJK　11

（26）假定有一个菜单项，名为 MenuItem，为了在运行时使该菜单项失效（变灰），应使用的语句为（　）。

A）MenuItem. Enabled =False　　B）MenuItem. Enabled =True

C）MenuItem. Visible =True　　D）MenuItem. Visible =False

（27）阅读下面的程序段：

```
    For i=1 To 3
      For j= i To 3
        For k= 1To 3
          a=a+i
        Next k
      Next j
    Next i
```

执行上面的 3 重循环后，a 的值为（　）。

A）3　　B）9　　C）14　　D）30

（28）在窗体上画一个名称为 Command1 的命令按钮，然后编写如下事件过程：

```
    Option Base 1
    Private Sub Command1_Click()
      Dim a
      a=Array(1,2,3,4,5)
      For i＝1 To UBound(a)
        a(i)＝a(i)+i-1
      Next
      Print a(3)
    End Sub
```

程序运行后，单击命令按钮，则在窗体上显示的内容是（　）。

A）4　　B）5　　C）6　　D）7

（29）下面程序执行时，在窗体上显示的是（　）。

```
    Private Sub Command1_Click()
        Dim a(10)
        For k = 1 To 10
            a(k) = 11 - k
        Next k
```

```
    Print a(a(3) \ a(7) Mod a(5))
End Sub
```

A）3　　B）5　　C）7　　D）9

（30）窗体上有名称分别为 Text1、Text2 的 2 个文本框，要求文本框 Text1 中输入的数据小于 500，文本框 Text2 中输入的数据小于 1000，否则重新输入。为了实现上述功能，在以下程序中问号（？）处应填入的内容是（　）。

```
Private Sub Text1_LostFocus()
    Call CheckInput(Text1, 500)
End Sub
Private Sub Text2_LostFocus()
    Call CheckInput(Text2, 1000)
End Sub
Sub CheckInput( t As  ？ , x As Integer)
    If Val(t.Text) > x Then
        MsgBox "请重新输入！"
    End If
End Sub
```

A）Text　　B）SelText　　C）Control　　D）Form

（31）在窗体上画 1 个文本框，其名称为 Text1，然后编写如下过程：

```
Private Sub Text1_KeyDown(KeyCode As Integer, Shift As Integer)
    Print Chr(KeyCode)
End Sub
Private Sub Text1_KeyUp(KeyCode As Integer, Shift As Integer)
    Print Chr(KeyCode + 2)
End Sub
```

程序运行后，把焦点移到文本框中，此时如果敲击<A>键，则输出结果为（　）。

A）A
A　　B）A
B　　C）A
C　　D）A
D

（32）下面程序的输出结果是（　）。

```
Private Sub Command1_Click()
    ch$ = "ABCDEF"
    proc ch
    Print ch
End Sub
Private Sub proc(ch As String)
    s = ""
    For k = Len(ch) To 1 Step -1
        s = s & Mid(ch, k, 1)
    Next k
    ch = s
End Sub
```

A）ABCDEF　　B）FEDCBA　　C）A　　D）F

（33）在窗体上画一个通用对话框，其名称为 CommonDialog1，然后画一个命令按钮，并编写如下事件过程：

```
Private Sub Command1_Click()
    CommonDialog1.Filter = "All Files (*.*)|*.*|Text Files" & _
                "(*.txt)|*.txt| Executable Files(*.exe)|*.exe"
```

```
        CommonDialog1.FilterIndex = 3
        CommonDialog1.ShowOpen
        MsgBox CommonDialog1.FileName
    End Sub
```

程序运行后，单击命令按钮，将显示一个“打开”对话框，此时在“文件类型”框中显示的是（　）。

A）All Files(*.*)　　B）Text Files(*.txt)　　C）Executable Files(*.exe)　　D）不确定

（34）以下叙述中错误的是（　）。

A）一个工程中可以包含多个窗体文件

B）在一个窗体文件中用 Public 定义的通用过程不能被其他窗体调用

C）窗体和标准模块需要分别保存为不同类型的磁盘文件

D）用 Dim 定义的窗体层变量只能在该窗体中使用

（35）以下叙述中正确的是（　）。

A）一个记录中所包含的各个元素的数据类型必须相同

B）随机文件中每个记录的长度是固定的

C）Open 命令的作用是打开一个已经存在的文件

D）使用 Input #语句可以从随机文件中读取数据

二、填空题（每空 2 分，共 30 分）

请将每空的正确答案写在答题卡【1】～【15】序号的横线上，答在试卷上不得分。

（1）设一棵完全二叉树共有 700 个结点，则在该二叉树中有<u>【1】</u>个叶子结点。

（2）在面向对象方法中，<u>【2】</u>描述的是具有相似属性与操作的一组对象。

（3）诊断和改正程序中错误的工作通常称为<u>【3】</u>。

（4）对下列二叉树进行中序遍历的结果为<u>【4】</u>。

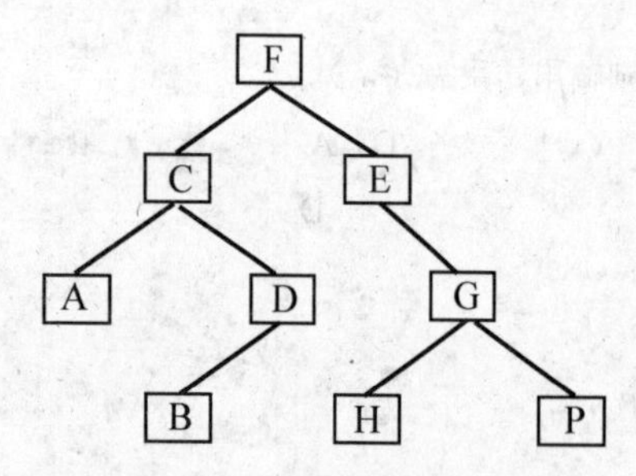

（5）在结构化分析使用的数据流图（DFD）中，利用<u>【5】</u>对其中的图形元素进行确切解释。

（6）在关系模型中，把数据看成一个二维表，每一个二维表称为一个<u>【6】</u>。

（7）窗体上有 1 个名称为 Text1 的文本框和 1 个名称为 Command1 的命令按钮。要求程序运行时，单击命令按钮，就可把文本框中的内容写到文件 out.txt 中，每次写入的内容附加到文件原有内容之后。下面能够正确实现上述功能的程序是：

```
Private Sub Command1_Click()
        Open "out.txt" For 【7】 As #1
        Print #1, Text1.Text
        Close #1
End Sub
```

（8）设有如下程序段：

```
a$="BeijingShanghai"
b$=Mid(a$,InStr(a$,"g")+1)
```

执行上面的程序段后，变量 b$的值为【8】。

（9）本程序的功能是利用随机函数模拟投币，方法是：每次随机产生一个 0 或 1 的整数，相当于一次投币，1 代表正面，0 代表反面。在窗体上有三个文本框，名称分别是 Text1、Text2、Text3，分别用于显示用户输入投币总次数、出现正面的次数和出现反面的次数，如图所示。程序运行后，在文本框 Text1 中输入总次数，然后单击“开始”按钮，按照输入的次数模拟投币，分别统计出现正面、反面的次数，并显示结果。以下是实现上述功能的程序，请填空。

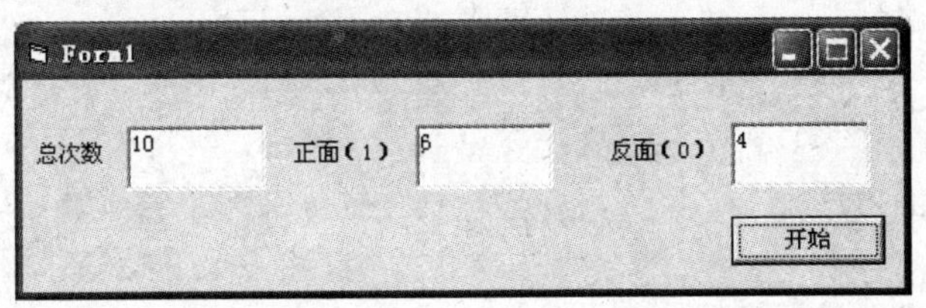


```
Private Sub Command1_Click()
    Randomize
    n = CInt(Text1.Text)
    n1 = 0
    n2 = 0
    For i = 1 To 【9】
        r = Int(Rnd*2)
        If r = 【10】 Then
            n1 = n1+1
        Else
            n2 = n2+1
        End If
    Next
    Text2.Text = n1
    Text3.Text = n2
End Sub
```

（10）在窗体上画一个名称为“Command1”的命令按钮，然后编写如下事件过程：

```
Private Sub Command1_Click()
    Dim a As String
    a = "123456789"
    For i = 1 To 5
        Print Space(6 - i); Mid$(a, 【11】 , 2 * i - 1)
    Next i
End Sub
```

程序运行后，单击命令按钮，窗体上的输出结果是

```
    5
   456
  34567
 2345678
123456789
```

请填空。

（11）在窗体上画 1 个名称为 Command1 的命令按钮和 2 个名称分别为 Text1、Text2 的文本框，如图所示，然后编写如下程序：

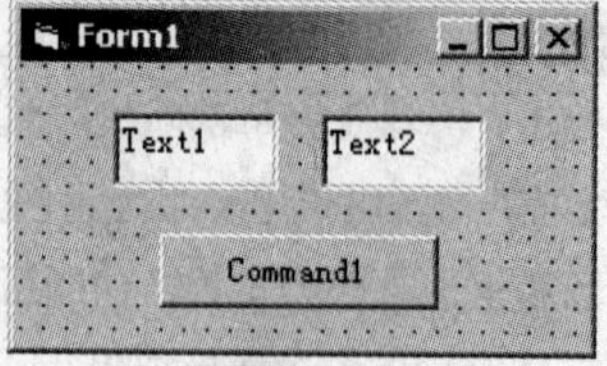


```
Function Fun(x As Integer, ByVal y As Integer) As Integer
    x = x + y
    If x < 0 Then
        Fun = x
    Else
        Fun = y
    End If
End Function

Private Sub Command1_Click()
    Dim a As Integer, b As Integer
    a = -10: b = 5
    Text1.Text = Fun(a, b)
    Text2.Text = Fun(a, b)
End Sub
```

程序运行后，单击命令按钮，Text1 和 Text2 文本框显示的内容分别是<u>【12】</u>和<u>【13】</u>。

（12）若 s、i 均为整型变量，执行下列程序段后 s 的值为<u>【14】</u>。

```
s=0
i=1
Do
s=s+i
i=i+1
Loop Until i>5
```

（13）某人编写如下函数来判断 a 是否为素数，若是，则函数返回 True；否则返回 False。

```
Function prime(a As Integer) As Boolean
    Dim k As Integer, isprime As Boolean
    If a < 2 Then
        isprime = False
    Else
        isprime = True
        k = 2
        Do While k<a/2 And isprime
            If a Mod k = 0 Then
                isprime = False
            Else
                k = k + 1
            End If
        Loop
    End If
    prime = isprime
End Function
```

在测试时发现有 1 个非素数也被判断为素数，这个错判的数是<u>【15】</u>。

第 1 套笔试模拟试卷解析

一、选择题

(1)【答案】D【解析】结构化程序设计方法的主要原则有 4 点：自顶向下（选项 A）、逐步求精（选项 B）、模块化（选项 C）、限制使用 GOTO 语句，没有可复用原则。

(2)【答案】D【解析】模块划分的原则有：模块的功能应该可预测，如果包含的功能太多，则不能体现模块化设计的特点，选项 A 错误。模块规模应适中，一个模块的规模不应过大，选项 B 错误。改进软件结构，提高模块独立性。通过模块的分解或合并，力求降低耦合提高内聚，所以选项 C 错误，选项 D 正确。

(3)【答案】B【解析】在任意二叉树中，度为 0 的结点（也就是叶子结点）总比度为 2 的结点多一个。由于本题中的二叉树有 70 个叶子结点，所以有 69 个度为 2 的结点。该二叉树中总结点数为：度为 2 的结点数+度为 1 的结点数+度为 0 的结点数=69+80+70=219。

(4)【答案】C【解析】面向对象方法具有封装性、继承性、多态性几大特点。

(5)【答案】C【解析】在面向对象的程序设计中，对象是面向对象的软件的基本模块。从模块的独立性考虑，对象内部各种元素彼此结合得很紧密，内聚性强。由于完成对象功能所需要的元素（数据和方法）基本上都被封装在对象内部，它与外界的联系自然就比较少，所以，对象之间的耦合通常比较松。所以，选项 A 与选项 B 错误，选项 C 正确。

(6)【答案】C【解析】R 表中只有一个域名 A，有两个记录，分别是 m 和 n；S 表中有两个域名，分别是 B 和 C，其所对应的记录分别为 1 和 3。表 T 是由 R 的第一个记录依次与 S 的所有记录组合，然后再由 R 的第二个记录与 S 的所有记录组合，形成的一个新表。上述运算符合关系代数的笛卡尔积运算规则。关系代数中，笛卡尔积运算用“×”来表示。因此，上述运算可以表示为 T=R×S。

(7)【答案】A【解析】对任意一棵二叉树，若终端结点（即叶子结点）数为 n0，而其度数为 2 的结点数为 n2，则 n0= n2+1。由此可知，若二叉树中有 n 个度为 2 的结点，则该二叉树中的叶子结点数为 n+1。

(8)【答案】D【解析】在关系模型中，把数据看成一个二维表，每一个二维表称为一个关系，即关系模型是用二维表格数据来表示实体本身及其相互之间的联系。

(9)【答案】B【解析】数据库产生的背景就是计算机的应用范围越来越广泛，数据量急剧增加，对数据共享的要求越来越高。数据库技术的根本目标就是解决数据的共享问题。

(10)【答案】A【解析】数据的逻辑结构是数据间关系的描述，它只抽象地反映数据元素之间的逻辑关系，而不管其在计算机中的存储方式。数据的存储结构又叫物理结构，是逻辑结构在计算机存储器里的实现。这两者之间没有必然的联系，选项 A 的说法是错误的。

(11)【答案】B【解析】Static 用于在过程中定义静态变量及数组变量。与 Dim 不同，如果用 Static 定义了一个变量，则每次引用该变量时，其值都会继续保留。本题中，3 次单击命令按钮意味着每次 Y 值加 5，X 值也加 5。由于在事件过程中事先给 Y 赋值 1，所以每次单击按钮，Y 值都被初始化为 1，但 X 继续保留上次的值，即在第 3 次单击命令按钮时，X 连加了 3 次 5，Y 值为 1 加 5，故正确选项为 B。

(12)【答案】D【解析】Interval 属性用来设置一个时间间隔，每 1000 表示间隔 1 秒，故本题选择 D 项，0.5 秒应设为 500。

(13)【答案】B【解析】Student 是用户定义的数据类型，Type 是语句标识，故 A、C、D 项皆有错误，只能选 B。

(14)【答案】B【解析】字符串函数在 Visual Basic 考题中历年都占有很大的比重，考生应给予关注。本题 A、

C、D 项都发生了格式上的错误。只有 B 项是正确的，Mid(a,8,5)是从 a 字符串的第 8 位开始截取 5 位，符合题意。

(15)【答案】A【解析】Caption 属性确定窗体的标题，即显示在窗体标题栏内的内容。而 Name 确定窗体的名称，即窗体在整个程序中的“身份”。BackColor 用来设置窗体的背景颜色；BorderStyle 确定窗体的边框样式，故本题答案为 A。

(16)【答案】D【解析】Until s>=10 表示当 s 大于等于 10 时，终止循环，根据题意，循环 2 次，故 N 的值为 2，可以判断答案为 D，另外也可以计算出 s 的值为 12，但由于本题为选择题，可以不计算 s 直接得到正确答案。

(17)【答案】C【解析】确定一个控件在窗体中的位置，用 Top 与 Left 属性，前者确定控件与窗体上端的距离，后者确定控件与窗体左端的距离，故正确答案为 C。

(18)【答案】B【解析】本题中当 For 执行第五次循环后，i 的值为 5，此时系统还会返回，令 i=5+1 并判断此时的 i 值是否大于 5，大于 5，故退出循环体。所以此时的 i 值为 6，故选 B。本题一般考生很容易选择 A，值得关注。

(19)【答案】B【解析】程序开始有语句 Option Base 0，则数组各维的默认下界为 0。因此，定义一个 4×3 的二维矩阵，则第 1 维下标的上界为 3，第 2 维下标的上界为 2。因此，本题的正确答案是选项 B。

(20)【答案】D【解析】UCase 函数则用于将参数字符串中的字符全部变为大写字符；Mid(Str,Start,[Length]) 返回字符串 Str 从位置 Start 开始长度为 Length 的字符串，Mid$(a$,7,6)=Basic，UCase(Basic)=BASIC。Right(Str,Length)返回字符串 Str 最右边的 Length 个字符串，Right$(a$,12)= Programming。本题结果为 Quick BASIC Programming，选项 D 正确。

(21)【答案】B【解析】在 VB 中，给变量命名时应遵循以下规则：名字只能由字母、数字和下划线组成；名字的第一个字符必须是英文字母，最后一个字符可以是类型说明符；名字的有效字符为 255 个；不能用 VB 的保留字作变量名，但可以把保留字嵌入变量名中；同时，变量名也不能是末尾带有类型说明符的保留字。由此可知，本题只有选项 B 正确。

(22)【答案】A【解析】当应用程序启动时，自动执行该事件。该方法中第一条语句是把按钮 Command2 的 Enabled 属性值设置为 False，表示禁止用户进行操作，按钮呈现暗淡色。第二条语句是把复选框 Check1 的 Value 属性值设置为 1，表示复选框被选定，本题的正确答案是选项 A。

(23)【答案】B【解析】注意列表框 ListIndex 属性值是从 0 开始，而不是从 1 开始。List1.ListCount 返回值为 3，所以应该是插入到第 4 个位置，即选项 B 是正确的。

(24)【答案】B【解析】解题的关键是理解 Static 定义变量，使变量具有的数值存储功能。本题在 For i 的三次循环中，每调用一次函数过程 F(a)，c 的值都会在上次调用的基础上加 1，b 的数值保持不变，a 的数值也保持不变，故单击按钮时，窗体上显示的内容为 B 项内容，即数值分别为 4、5、6。

(25)【答案】B【解析】Mid(s$,i,n)表示从字符串 s$的第 i 个字符开始向后截取 n 个字符，Len(s$)返回字符串 s$的长度。据此，本题的答案为 B。

(26)【答案】A【解析】Enabled 属性决定菜单项功能是否失效，如果选择 True 则不失效，如果选择 False，则失效，并用灰色表示。Visible 属性决定菜单项是否可见，选择 False 为不可见，选择 True 为可见，故本题答案选 A。

(27)【答案】D【解析】本题的 For j 循环初值是 i 变量，所以要考虑 i 数值变化对循环次数的影响。当 For i 循环执行 3 次时，对应的 For j 循环初值分别是 1，2，3。所以本题的三重循环总共执行了 18 次。前 9 次，a 值每次加 1；中间 6 次，a 值每次加 2；最后 3 次，a 值每次加 3。故结果为 30，答案为 D。

(28)【答案】B【解析】使用 Array 函数赋值的数组 a，由于“Option Base 1”故其下标下界为 1。所以 For

循环的语句表示令 a(i)为 a(i)加 i 减 1，对于 i 为 3 时，a(3)的值为“a(3)+3-1”，即“3+3-1”，结果为 5，正确答案为 B。

(29)【答案】D【解析】题目程序中首先生成了一个数组，VB 数组的下界默认为 0，10 是该数组的上界，因此该数组包含 11 个元素。然后用循环给这个数组下标从 1 到 10 的元素进行赋值，其值分别为 10、9、8、7、6、5、4、3、2、1。然后输出 a(a(3)\a(7) Mod a(5))的值，首先计算算术表达式 a(3)\a(7) Mod a(5)，把数组元素的值分别带入该表达式，就是计算 8\4 Mod6。运算符\是整数除法，结果为整型值。因此 8\4 的结果为 2。接下来计算 2Mod6，其结果为 2。因此，输出的是 a(2)的值，而 a(2)的值为 9。经过上述分析可知，本题的正确答案是选项 D。

(30)【答案】C【解析】在 VB 中，控件可以作为通用过程的参数。此时，形参必须定义为 Control 类型，或者定义为特定控件的类型。本题需要传入 CheckInput 过程的控件参数是 Text2，其类型为 TextBox，因此，“？”处既可以填 TextBox 也可以填 Control。四个选项中只有 C 合适，故应该选择 C。

(31)【答案】C【解析】当焦点在文本框中时，敲击<A>键会依次引发 KeyDown 与 KeyUp 事件，因为“敲击”动作是先“按下”（引发 KeyDown 事件）然后再“松开”（引发 KeyUp）事件。另外，这两个事件中的 KeyCode 参数是键盘扫描码。若敲击的键是字母的话，该扫描码与对应大写字母的 ASCII 码相同。因此，程序会连续输出'A'和'C'，故应该选择 C。

(32)【答案】B【解析】Conunand1_Click 方法中，首先生成了一个字符串变量 ch，其值为"ABCDEF"。然后调用 proc 方法，参数是变量 ch。下面就分析 proc 方法，首先生成一个初值为空串的字符串变量 s，然后进入 For 循环。函数 Len(ch)用来求字符串 ch 的长度，其结果为 6，因此 For 循环的循环变量 k 从 6 开始，一直到 1，k 的值每次减 1，可见循环次数是 6 次。循环体只有一条语句，即 s=s & Mid(ch,k,1)，其中函数 Mid (ch,k,1)是从字符串 ch 的第 k 个字符开始取 1 个字符。然后把这个字符连接到 s 的尾部，结果再赋值给 s。For 循环开始时，k 的初值是字符串 ch 的长度，函数 Mid (ch,k,1)返回的是字符串 ch 的最后一个字符，把该字符连接到 s 中；然后 k 减 1，函数 Mid (ch,k,1)返回的是字符串 ch 的倒数第二个字符，把该字符连接到 s 的尾部。依次类推，最后 k 的值为 1 时，函数 Mid (ch,k,1)返回的是字符串 ch 的第一个字符，把该字符连接到 s 的最后。因此，s 中存放的是把字符串 ch 倒序排列的结果，即“FEDCBA”。最后输出该字符串。经过上述分析可知，本题的正确答案是选项 B。

(33)【答案】C【解析】对话框的 Filter 属性是 String 类型，可以使用 FilterIndex 来确定哪一个作为默认过滤器显示，本题的正确答案是选项 C。

(34)【答案】B【解析】用 Public 定义过程时，如果在窗体层定义，则该过程只能在本窗体模块中使用，不能在其他窗体模块中使用；如果在标准模块中定义，则可以在各个窗体中使用。选项 B 说法错误，为本题正确答案。

(35)【答案】B【解析】一个记录可以包含多个元素，每个元素都可以有自己的数据类型，故 A 项错误。Open 命令不仅可以打开一个已经存在的文件，如果该文件不存在，它还可以自己创建文件，C 项表述不准确。从随机文件中读取数据使用“Get #”语句，故选项 D 错误。B 项是正确的，随机文件的特点就是每个记录的长度是固定的，这样使数据的查找变得非常方便。

二、填空题

(1)【1】【答案】350【解析】在任意一棵二叉树中，度为 0 的结点（即叶子结点）总是比度为 2 的结点多一个。在根据完全二叉树的定义，在一棵完全二叉树中，最多有 1 个度为 1 的结点。因此，设一棵完全二叉树具有 n 个结点，若 n 为偶数，则在该二叉树中有 n/2 个叶子结点以及 n/2-1 个度为 2 的结点，还有 1 个是度为 1 的结点；若 n 为奇数，则在该二叉树中有[n/2]+1 个叶子结点以及[n/2]个度为 2 的结点，没有度为 1 的结点。本题中，完全二叉树共有 700 个结点，700 是偶数，所以，在该二叉树中有 350 个叶子结点以及 349 个度为 2 的结点，还有 1 个是度为 1 的结点。所以，本题的正确答案为 350。

(2)【2】【答案】类【解析】在面向对象方法中，类描述的是具有相似属性与操作的一组对象。

(3)【3】【答案】调试【解析】调试也称排错，调试的目的是发现错误的位置，并改正错误。

(4)【4】【答案】ACBDFEHGP【解析】中序遍历方法的递归定义：当二叉树的根不为空时，依次执行如下 3 个操作：① 按中序遍历左子树。② 访问根结点。③ 按中序遍历右子树。根据遍历规则来遍历本题中的二叉树。首先遍历 F 的左子树，同样按中序遍历。先遍历 C 的左子树，即结点 A，然后访问 C，接着访问 C 的右子树，同样按中序遍历 C 的右子树，先访问结点 B，然后访问结点 D，因为结点 D 没有右子树，因此遍历完 C 的右子树，以上就遍历完根结点 F 的左子树。然后访问根结点 F，接下来遍历 F 的右子树，同样按中序遍历。首先访问 E 的左子树，E 的左子树为空，则访问结点 E，然后访问结点 E 的右子树，同样按中序遍历。首先访问 G 的左子树，即 H，然后访问结点 G，最后访问 G 的右子树 P。以上就把整个二叉树遍历一遍，中序遍历的结果为 ACBDFEHGP。因此，划线处应填入“ACBDFEHGP”。

(5)【5】【答案】数据字典 或 DD【解析】数据流图用来对系统的功能需求进行建模，它可以用少数几种符号综合地反映出信息在系统中的流动、处理和存储情况。数据字典(Data Dictionary，DD)用于对数据流图中出现的所有成分给出定义，它使数据流图上的数据流名字、加工名字和数据存储名字具有确切的解释。

(6)【6】【答案】关系【解析】关系模型用二维表表示，则每个二维表代表一种关系。

(7)【7】【答案】Append【解析】该语句中 For 用来指定打开的方式。打开方式有三种：Input，从文件输入，即从打开的文件中读取数据；Output，向文件输出，即向打开的文件写数据。如果原来的文件中有数据则被覆盖；Append，向文件添加数据。将数据添加在文件尾部原有数据的后边，原数据不被覆盖。因此，根据题目的要求，在打开文件 out.txt 时，应选择 Append 方式，故本题的正确答案是 Append。

(8)【8】【答案】Shanghai【解析】InStr 返回字符“g”在 a$中的位置，为 7。7 加 1 等于 8，所以 Mid 函数要求返回“BeijingShanghai”第 8 个字符之后的字符串，即“Shanghai”。

(9)【9】【答案】n 或 CInt(Text1.Text) 或 CInt(Text1) 或 Text1.Text 或 Val(Text1.Text) 或 Val(Text1) 或 Text1；【10】【答案】1【解析】第一空，由于执行次数由 n 决定，故 For i 循环的终值为 n，即总次数有多少，就要执行多少次 For i 循环。所以本处填 n 或其他等价项目。“Rnd*2”随机产生 0 与 2 之间的数，Int 函数对“Rnd*2”的返回值只有 0 与 1 两种情况。由于 Text2 用来接受正面（即 1）的次数，故在本处要填 1，即当“r＝1”时，变量 n1 加一次。

(10)【11】【答案】6-i【解析】空格函数 Space(n)的功能是返回 n 个空格，函数 Mid$(字符串,p,n)的功能是从位置 p 开始取字符串的 n 个字符。当 i=1 时，从结果中可以看出，从字符串 a 中取出了 1 个字符 5，可知此时填空内容值为 5；当 i=2 时，从结果中可以看出，从字符串 a 中取出了 3 个字符 4、5 和 6，可知此时填空内容值为 4；依此类推，可知答案为 6-i。

(11)【12】【答案】-5【13】【答案】5【解析】在 VB 中，默认的参数传递是传址，即过程中形参被改变，实参也会被相应改变。在形参前加上 ByVal 修饰后，该形参传递时就是传值了，即过程中无论怎么改变形参，实参也不会改变。本题的 Fun()函数的第 1 个形参 x 是传址，而第 2 个形参 y 是传值。因此，第 1 次调用 Fun(a,b)后 a 的值变为-5，由于-5 小于 0，所以函数返回的是 a 的值-5，故前一空应该填-5；而第 2 次调用 Fun(a,b)后 a 的值变为 0，函数返回的是 b 的值 5，故后一空应该填 5。

(12)【14】【答案】15【解析】每执行一次循环，变量 s 加一次变量 i，随后变量 i 再加一次 1，直到变量 i 大于 5 时终止循环。i 的初始值为 1，故 Do 循环执行 5 次。相应的，变量 s 分别加 1、2、3、4、5，故答案为 15。

(13)【15】【答案】4【解析】程序中，当 a 为小于 2 的整数时，直接就判断不是素数，因此程序是对大于或等于 2 的整数进行判断。当 a 为大于或等于 2 的整数时，首先 isprime = True，并且生成一个变量 k，其初始值也为 2。然后进入循环，循环中的操作是，依次从 k=2 开始，判断 a 是否能被 k 整除。如果 a 能被 k 整除，则 a 就不是素数，如果 a 不能被 k 整除，则 k 加 1，继续判断 a 是否能被下一个数整除，直到当 k 的值大于等于 a/2 时，退出循环。最后，变量 isprime 中存放判断结果。当 a 为 3 时，分析程序执行过程，可知程序判断正确，3 是素数。当 a 为 4 时，循环体条件 k<a/2 的结果是 false，因此不执行循环体。而此时的 isprime 变量的值是 true。因此，会错误判断 a 为素数。经过上述分析可知，在测试时发现有 1 个非素数也被判断为素数，这个错判的数是 4。

第 2 套笔试模拟试卷

（考试时间 90 分钟，满分 100 分）

一、选择题（每小题 2 分，共 70 分）

下列各题 A）、B）、C）、D）四个选项中，只有一个选项是正确的。请将正确选项填涂在答题卡相应位置上，答在试卷上不得分。

（1）下列叙述中正确的是（　）。

A）数据的逻辑结构与存储结构必定一一对应

B）由于计算机存储空间是向量式的存储结构，因此，数据的存储结构一定是线性结构

C）程序设计语言中的数组一般是顺序存储结构，因此，利用数组只能处理线性结构

D）以上三种说法都不对

（2）下列数据结构中，能用二分法进行查找的是（　）。

A）顺序存储的有序线性表　　B）线性链表

C）二叉链表　　D）有序线性链表

（3）对于长度为 n 的线性表，在最坏情况下，下列各排序法所对应的比较次数中正确的是（　）。

A）冒泡排序为 n/2　B）冒泡排序为 n　C）快速排序为 n　D）快速排序为 n(n-1)/2

（4）程序设计方法要求在程序设计过程中，（　）。

A）先编制出程序，经调试使程序运行结果正确后再画出程序的流程图

B）先编制出程序，经调试使程序运行结果正确后再在程序中的适当位置处加注释

C）先画出流程图，再根据流程图编制出程序，最后经调试使程序运行结果正确后再在程序中的适当位置处加注释

D）以上三种说法都不对

（5）下列描述中正确的是（　）。

A）软件工程只是解决软件项目的管理问题

B）软件工程主要解决软件产品的生产率问题

C）软件工程的主要思想是强调在软件开发过程中需要应用工程化原则

D）软件工程只是解决软件开发中的技术问题

（6）在面向对象方法中，实现信息隐蔽是依靠（　）。

A）对象的继承　B）对象的多态　C）对象的封装　D）对象的分类

（7）冒泡排序在最坏情况下的比较次数是（　）。

A）$n(n+1)/2$　　B）$n\log_2 n$　　C）$n(n-1)/2$　　D）$n/2$

（8）下列实体的联系中，属于多对多联系的是（　）。

A）学生与课程　　B）学校与校长　　C）住院的病人与病床　　D）职工与工资

（9）在面向对象的程序设计中，下列叙述中错误的是（　）。

A）对象是面向对象软件的基本模块

B）对象不是独立存在的实体，各个对象之间有关联，彼此依赖

C）下一层次的对象可以继承上一层次对象的某些属性

D）同样的消息被不同对象接受时，可导致完全不同的行动

（10）下列关于 E-R 图的描述中正确的是（　）。

A）E-R 图只能表示实体之间的联系　　B）E-R 图只能表示实体和实体之间的联系

C）E-R 图只能表示实体和属性　　D）E-R 图能表示实体、属性和实体之间的联系

（11）以下关于 Visual Basic 特点的叙述中，错误的是（　）。

A）Visual Basic 是采用事件驱动编程机制的语言

B）Visual Basic 程序既可以编译运行，也可以解释运行

C）构成 Visual Basic 程序的多个过程没有固定的执行顺序

D）Visual Basic 程序不是结构化程序，不具备结构化程序的三种基本结构

（12）以下关于菜单的叙述中，错误的是（　）。

A）在程序运行过程中可以增加或减少菜单项

B）如果把一个菜单项的 Enabled 属性设置为 False，则可删除该菜单项

C）弹出式菜单在菜单编辑器中设计

D）利用控件数组可以实现菜单项的增加或减少

（13）以下关于 MsgBox 的叙述中，错误的是（　）。

A）MsgBox 函数返回一个整数

B）通过 MsgBox 函数可以设置信息框中的图标和按钮的类型

C）MsgBox 语句没有返回值

D）MsgBox 函数的第二个参数是一个整数，该参数只能确定对话框中显示的按钮数量

（14）设窗体上有一个列表框控件 Listl，且其中含有若干列表项。则以下能表示当前被选中的列表项内容的是（　）。

A）List1.List　　B）List1.ListIndex　　C）List1.Index　　D）List1.Text

（15）执行以下 Command1 的 Click 事件过程在窗体上显示（　）。

```
Option Base 1
Private Sub Command1_Click()
  Dim a
  a = Array("a", "b", "c", "d", "e", "f", "g")
  Print a(1); a(3); a(5)
End Sub
```

A）abc　　B）bdf　　C）ace　　D）出错

（16）假定有如下的窗体事件过程：

```
Private Sub Form_Click()
  a$="Microsoft Visual Basic"
  b$=Right(a$, 5)
  c$=Mid(a$, 1, 9)
```

```
    MsgBox a$, 34, b$, c$, 5
  End Sub
```

程序运行后，单击窗体，则在弹出的信息框的标题栏中显示的信息是（　）。

A）Microsoft Visual　B）Microsoft　C）Basic　D）5

（17）设 x=4, y=8, z=7，以下表达式的值是（　）。

x<y　And (Not y>z) Or z<x

A）1　B）-1　C）True　D）False

（18）若窗体上的图片框中有一个命令按钮，则此按钮的 Left 属性是指（　）。

A）按钮左端到窗体左端的距离　B）按钮左端到图片框左端的距离

C）按钮中心点到窗体左端的距离　D）按钮中心点到图片框左端的距离

（19）以下叙述中错误的是（　）。

A）用 Shell 函数可以调用能够在 Windows 下运行的应用程序

B）用 Shell 函数可以调用可执行文件，也可以调用 Visual Basic 的内部函数

C）调用 Shell 函数的格式应为：<变量名>＝Shell（……）

D）用 Shell 函数不能执行 DOS 命令

（20）在窗体上画一个命令按钮和一个标签，其名称分别为 Command1 和 Label1，然后编写如下事件过程：

```
Private Sub Command1_Click()
    Counter = 0
    For i = 1 To 4
        For j = 6 To 1 Step -2
            Counter = Counter + 1
        Next j
    Next i
    Label1.Caption = Str(Counter)
End Sub
```

程序运行后，单击命令按钮，标签中显示的内容是（　）。

A）11　B）12　C）16　D）20

（21）在窗体上画一个名称为 Text1 的文本框和一个名称为 Command1 的命令按钮，然后编写如下事件过程：

```
Private Sub Command1_Click()
    Dim i As Integer, n As Integer
    For i = 0 To 50
        i = i + 3
        n = n + 1
        If i > 10 Then Exit For
    Next
    Text1.Text = Str(n)
End Sub
```

程序运行后，单击命令按钮，在文本框中显示的值是（　）。

A）5　B）4　C）3　D）2

（22）有如下程序：

```
Private Sub Command1_Click()
    a$ = "A WORKER IS OVER THERE"
    x = Len(a$)
    For i = 1 To x - 1
```

```
        b$ = Mid$(a$, i, 2)
        If b$ = "ER" Then s = s + 1
    Next i
    Print s
End Sub
```

程序运行后的输出结果是（　）。

A）1　　B）2　　C）3　　D）4

（23）设有命令按钮 Command1 的单击事件过程，代码如下：

```
Private Sub Command1_Click()
    Dim a(30) As Integer
    For i = 1 To 30
        a(i) = Int(Rnd * 100)
    Next
    For Each arrItem In a
        If arrItem Mod 7 = 0 Then Print arrItem;
        If arrItem > 90 Then Exit For
    Next
End Sub
```

对于该事件过程，以下叙述中错误的是（　）。

A）a 数组中的数据是 30 个 100 以内的整数

B）语句 For Each arrItem In a 有语法错误

C）If arrItem Mod 7 = 0 ……语句的功能是输出数组中能够被 7 整除的数

D）If arrItem > 90 ……语句的作用是当数组元素的值大于 90 时退出 For 循环

（24）设有命令按钮 Command1 的单击事件过程，代码如下：

```
Private Sub Command1_Click()
    Dim a(3, 3) As Integer
    For i = 1 To 3
        For j = 1 To 3
            a(i, j) = i * j + i
        Next j
    Next i
    Sum = 0
    For i = 1 To 3
        Sum = Sum + a(i, 4 - i)
    Next i
    Print Sum
End Sub
```

运行程序，单击命令按钮，输出结果是（　）。

A）20　　B）7　　C）16　　D）17

（25）某人在窗体上画了一个名称为 Timer1 的计时器和一个名称为 Label1 的标签，计时器的属性设置为 Enabled = True，Interval = 0，并编程如下。希望在程序运行时，可以每 2 秒在标签上显示一次系统当前时间。

```
Private Sub Timer1_Timer()
    Label1.Caption = Time$
End Sub
```

在程序执行时发现未能实现上述目的，那么，应做的修改是（　）。

A）通过属性窗口把计时器的 Interval 属性设置为 2000

B）通过属性窗口把计时器的 Enabled 属性设置为 False

C）把事件过程中的 Label1.Caption = Time$ 语句改为 Timer1.Interval = Time$

D）把事件过程中的 Label1.Caption = Time$ 语句改为 Label1.Caption = Timer1.Time

（26）有以下程序：

```
Option Base 1
Dim arr() As Integer
Private Sub Form_Click()
    Dim i As Integer, j As Integer
    ReDim arr(3, 2)
    For i = 1 To 3
        For j = 1 To 2
            arr(i, j) = i * 2 + j
        Next j
    Next i
    ReDim Preserve arr(3, 4)
    For j = 3 To 4
        arr(3, j) = j + 9
    Next j
    Print arr(3, 2); arr(3, 4)
End Sub
```

程序运行后，单击窗体，输出结果为（　）。

A）8　13　　B）0　13　　C）7　12　　D）0　0

（27）以下叙述中正确的是（　）。

A）一个 Sub 过程至少要有一个 Exit Sub 语句

B）一个 Sub 过程必须有一个 End Sub 语句

C）可以在 Sub 过程中定义一个 Function 过程，但不能定义 Sub 过程

D）调用一个 Function 过程可以获得多个返回值

（28）为了计算 1+3+5+…+99 的值，某人编程如下：

```
k=1
s=0
While k<=99
        k = k + 2 : s = s + k
Wend
Print s
```

在调试时发现运行结果有错误，需要修改。下列错误原因和修改方案中正确的是（　）。

A）While … Wend 循环语句错误，应改为 For k=1 To 99 … Next k

B）循环条件错误，应改为 While k<99

C）循环前的赋值语句 k = 1 错误，应改为 k = 0

D）循环中两条赋值语句的顺序错误，应改为 s=s+k : k=k+2

（29）在窗体上画 3 个标签、3 个文本框（名称分别为 Text1、Text2 和 Text3）和 1 个命令按钮（名称为 Command1），外观如图所示。

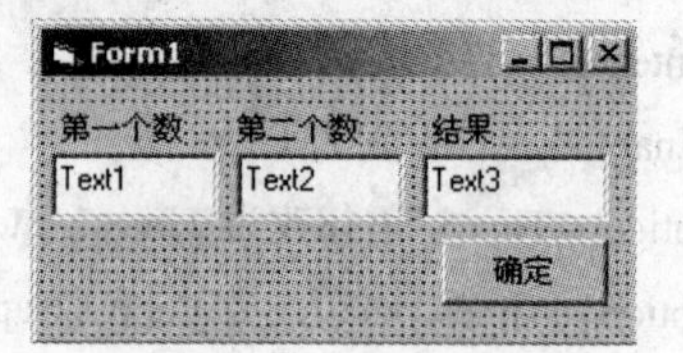

编写如下程序：

```
Private Sub Form_Load()
    Text1.Text = ""
    Text2.Text = ""
    Text3.Text = ""
End Sub
Private Sub Command1_Click()
    x = Val(Text1.Text)
    y = Val(Text2.Text)
    Text3.Text = f(x, y)
End Sub
Function f(ByVal x As Integer, ByVal y As Integer)
    Do While y < > 0
        tmp = x Mod y
        x = y
        y = tmp
     Loop
     f = x
End Function
```

运行程序，在 Text1 文本框中输入 36，在 Text2 文本框中输入 24，然后单击命令按钮，则在 Text3 文本框中显示的内容是（　）。

A）4　　B）6　　C）8　　D）12

（30）在窗体上有 1 个名称为 CommonDialog1 的通用对话框和 1 个名称为 Command1 的命令按钮，以及其他一些控件。要求在程序运行时，单击 Command1 按钮，则显示打开文件对话框，并在选择或输入了 1 个文件名后，就可以打开该文件，以下是 Command1_Click 事件过程的两种算法。

算法 1：

```
Private Sub Command1_Click()
        CommonDialog1.ShowOpen
        Open CommonDialog1.FileName For Input As #1
End Sub
```

算法 2：

```
Private Sub Command1_Click()
        CommonDialog1.ShowOpen
        If CommonDialog1.FileName <> "" Then
                Open CommonDialog1.FileName For Input As #1
        End If
End Sub
```

下面关于这两种算法的叙述中正确的是（　）。

A）显示打开文件对话框后若未选择或输入任何文件名，则算法 2 会出错，算法 1 不会

B）显示打开文件对话框后若未选择或输入任何文件名，则算法 1 会出错，算法 2 不会

C）两种算法的执行结果完全一样

D）算法 1 允许输入的文件名中含有空格，而算法 2 不允许

（31）在窗体上画一个命令按钮和两个文本框，其名称分别为 Command1、Text1 和 Text2，然后编写如下程序：

```
Dim S1 As String, S2 As String
Private Sub Form_Load()
    Text1.Text = ""
    Text2.Text = ""
End Sub
Private Sub Text1_KeyDown(KeyCode As Integer, Shift As Integer)
    S2 = S2 & Chr(KeyCode)
End Sub
Private Sub Text1_KeyPress(KeyAscii As Integer)
    S1 = S1 & Chr(KeyAscii)
End Sub
Private Sub Command1_Click()
    Text1.Text = S2
    Text2.Text = S1
    S1 = ""
    S2 = ""
End Sub
```

程序运行后，在 Text1 中输入“abc”，然后单击命令按钮，在文本框 Text1 和 Text2 中显示的内容分别为（ ）。

A）abc 和 ABC　　B）abc 和 abc　　C）ABC 和 abc　　D）ABC 和 ABC

（32）在以下描述中正确的是（ ）。

A）标准模块中的任何过程都可以在整个工程范围内被调用

B）在一个窗体模块中可以调用在其他窗体中被定义为 Public 的通用过程

C）如果工程中包含 Sub Main 过程，则程序将首先执行该过程

D）如果工程中不包含 Sub Main 过程，则程序一定首先执行第一个建立的窗体

（33）在窗体上画一个名称为 Command1 的命令按钮，然后编写如下通用过程和命令按钮的事件过程：

```
Private Function f(m As Integer)
    If m Mod 2 = 0 Then
        f = m
    Else
        f = 1
    End If
End Function

Private Sub Command1_Click()
    Dim i As Integer
    s = 0
    For i = 1 To 5
        s = s + f(i)
    Next
    Print s
End Sub
```

程序运行后，单击命令按钮，在窗体上显示的是（　）。

A）11　　B）10　　C）9　　D）8

（34）窗体上有 1 个名称为 CD1 的通用对话框，1 个名称为 Command1 的命令按钮。命令按钮的单击事件过程如下：

```
Private Sub Command1_Click()
    CD1.FileName = ""
    CD1.Filter = "All Files|*.*|(*.Doc)|*.Doc|(*.Txt)|*.Txt"
    CD1.FilterIndex = 2
    CD1.Action = 1
End Sub
```

关于以上代码，错误的叙述是（　）。

A）执行以上事件过程，通用对话框被设置为“打开”文件对话框

B）通用对话框的初始路径为当前路径

C）通用对话框的默认文件类型为*.Txt

D）以上代码不对文件执行读写操作

（35）以下叙述中错误的是（　）。

A）顺序文件中的数据只能按顺序读写

B）对同一个文件，可以用不同的方式和不同的文件号打开

C）执行 Close 语句，可将文件缓冲区中的数据写到文件中

D）随机文件中各记录的长度是随机的

二、填空题（每空 2 分，共 30 分）

请将每空的正确答案写在答题卡【1】～【15】序号的横线上，答在试卷上不得分。

（1）数据管理技术发展过程经过人工管理、文件系统和数据库系统这 3 个阶段，其中数据独立性最高的阶段是【1】。

（2）在面向对象方法中，允许作用于某个对象上的操作称为【2】。

（3）软件生命周期包括 8 个阶段，为了使各时期的任务更明确，又可分为 3 个时期：软件定义期、软件开发期、软件维护期。编码和测试属于【3】期。

（4）在关系运算中，【4】运算是对两个具有公共属性的关系所进行的运算。

（5）实体之间的联系可以归结为一对一的联系，一对多的联系与多对多的联系。如果一个学校有许多学生，而一个学生只归属于一个学校，则实体集学校与实体集学生之间的联系属于【5】的联系。

（6）Visual Basic 应用程序中标准模块文件的扩展名是【6】。

（7）以下程序段的输出结果是【7】。

```
num=0
While num<=2
  num = num+1
Wend
Print num
```

（8）与数学表达式 $\frac{\cos^2(a+b)}{3x}+5$ 对应的 Visual Basic 表达式是【8】。

（9）在窗体中添加一命令按钮，（其 Name 属性为 Command1），然后编写代码。程序的功能是产生 100 个小于 1000（不含 1000）的随机正整数，并统计其中 5 的倍数所占比例。请在空白处填入适当的内容，将程

序补充完整。

```
Private Sub Command1_Click()
  Dim a(100)
  For j=1 To 100
        a(j)=Int (【9】)
  If a(j) 【10】 5=0 Then【11】
        Print a (j);
  Next j
  Print
  Print k/ 100
End Sub
```

（10）在窗体上画一个列表框、一个命令按钮和一个标签，其名称分别为 List1、Command1 和 Label1，通过属性窗口把列表框中的项目设置为："第一个项目"、"第二个项目"、 "第三个项目"、"第四个项目"。程序运行后，在列表框中选择一个项目，然后单击命令按钮，即可将所选择的项目删除，并在标签中显示列表框当前的项目数，运行情况如下图所示（选择"第三个项目"的情况）。下面是实现上述功能的程序，请填空。

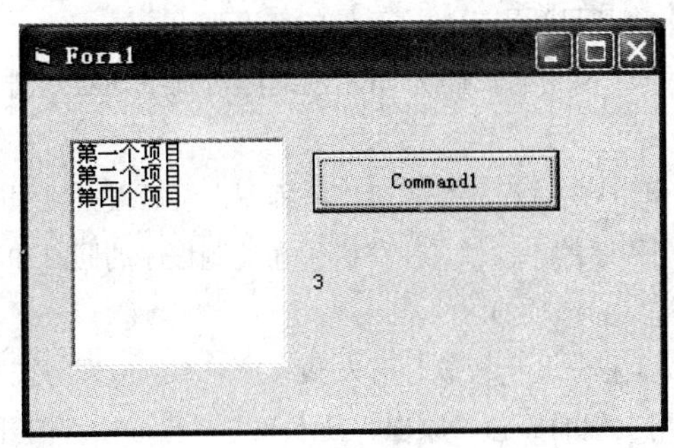


```
Private Sub Command1_Click()
  If List1.ListIndex>=【12】Then
    List1.RemoveItem 【13】
    Label1.Caption=【14】
  Else
    MsgBox "请选择要删除的项目"
  End If
End Sub
```

（11）阅读程序：

```
Sub p( b ()   As Integer)
  For i=1 To 4
    b(i) =2(i
  Next i
End Sub

Private Sub Command1_Click()
  Dim a (1 To 4) As Integer
        a(1)=5
        a(2)=6
        a(3)=7
        a(4)=8
```

```
    call p (a)
    For i=1 To 4
            Print a(i)
    Next i
End Sub
```

运行上面的程序，单击命令按钮，输出结果为【15】。

第2套笔试模拟试卷解析

一、选择题

(1) 【答案】D【解析】一种数据的逻辑结构根据需要可以表示成多种存储结构，数据的逻辑结构与存储结构不一定一一对应，选项 A 错误。计算机的存储空间是向量式的存储结构，但一种数据的逻辑结构根据需要可以表示成多种存储结构，如线性链表是线性表的链式存储结构，数据的存储结构不一定是线性结构，因此选项 B 错误。数组一般是顺序存储结构，但利用利用数组也能处理非线性结构。选项 C 错误。由此可知，只有选项 D 的说法正确。

(2) 【答案】A【解析】二分查找只适用于顺序存储的有序表。

(3) 【答案】D【解析】假设线性表的长度为 n，在最坏情况下，冒泡排序和快速排序需要的比较次数为 n(n-1)/2。

(4) 【答案】D【解析】程序设计的过程应是先画出流程图，然后根据流程图编制出程序，所以选项 A 错误。程序中的注释是为了提高程序的可读性，注释必须在编制程序的同时加入，所以，选项 B 和选项 C 错误。综上所述，本题的正确答案为选项 D。

(5) 【答案】C【解析】软件工程学是研究软件开发和维护的普遍原理与技术的一门工程学科，选项 A 说法错误。软件工程是指采用工程的概念、原理、技术和方法指导软件的开发与维护，软件工程学的主要研究对象包括软件开发与维护的技术、方法、工具和管理等方面，选项 B 和选项 D 的说法均过于片面，选项 C 正确。

(6) 【答案】C【解析】通常认为，面向对象方法具有封装性、继承性、多态性几大特点。所谓封装就是将相关的信息、操作与处理融合在一个内含的部件中（对象中）。简单地说，封装就是隐藏信息。

(7) 【答案】C【解析】冒泡排序的基本思想是：将相邻的两个元素进行比较，如果反序，则交换；对于一个待排序的序列，经一趟排序后，最大值的元素移动到最后的位置，其他值较大的元素也向最终位置移动，此过程称为一趟冒泡。对于有 n 个数据的序列，共需 n-1 趟排序，第 i 趟对从 1 到 n-i 个数据进行比较、交换。冒泡排序的最坏情况是待排序序列逆序，第 1 趟比较 n-1 次，第 2 趟比较 n-2 次，依此类推，最后一趟比较 1 次，一共进行 n-1 趟排序。因此，冒泡排序在最坏情况下的比较次数是(n-1)+(n-2)+…+1，结果为 n(n-l)/2。

(8) 【答案】A【解析】只有选项 A 符合多对多联系的条件，因为一个学生可以选修多门课程，而一门课程又可以由多个学生来选修，所以学生与课程之间的联系是多对多联系。

(9) 【答案】B【解析】在面向对象的程序设计中，一个对象是一个可以独立存在的实体。各个对象之间相对独立，相互依赖性小。所以，选项 B 错误，应为本题的正确答案。

(10) 【答案】D【解析】E-R 图中，用图框表示实体、属性和实体之间的联系。用 E-R 图不仅可以简单明了地描述实体及其相互之间的联系，还可以方便地描述多个实体集之间的联系和一个实体集内部实体之间的联系。选项 A、选项 B 和选项 C 的说法都错误，正确答案是选项 D。

(11) 【答案】D【解析】VB 是从 BASIC 语言的基础上发展起来的，具有高级程序设计语言的语句结构，不但支持结构化程序设计还支持面向对象的程序设计。所以选项D的说法是错误的，应该选D。

（12）【答案】B【解析】在菜单设计时，如果把一个菜单项的Enabled属性设置为False，则该项菜单呈灰色，表示不可用，并非是删除该项菜单，所以本题答案为B。

（13）【答案】D【解析】MsgBox函数的返回值是一个整数，它与所选择的按钮有关。A项表述正确。MsgBox函数的第二个参数Type是一个整数值或符号常量，用来控制在对话框内显示的按钮、图标的种类及数量。故B项表述正确，D项表述错误。MsgBox语句与MsgBox函数不同之处在于MsgBox语句设有返回值。

（14）【答案】D【解析】列表框的List用来列出列表框中表项的内容，可与“（下标）”组合使用；ListIndex表示已选中表项的位置；Index仅仅对于控件数组有用，对于单个控件没有意义；Text属性返回最后一次选中的表项的文本，它不能直接在设计阶段修改，故本题的正确答案为D。

（15）【答案】C【解析】当为a赋值时，其下标下界主要看Option Base对它的定义。本题中下标下界为1，故a(1)、a(3)、a(5)分别对应a、c、e，故答案为C。

（16）【答案】C【解析】Right(a$,5)表示返回字符串a$右边的5个字符，Mid(a$,1,9)表示从a$的第1个字符处向右取9个字符。MsgBox语句后的第三项表示弹出的对话框的标题栏内的内容，故本题选择C项。考生一定要注意MsgBox函数后省略某项参数时，逗号不能省略。

（17）【答案】D【解析】本题由于“Not y>z”被括号括起来，故优先计算。“Not y>z”为False，“x<y”为True，所以“x<y And（Not y>z）”为False，故“x<y And（Not y>z）or z<x”为False，所以正确答案为D。

（18）【答案】B【解析】窗体上的图片框中有一个命令按钮，但此按钮的Left属性是表示它到容器（即图片框）左边框的距离。因此，本题的正确答案是选项B。

（19）【答案】B【解析】Shell函数只能调用可执行文件，即在Windows下运行的应用程序，不能调用Visual Basic的内部函数，故B项是错误的。

（20）【答案】B【解析】本题是多重循环，当i=1时，执行内层循环，j=6，j=4，j=2时各执行一次Counter=Counter+1，此时Counter=3。依此类推，i=2，i=3，i=4，都将执行，完成后Counter=12，使用Str函数将Counter值转换后赋给标签控件Label1的Caption属性，选项B正确。

（21）【答案】C【解析】本题执行循环时，当i=0时，执行第1次循环后，i=3，n=1；执行Next语句后i=4，执行第2次循环后，i=7，n=2；再次执行Next语句后i=8，执行第3次循环后，i=11>10，退出循环，此时n=3，选项C正确。

（22）【答案】C【解析】Mid(a$,i,2)表示从字符串a$的第i个字符开始向后截取2个字符。由于“A WORKER IS OVER THERE”中有三个“ER”，故s=s+1将被执行3次，即s最后的值为3，答案为C。

（23）【答案】B【解析】题目中首先定义了一个包含30个Integer类型元素的数组a，然后通过一个For循环给每个元素随机指定一个100以内的非负整数，最后用一个For Each循环显示出数组a中所有能被7整除的数，但碰到大于90的数就结束循环。因此，本题只有选项B的说法错误。

（24）【答案】C【解析】题目中首先定义了一个3×3的二维数组a，然后通过一个二重循环给数组中每一个元素赋值，使得每个元素的下标与值的关系为：a(i, j) = i * j + i。然后将变量Sum初始化为0，接着通过一个For循环对Sum进行累加，总共累加了3次，分别是a的元素a(1,3)、a(2,2)、a(3,1)，根据前面的关系它们分别为1*3+1、2*2+2、3*1+3，即4、6、6，所以累加的结果是16，故应该选择C。

（25）【答案】A【解析】题目要求每2秒在标签上显示一次系统当前时间，即每2秒产生一个计时器事件，因此Interval属性的值应设为2000。经过上述分析可知，本题的正确答案是选项A。

（26）【答案】A【解析】在过程中用ReDim语句定义带下标的数组。它的一般格式为ReDim [Preserve] 变量(下标)As 类型，功能是重新定义动态数组，按定义的上下界重新分配存储单元。其中Preserve作为关键字，可以重新定义数组时数组原有的内容不清除。ReDim语句只能出现在事件过程或通用过程中，用它

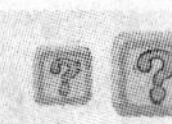

定义的数组是一个“临时”数组，也就是说在执行数组所在的过程时为数组开辟一定的内存空间，当过程结束时，数组所占的这部分内存就被释放了。arr(3,2)=8，arr(3,4)=13，选项 A 正确。

(27)【答案】B【解析】我们把由 Sub…End Sub 定义的子程序叫做子过程或 Sub 过程，子过程不返回与其名称相关联的值，一个 Sub 过程必须有一个 End Sub 语句表示过程结束，而不一定需要 Exit Sub 跳出过程，选项 A 说法错误，选项 B 说法正确，为本题正确答案。过程的定义不能嵌套，调用可以嵌套，选项 C 说法错误。调用一个 Function 过程不能获得多个返回值，选项 D 说法错误。

(28)【答案】D【解析】执行循环前，k 的值为 1。进入循环后，第一次执行循环，首先 k 加 2，k 的值变为 3，然后把 k 的值加到存放累加和的 s 中；第二次执行循环，首先 k 加 2，k 的值变为 5，然后把 k 的值加到 s 中。以此类推，s 中存放的是 3+5+7+…+99+101 的和。因此，修改的方法是把循环体中两条赋值语句的顺序交换一下，应改为 s=s+k : k=k+2。这样最后 s 中存放的才是 1+3+5+7+…+99 的和。

(29)【答案】D【解析】在按钮的单击事件中，将 Text1 的内容读入 x；Text2 的内容读入 y，然后用 x、y 调用函数 f(),并将结果输出到 Text3。所以，解题的关键在于对函数 f()的分析。在 f()函数中，使用一个 Do-While 循环，每次循环让 tmp 等于 x 除以 y 的余数，然后让 x 等于 y，y 等于 tmp，直到 y 为 0（即 x 正好被 y 除净）为止。这是一个典型的“辗转相除”算法，功能是求 x 与 y 的最大公约数，36 与 24 的最大公约数是 12，所以本题应该选择 D。若不知道“辗转相除”求公约数算法，也可以将循环的每一次结果记下来，从而算出结果。

(30)【答案】B【解析】算法 1 中，显示打开文件对话框后，直接使用 Open 语句以 Input 方式打开文件。如果显示打开文件对话框后，若未选择或输入任何文件名，则 CommonDialog1.FileName 的值为空，计算机中不存在文件名为空的文件，因此，算法 1 会出错。算法 2 中，显示打开文件对话框后，用 If 语句对 CommonDialog1.FileName 的值进行判断，当 CommonDialog1.FileName 的值不为空时，使用 Open 语句打开该文件；当 CommonDialog1.FileName 的值为空，即未选择或输入任何文件名时，该过程结束。因此，显示打开文件对话框后若未选择或输入任何文件名，则算法 2 不会出错。结果上述分析可知，本题的正确答案是选项 B。

(31)【答案】C【解析】keycode 参数通过 ASCII 值或键代码常数来识别键，字母键的键代码与此字母的大写字符的 ASCII 值相同，所以“A”和“a”的 keycode 都是由 Asc(A)返回的数值，因此 Text1 最后显示的是 ABC。而 KeyAscii 参数返回的则是 ASCII 码值，所以在 Text2 中显示的是 abc，选项 C 正确。

(32)【答案】B【解析】在窗体模块中，可以调用标准模块中的过程，也可以调用其他窗体模块中的过程，但被调用的过程必须用 Public 定义为公用过程，故选项 B 是正确的。Sub Main 过程是 Visual Basic 中一个比较特殊的过程。它是 Visual Basic 的启动过程，如果用 Sub Main 过程，则可以（但不是必须）首先执行 Sub Main 过程。Sub Main 过程不能自动被识别，必须通过“工程”|“工程属性”|“通用”选项卡设置。所以选项 C 是错误的。在一般情况下，整个应用程序从设计的第一个窗口开始执行，需要首先执行的程序代码放在 Form_Load 事件中，如果需要从其他窗口执行，则也需要通过“工程”|“工程属性”|“通用”选项卡设置，故选项 D 说法也是不正确的。Sub Main 过程为启动过程，不可以被调用，这是 A 项说法的一个反例。

(33)【答案】C【解析】f 函数过程令参数 m 在是 2 的倍数的情况下返回 m 值，在 m 不是 2 的倍数的情况下，返回 1。在 For 循环中调用此过程，执行五次循环，i 值分别为 1、2、3、4、5。当 i 为 2、4 的时候，f(i)值为 2、4，其他情况下为 1，故 s 值为 1+1+1+2+4=9，正确答案为 C。

(34)【答案】C【解析】通用对话框的 Filter 属性用来指定在对话框中显示的文件类型，而 FilterIndex 属性用来指定默认的过滤器，其设置值为一整数。本题中共设置了 3 个过滤器“All Files|*.*”、“(*.Doc)|*.Doc”和“(*.Txt)|*.Txt”，而默认过滤器被指定为 2，即指定“(*.Doc)|*.Doc”为默认过滤器，所以对话框的默

认文件类型为*.Doc 而不是*.Txt，故应该选择 C。

（35）【答案】D【解析】随机文件的存取以记录为单位，记录长度是将各字段字节数加起来，隐含规定是 128 字节，可以定制记录长度，选项 D 说法错误，为本题正确答案。

二、填空题

（1）【1】【答案】数据库系统【解析】在数据库系统管理阶段，通过系统提供的映像功能，数据具有两方面的独立性：一是物理独立性，二是逻辑独立性。数据独立性最高的阶段是数据库系统阶段。

（2）【2】【答案】方法【解析】在面向对象方法中，方法是指允许作用于某个对象上的各种操作。

（3）【3】【答案】软件开发【解析】软件生命周期包括 8 个阶段：问题定义、可行性研究、需求分析、系统设计、详细设计、编码、测试、运行维护。为了使各时期的任务更明确，又可以分为 3 个时期：软件定义期，包括问题定义、可行性研究和需求分析 3 个阶段；软件开发期，包括系统设计、详细设计、编码和测试 4 个阶段；软件维护期，即运行维护阶段。可知，编码和测试属于软件开发阶段。

（4）【4】【答案】自然连接【解析】在关系运算中，自然连接运算是对两个具有公共属性的关系所进行的运算。

（5）【5】【答案】一对多【解析】实体之间的联系可以归结为一对一、一对多与多对多。如果一个学校有许多学生，而一个教师只归属于一个学生，则实体集学校与实体集学生之间的联系属于一对多的联系。

（6）【6】【答案】.bas 或 .BAS【解析】工程资源管理器中的文件类型主要有.bas、.ves、.cls、.frm、.vbg、.vbp 六种，分别对应标准模块文件、资源文件、类模块文件、窗体文件、工程组文件以及工程文件。本题可以填.bas 或 bas，大小写不区分。

（7）【7】【答案】3【解析】num 初始赋值为 0，当 num 小于等于 2 时，num 值加 1，据此，当 num＝0 时，执行语句，num 值变为 1，再执行，num 值变为 2。此时程序需要执行 1 次，num 值变为 3，3 大于 2，所以当循环结束，故本处填 3。

（8）【8】【答案】(Cos(a+b))^2/(3*x)+5 或 (Cos(a+b)*Cos(a+b))/(3*x)+5 或 ((Cos(a+b)*Cos(a+b)) / (3*x))+5 或 Cos(a+b)*Cos(a+b)/3/x+5【解析】平方在 Visual Basic 中用“^”表达，本题的除法应使用浮点除法“/”表达，否则得不出相同的结果。

（9）【9】【答案】(999*Rnd)+1【10】【答案】 Mod【11】【答案】k=k+1【解析】根据题意，For j 循环用来为数组 a(100)赋值，所赋之值为 Rnd 随机产生。由于需要产生 100 个小于 1000 的正整数，故第一处空白填(999(Rnd)+1。注意，该处不能写成 (1000(Rnd)，因为它有可能产生一个小于 1 的小数，此时会被 Int 函数转换为 0，如此就违反了题目中关于正整数的要求。If 语句判断数组中 5 的倍数，故第二处空白填 Mod。表示取模。由于要计算出 5 的倍数所占的比例，故每判断出一个 5 的倍数，便令一个变量加 1，观察 Print k/100 可以得出该变量为 k，故第三处空白填 k=k+1。

（10）【12】【答案】0【13】【答案】List1.ListIndex【14】【答案】List1.ListCount【解析】由于 ListIndex 属性用来确定已被选中表项的位置，故第 10 空应填 List1.ListIndex。RemoveItem 方法表示移除某个表项，List1.ListIndex 一个被选中的表项，符合题意。ListCount 是列表框一个很重要的属性，它返回列表框中表项的数量。本处填 List1.ListCount，并将其值赋给 Label1 的 Caption 属性，符合题意。

（11）【15】【答案】2 4 6 8【解析】p 过程为参数 b()赋值，赋值方法为 b()中的元素值等于其下标的 2 倍。在事件过程中，数组 a(1 to 4)先被逐一赋值，然后以传地址的方式被 p 过程调用。在调用中，a(i)被重新按照 p 过程的赋值方式（即元素值等于对应下标值的 2 倍）赋值。由于是以传地址的方式传送 a(1 to 4),故在调用完 p 过程后，a(1 to 4)中的元素值将保留，故空白处填 2 4 6 8。

第 3 套笔试模拟试卷

（考试时间 90 分钟，满分 100 分）

一、选择题（每小题 2 分，共 70 分）

下列各题 A）、B）、C）、D）四个选项中，只有一个选项是正确的。请将正确选项填涂在答题卡相应位置上，答在试卷上不得分。

（1）下列叙述中错误的是（ ）。

A）一种数据的逻辑结构可以有多种存储结构

B）数据的存储结构与数据处理的效率无关

C）数据的存储结构与数据处理的效率密切相关

D）数据的存储结构在计算机中所占的空间不一定是连续的

（2）从工程管理角度，软件设计一般分为两步完成，它们是（ ）。

A）概要设计与详细设计　　B）数据设计与接口设计

C）软件结构设计与数据设计　　D）过程设计与数据设计

（3）设树 T 的度为 4，其中度为 1，2，3，4 的结点个数分别为 4，2，1，1，则 T 中的叶子结点数为（ ）。

A）5　　B）6　　C）7　　D）8

（4）对长度为 n 的线性表进行顺序查找，在最坏情况下所需要的比较次数为（ ）。

A）log[2]n　　B）n/2　　C）n　　D）n+1

（5）数据库设计的四个阶段是：需求分析、概念设计、逻辑设计和（ ）。

A）编码设计　　B）测试阶段　　C）运行阶段　　D）物理设计

（6）在软件生存周期中，能准确地确定软件系统必须做什么和必须具备哪些功能的阶段是（ ）。

A）概要设计　　B）详细设计　　C）可行性分析　　D）需求分析

（7）下面不属于软件设计原则的是（ ）。

A）抽象　　B）模块化　　C）自底向上　　D）信息隐蔽

（8）在长度为 64 的有序线性表中进行顺序查找，最坏情况下需要比较的次数为（ ）。

A）63　　B）64　　C）6　　D）7

（9）下列叙述中正确的是（ ）。

A）数据库系统是一个独立的系统，不需要操作系统的支持

B）数据库技术的根本目标是要解决数据的共享问题

C）数据库管理系统就是数据库系统

D）以上三种说法都不对

（10）将 E-R 图转换到关系模式时，实体与联系都可以表示成（ ）。

A）属性　　B）关系　　C）键　　D）域

（11）在窗体中添加一个命令按钮，然后编写如下代码：

```
Private Sub Command1_Click()
    For i = 1 To 4
        x=4
            For j= 1 To 3
                x=3
```

```
            For k=1 To 3
              x=x+6
            Next k
        Next j
    Next i
    Print x
  End Sub
```

程序运行后，单击命令按钮，输出结果是（　）。

A）7　　B）15　　C）21　　D）538

（12）在窗体上有一个文本框控件，名称为 TxtTime；一个计时器控件，名称为 Timer1，要求每一秒钟在文本框中显示一次当前的时间，程序为：

```
Private Sub Timer1_____
  TxtTime.text=Time
End Sub
```

在下划线上应填入的内容是（　）。

A）Enabled　　B）Visible

C）Interval　　D）Timer

（13）在窗体上画两个单选按钮，名称分别为 Optionl、Option2，标题分别为“宋体”和“黑体”；一个复选框，名称为 Check1，标题为“粗体”；一个文本框，名称为 Textl，Text 属性为“改变文字字体”。要求程序运行时，“宋体”单选按钮和“粗体”复选框被选中（窗体外观如下图），则能够实现上述要求的语句序列是（　）。

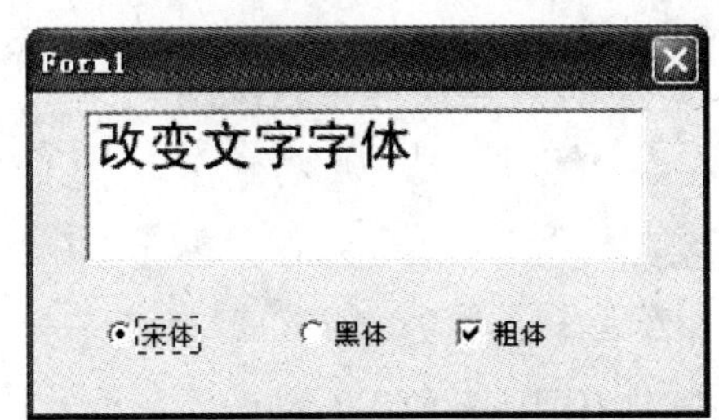

A）　Optionl.Value=True
　　Check1.Value=False

B）　Optionl.Value=True
　　Check1.Value=True

C）　Option2.Value=False
　　Check1.Value=True

D）　Optionl.Value=True
　　Check1.Value=1

（14）运行以下程序后，输出的图形是（　）。

```
Private Sub Command1_Click()
  Line (500,500)-(1000，500)
  Line (750,300)-(750，700)
End Sub
```

A）一条折线　　B）两条分离的直线段　　C）一个伞形图形　　D）一个十字形图形

（15）以下能从字符串"VisualBasic"中直接取出子字符串"Basic"的函数是（　）。

A）Left　　B）Mid　　C）String　　D）Instr

（16）设有语句

```
Open "c:\Test.Dat" For Output   As #1"
```

则以下叙述错误的是（　）。

A）该语句打开 C 盘根目录下一个已存在的文件 Test.Dat

B）该语句在 C 盘根目录下建立一个名为 Test.Dat 的文件

C）该语句建立的文件的文件号为 1

D）执行该语句后，就可以通过 Print#语句向文件 Test.Dat 中写入信息

（17）在窗体上画一个命令按钮和一个文本框，其名称分别为 Commandl 和 Textl，把文本框的 Text 属性设置为空白，然后编写如下事件过程：

```
Private Sub Commandl_click()
    a=InputBox("Enter an integer")
    b=InputBox("Enter an integer")
    Textl.Text=b+a
End Sub
```

程序运行后，单击命令按钮，如果在输入对话框中分别输入 8 和 10，则文本框中显示内容是（　）。

A）108　　B）18　　C）810　　D）出错

（18）在窗体上画一个名称为 Command1 的命令按钮，然后编写如下事件过程：

```
Private Sub Command1_Click()
   x = -5
   If Sgn(x) Then
      y = Sgn(x ^ 2)
   Else
      y = Sgn(x)
   End If
   Print y
End Sub
```

程序运行后，单击命令按钮，窗体上显示的是（　）。

A）-5　　B）25　　C）1　　D）-1

（19）以下能够正确计算 1+2+3+…+10 的程序是（　）。

A）
```
Private Sub Command1_Click( )
   Sum =0
   For I= 1 To 10
      Sum=Sum+I
   Next I
   Print Sum
End Sub
```

B）
```
Private Sub Command1_Click( )
   Sum =0，I=1
   Do While I<=10
      Sum=Sum+I
      I=I+1
   Print Sum
```

```
  End Sub
C）Private Sub Command1_Click( )
      Sum =0：  I=1
      Do
      Sum=Sum+I
      I=I+1
      Loop While I<10
      Print Sum
  End Sub
D）Private Sub Command1_Click( )
     Sum =0：  I=1
     Do
     Sum=Sum+I
     I=I+1
     Loop Until I<10
     Print Sum
  End Sub
```

（20）在窗体上画一个名称为 CommonDialog1 的通用对话框，一个名称为 Command1 的命令按钮，然后编写如下事件过程：

```
Private Command1_Click()
  CommonDialog1.FileName=""
  CommonDialog1.Filter="All file|*.*|(*.Doc)|*.Doc|(*.Txt)|*.Txt"
  CommonDialog1.FilterIndex=2
  CommonDialog1.DialogTitle="VBTest"
  CommonDialog1.Action=1
End Sub
```

对于这个程序，以下叙述中错误的是（　）。

A）该对话框被设置为“打开”对话框

B）在该对话框中指定的默认文件名为空

C）该对话框的标题为 VBTest

D）在该对话框中指定的默认文件类型为文本文件（*.Txt）

（21）在窗体上画一个命令按钮（其 Name 属性为 Command1），然后编写如下代码：

```
Option Base 1
Private Sub Command1_Click()
    Dim a
    s = 0
    a = Array(1,2,3,4)
    j = 1
    For i = 4 To 1 Step －1
        s = s + a(i)* j
        j = j * 10
    Next i
    Print s
```

```
End Sub
```

运行上面的程序，单击命令按钮，其输出结果是（　）。

A）4321　　B）1234　　C）34　　D）12

（22）在窗体上画一个名称为 Command1 的命令按钮，并编写如下程序：

```
Private Sub Command1_Click()
    Dim x As Integer
    Static y As Integer
    x=10
    y=5
    Call f1(x, y)
    Print x,y
End Sub

Private Sub f1(ByRef x1 As Integer, y1 As Integer)
    x1= x1+2
    y1= y1+2
End Sub
```

程序运行后，单击命令按钮，在窗体上显示的内容是（　）。

A）10　5　　B）12　5　　C）10　7　　D）12　7

（23）在窗体上画一个名称为 Command1 的命令按钮，再画两个名称分别为 Label1、Label2 的标签，然后编写如下程序代码：

```
Private X As Integer
Private Sub Command1_Click()
      X = 5: Y = 3
      Call proc(X, Y)
      Label1.Caption = X
      Label2.Caption = Y
End Sub

Private Sub proc(ByVal a As Integer, ByVal b As Integer)
      X = a * a
      Y = b + b
End Sub
```

程序运行后，单击命令按钮，则两个标签中显示的内容分别是（　）。

A）5 和 3　　B）25 和 3　　C）25 和 6　　D）5 和 6

（24）在窗体上画一个名称为 Text1 的文本框，一个名称为 Command1 的命令按钮，然后编写如下事件过程和通用过程：

```
Private Sub Command1_Click()
      n = Val(Text1.Text)
      if n\2 = n/2 Then
            f = f1(n)
      Else
            f = f2(n)
      End If
      Print f; n
End Sub
```

```
Public Function f1(ByRef x)
    x = x * x
    f1 = x + x
End Function

Public Function f2(ByVal x)
    x = x * x
    f2 = x + x + x
End Function
```

程序运行后，在文本框中输入 6，然后单击命令按钮，窗体上显示的是（　）。

A）72　36　　B）108　36　　C）72　6　　D）108　6

（25）以下关于函数过程的叙述中，正确的是（　）。

A）如果不指明函数过程参数的类型，则该参数没有数据类型

B）函数过程的返回值可以有多个

C）当数组作为函数过程的参数时，既能以传值方式传递，也能以引用方式传递

D）函数过程形参的类型与函数返回值的类型没有关系

（26）在窗体上绘制一个名称为 Label1 的标签，然后编写如下事件过程：

```
Private Sub Form_Click()
    Dim arr(10, 10) As Integer
    Dim i As Integer, j As Integer
    For i=2 To 4
        For j=2 To 4
            arr(i,j)=i*j
        Next j
    Next i
    Label1.Caption=Str(arr(2, 2)+arr(3, 3))
End Sub
```

程序运行后，单击窗体，在标签中显示的内容是（　）。

A）12　　B）13　　C）14　　D）15

（27）以下关于 KeyPress 事件过程中参数 KeyAscii 的叙述中正确的是（　）。

A）KeyAscii 参数是所按键的 ASCII 码

B）KeyAscii 参数的数据类型为字符串

C）KeyAscii 参数可以省略

D）KeyAscii 参数是所按键上标注的字符

（28）在窗体上画一个名称为 Command1 的命令按钮，然后编写如下事件过程：

```
Private Sub Command1_Click()
    For n = 1 To 20
        If n Mod 3 <> 0 Then    m = m + n \ 3
    Next n
    Print n
End Sub
```

程序运行后，如果单击命令按钮，则窗体上显示的内容是（　）。

A）15　　B）18　　C）21　　D）24

（29）在窗体上画一个名称为 Text1 的文本框，并编写如下程序：

```
Private Sub Form_Load()
    Show
    Text1.Text = ""
    Text1.SetFocus
End Sub

Private Sub Form_MouseUp(Button As Integer, Shift As Integer, X As Single, Y As Single)
    Print "程序设计"
End Sub

Private Sub Text1_KeyDown(KeyCode As Integer, Shift As Integer)
    Print "Visual Basic";
End Sub
```

程序运行后，如果按<A>键，然后单击窗体，则在窗体上显示的内容是（　）。

A）Visual Basic　　B）程序设计　　C）A 程序设计　　D）Visual Basic 程序设计

（30）以下语句错误的是（　）。

A）
```
If a=1 And b=2 Then
  C=3
End If
```

B）
```
If a=1 Then
  C=2
Else If  a=2 Then
   C =2
  End If
```

C）
```
If a=1   Then
  C=3
End If
```

D）
```
If a=1 Then
   C=2
Else If a=2 Then
   C =2
  End If
End If
```

（31）以下有关数组定义的语句序列中，错误的是（　）。

A）
```
Static arr1(3)
arr1(1)=100
arr1(2)="Hello"
arr1(3)=123.45
```

B）
```
Dim arr2()As Integer
Dim size As Integer
Private Sub Command2_Click()
 size=InputBox("输入：")
  ReDim arr2(size)
  …
End Sub
```

C）
```
Option Base 1
Private Sub Command3_Click()
  Dim arr3(3)As Integer
  …
End Sub
```

D）
```
Dim n As Integer
 Private Sub Command4_Click()
 Dim arr4(n)As Integer
 …
End Sub
```

（32）以下关于文件的叙述中，错误的是（　）。

A）使用 Append 方式打开文件时，文件指针被定位于文件尾

B）当以输入方式（Input）打开文件时，如果文件不存在，则建立一个新文件

C）顺序文件各记录的长度可以不同

D）随机文件打开后，既可以进行读操作，也可以进行写操作

（33）假定通用对话框的名称为 CommonDialog1，命令按钮的名称为 Command1，则单击命令按钮后，能使打开的对话框的标题为“New Title”的事件过程是（　）。

A）
```
Private Sub Commandl_C1ick()
  CommonDialog1.DialogTitle = "New Title"
  CommonDialog1.ShowPrinter
End Sub
```

B）
```
Private Sub Commandl_Click()
  CommonDialog1.DialogTitle="New Title"
  CommonDialog1.ShowFont
End Sub
```

C）
```
Private Sub Command1_Click()
  CommonDialogl.DialogTitle= "New Title"
  CommonDialog1.ShowOpen
End Sub
```

D）
```
Private Sub Command1_Click()
  CommonDialog1.DialogTitle="New Title"
  CommonDialog1.ShowColor
End Sub
```

（34）在窗体中添加两个文本框（其 Name 属性分别为 Text1 和 Text2）和一个命令按钮（其 Name 属性为 Command1），然后编写如下程序：

```
Private Sub Command1_Click()
  x=0
  Do While x<20
  x=(x+1)((x+2)
  n=n+1
  Loop
  Text1.Text=Str(n)
  Text2.Text=Str(x)
End Sub
```

程序运行后，单击命令按钮，在两个文本框 Text1 和 Text2 中分别显示的值是（　）。

A）1 和 0　　B）2 和 12　　C）3 和 182　　D）3 和 12

（35）在窗体上画一个名称为 CommonDialog1 的通用对话框，一个名称为 Command1 的命令按钮。要求单击命令按钮时，打开一个保存文件的通用对话框。该窗口的标题为“Save”，默认文件名为“SaveFile”，在“文件类型”栏中显示*.txt。则能够满足上述要求的程序是（　）。

A）
```
Private Sub Command_C1ick()
CommonDialog1.FileName="SaveFile"
CommonDialog1.Filter="All Files|*.*|(*.txt)|*.txt|(*.doc).|*.doc"
CommonDialog1.FilterIndex=2
CommonDialog1.DialogTitle="Save"
CommonDialog1.Action=2
End Sub
```

B）
```
Private Sub Commandl_Click()
CommonDialog1.FileName="SaveFile"
CommonDialog1.Filter="All Files|*.*|(*.txt)|*.txt|*.doc|*.doc"
CommonDialog1.FilterIndex=1
CommonDialog1.DialogTitle="Save"
```

```
  CommonDialog1.Action=2
End Sub
C） Private Sub Commandl_C1ick()
  CommonDialog1.FileName="Save"
  CommonDialog1.Filter="All Files|*.*|(*.txt)|*.txt|(*.doc)|*.doc"
  CommonDialog1.FilterIndex=2
  CommonDialog1.DialogTitle="SaveFile"
  CommonDialog1.Action=2
End Sub
D） Private Sub Commandl_C1ick()
  CommonDialog1.FileName="SaveFile"
  CommonDialog1.Filter="All Files|*.*|(*.txt)|*.txt|(*.doc)|*.doc"
  CommonDialog1.FilterIndex=1
  CommonDialog1.DialogTitle="Save"
  CommonDialog1.Action=1
End Sub
```

二、填空题（每空 2 分，共 30 分）

请将每空的正确答案写在答题卡【1】～【15】序号的横线上，答在试卷上不得分。

（1）在深度为 7 的满二叉树中，度为 2 的结点个数为<u>【1】</u>。

（2）算法的复杂度主要包括<u>【2】</u>复杂度和空间复杂度。

（3）在结构化分析方法中，用于描述系统中所用到的全部数据和文件的文档称为<u>【3】</u>。

（4）线性表的存储结构主要分为顺序存储结构和链式存储结构。队列是一种特殊的线性表，循环队列是队列的<u>【4】</u>存储结构。

（5）数据独立性分为逻辑独立性与物理独立性。当数据的存储结构改变时，其逻辑结构可以不变，因此，基于逻辑结构的应用程序不必修改，称为<u>【5】</u>。

（6）窗体上有一个名称为 List1 的列表框，一个名称为 Text1 的文本框，一个名称为 Label1、Caption 属性为"Sum"的标签，一个名称为 Command1、标题为"计算"的命令按钮。程序运行后，将把 1～100 之间能够被 7 整除的数添加到列表框中。如果单击"计算"按钮，则对 List1 中的数进行累加求和，并在文本框中显示计算结果，如图所示。以下是实现上述功能的程序，请填空。

```
Private Sub Form_Load()
  For i = 1 To 100
    If i Mod 7 = 0 Then
      【6】
    End If
  Next
End Sub
Private Sub Command1_Click()
```

```
    Sum = 0
    For i = 0 To 【7】
      Sum = Sum +【8】
    Next
    Text1:Text = Sum
  End Sub
```

（7）下面程序的功能是从键盘输入 1 个大于 100 的整数 m，计算并输出满足不等式

$1+2^2+3^2+4^2+\cdots n^2<m$

的最大的 n，请填空。

```
Private Sub Command1_Click()
        Dim s, m, n As Integer
        m = Val(InputBox("请输入一个大于 100 的整数"))
        n = 【9】
        s = 0
        Do While s<m
                n = n + 1
                s = s + n * n
        Loop
        Print "满足不等式的最大 n 是" ; 【10】
End Sub
```

（8）在窗体上画一个文本框、一个标签和一个命令按钮，其名称分别为 Text1、Label1 和 Command1，然后编写如下两个事件过程：

```
Private Sub Command1_Click()
  S$=InputBox("请输入一个字符串")
  Text1.Text=S$
End Sub

Private Sub Text1_Change()
  Label1.Caption=UCase(Mid(Text1.Text,7))
End Sub
```

程序运行后，单击命令按钮，将显示一个输入对话框，如果在该对话框中输入字符串"VisualBasic"，则在标签中显示的内容是【11】。

（9）在窗体上画一个文本框和一个图片框，然后编写如下两个事件过程：

```
Private Sub Form_Load()
   Text1.Text="计算机"
End Sub

Private Sub Text1_Change()
   Picture1.Print "等级考试"
End Sub
```

程序运行后，在文本框中显示的内容是【12】，而当删除文本框中的“机”时，在图片框中显示的内容是【13】。

（10）在窗体上画一个名称为 Combo1 的组合框，然后画两个名称分别为 Label1、Label2，标题分别为“城市名称”和空白的标签。程序运行后，在组合框中输入一个新项目并按回车键，如果输入的项目在组合框的列表中不存在，则自动将其添加到组合框的列表中，并在 Label2 中给出提示“已成功添加新输入项。”，如图所示。如果输入的项目已存在，则在 Label2 中给出提示“输入项已在组合框中。”，请填空。

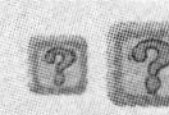

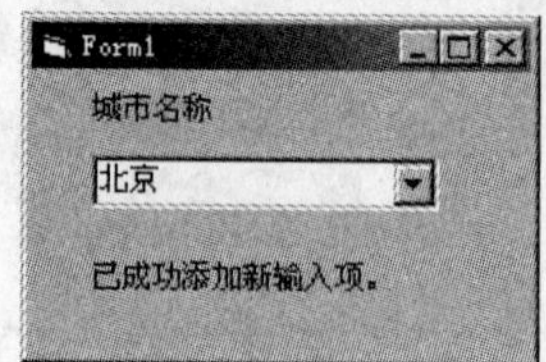


```
Private Sub Combo1_KeyPress(KeyAscii As Integer)
    If KeyAscii = 13 Then
        For i = 0 To Combo1.ListCount - 1
            If Combo1.Text = 【14】 Then
                Label2.Caption = "输入项已在组合框中。"
                Exit Sub
            End If
        Next i
        Label2.Caption = "已成功添加新输入项。"
        Combo1. 【15】 Combo1.Text
    End If
End Sub
```

第3套笔试模拟试卷解析

一、选择题

（1）【答案】B【解析】一种数据的逻辑结构根据需要可以表示成多种存储结构，常用的存储结构有顺序、链接、索引等，选项 A 和选项 D 正确。采用不同的存储结构，其数据处理的效率不同，因此，在进行数据处理时，选择合适的存储结构是很重要的，选项 C 正确，选项 B 错误，应为本题正确答案。

（2）【答案】A【解析】从工程管理的角度，软件设计可分为概要设计和详细设计两大步骤。

（3）【答案】D【解析】根据给定的条件，在树中，各结点的分支总数为：4×1+2×2+1×3+4×1=15；树中的总结点数为：15(各结点的分支总数)+1(根结点)=16；非叶子结点总数为：4+2+1+1=8。因此，叶子结点数为 16(总结点数)-8(非叶子结点总数)=8。

（4）【答案】C【解析】在长度为 n 的线性表中进行顺序查找，最坏情况下需要比较 n 次。

（5）【答案】D【解析】数据库的生命周期可以分为两个阶段：一是数据库设计阶段；二是数据库实现阶段。数据库的设计阶段又分为如下四个子阶段：即需求分析、概念设计、逻辑设计和物理设计。

（6）【答案】D【解析】在需求分析阶段中，根据可行性研究阶段所提交的文档，特别是从数据流图出发，对目标系统提出清晰、准确和具体的要求，即要明确系统必须做什么的问题。

（7）【答案】C【解析】软件设计遵循软件工程的基本目标和原则，建立了适用于在软件设计中应该遵循的基本原理和与软件设计有关的概念。它们是：抽象、模块化、信息隐蔽、模块独立性，没有自底向上。

（8）【答案】B【解析】在长度为 64 的有序线性表中，其中的 64 个数据元素是按照从大到小或从小到大的顺序有序排列的。在这样的线性表中进行顺序查找，最坏的情况就是查找的数据元素不在线性表中或位于线性表的最后。按照线性表的顺序查找算法，首先用被查找的数据和线性表的第一个数据元素进行比较，若相等，则查找成功，否则，继续进行比较，即和线性表的第二个数据元素进行比较。同样，若相等，则查找成功，否则，继续进行比较。依次类推，直到在线性表中查找到该数据或查找到线性表的最后一个元素，算法才结束。因此，在长度为 64 的有序线性表中进行顺序查找，最坏的情况下需要比较 64 次。因此，本题的正确答案为 B。

（9）【答案】B【解析】数据库系统除了数据库管理软件之外，还必须有其他相关软件的支持。这些软件包括操作系统、编译系统、应用软件开发工具等，选项 A 的说法是错误的。数据库具有为各种用户所共享的特点，选项 B 的说法是正确的。通常将引入数据库技术的计算机系统称为数据库系统。一个数据库系统通常由 5 个部分组成，包括相关计算机的硬件、数据库集合、数据库管理系统、相关软件和人员。因此，选项 C 的说法是错误的。

（10）【答案】B【解析】把概念模型转换成关系数据模型就是把 E-R 图转换成一组关系模式，每一个实体型转换为一个关系模式，每个联系分别转换为关系模式。

（11）【答案】C【解析】本题由最外层的 For 循环语句逐一执行到最内层的 For k 循环，x=x+6 这一语句始终在 For j 循环的基础上执行的，故 x 最终结果为 3+6+6+6＝21。

（12）【答案】D【解析】对于一个含有计时器控件的窗体，每经过一段由属性 Interval 指定的时间间隔，就能触发一次 Timer 事件，通过这种方法，可以获取系统的时间，故本题选择 D 项。

（13）【答案】D【解析】对于单选按钮，Value 值用来表示按钮是否处于被选中的状态，可以设为 True 与 False。对于复选框，Value 属性只能是 0、1、2。其中 0 表示没有选择该复选框；1 表示被选中；2 表示复选框被禁止。故可以排除 A、B、C 项，正确答案为 D。

（14）【答案】D【解析】本题实际上是划了一个十字形图形，横线的起始点为（500，500），终点为（1000，500）；纵线的起始点为（750，300），终点为（750，700）。考生可以画直角坐标系进行模拟，答案为 D。

（15）【答案】B【解析】Left()函数的功能是左部截取一个字符串，因此它无法达到题目的要求；String()函数的功能是返回由 n 个指定字符组成的字符串，也无法达到题目要求；Instr()函数的功能是在一个字符串中查找某个子串，返回子串第一个字符所在的位置值，所以也无法达到题目的要求；而 Mid()函数的功能是中部截取一个字符串，只要给的参数正确，它可以截取一个字符串的任意一个子串，所以这个函数能够达到题目的要求，故应该选择 B。

（16）【答案】A【解析】Open 语句兼有打开文件和建立文件两种功能。如果以输出方式（Output）打开的文件不存在，则 Visual Basic 会建立相应的文件，故本题有误的选项是 A。

（17）【答案】A【解析】InputBox 函数可以产生一个对话框，用这个对话框作为输入数据的界面，并返回用户输入的字符串。题目中变量 a 和 b 都是变体型变量，InputBox 函数返回的是"8"和"10"，是字符串，而不是普通的数字。"+"运算符除了计算数值的和以外，对字符串操作时，可以用来连接字符串，b+a 为 108，所以选项 A 正确。

（18）【答案】C【解析】Sgn(x)返回自变量 x 的符号。Sgn(-5)返回符号，故执行 Then 后面的语句，由于 x 为负数，负数的平方为正数，故 y 值为 1，所以正确答案为 C。

（19）【答案】A【解析】A 选项进行 10 次循环，分别将 1～10 累加给 Sum，故正确。选项 B 缺少 Loop 关键词，否则也是正确的。由于受条件"I<0"限制，选项 C 只能将 1～9 累加给 Sum，而选项 D 的 Do 循环只能进行一次。

（20）【答案】D【解析】FileName 用来设置或返回要保存的文件的路径及文件名；Filter 用来指定文件对话框中显示文件的类型；FilterIndex 用来指定默认的过滤器；DialogTitle 用来设置对话框的标题，C 项表述正确；Action 表示对话框的类型；打开文件对话框的 Action 值为 1。据此，应选择 D 项。

（21）【答案】B【解析】本题首先用 Array 给数组 a 赋值，a 有 4 个元素，分别被赋值 1、2、3、4。For 循环执行 4 次，每次变量 s 加 a(i)的 j 倍。j 每执行一次乘 10。故最终输出的结果为：4*1+3*10+2*100+1*1000=1234，正确答案为 B。

（22）【答案】D【解析】传地址方式一般用 ByRef 表示，形参在默认情况下也是以传地址的方式传送参数。本题中 f1 子过程的 x1 与 y1 参数都是传地址的方式。这就意味着在调用该过程后，实参的数值会随着过程内的相关处理而发生变化。本题单击一次按钮后，实参 x 加 2，变为 12，实参 y 加 2，变为 7，当再次输出 x 与 y 时，x 与 y 的值已不再是 10 与 5，而是变为 12 与 7，故正确答案为 D。

(23)【答案】B【解析】由于在 Proc 过程中，a、b 的传送方式都是传值，故在“Command1_Click()”事件过程中，变量 X、Y 的地址未发生变化，但由于调用 proc 过程后，变量 X 被赋予了新值 a*a，所以在单击命令按钮后，Label1 显示为 25，Label2 没有发生变化，因为 Y 变量事先未声明，为事件过程变量，在未采用传地址方式下 Sub 过程中的 Y 与事件过程中的 Y 互不干扰，所以本题答案为 B。

(24)【答案】A【解析】由于输入的数字为 6，6 对 2 的浮点除法与整数除法的结果一致，都是 3，所以执行 Then 后面的语句，即 f=f1(n)。根据 Function 对 f1 的定义，参数 x 以传地址的方式传送数值，故 n 值在被传送到 f1 函数过程后，通过 x=x*x，变为 36。f1 值由此变为 72，故正确答案为 A。

(25)【答案】D【解析】在不指明函数过程参数的类型时，该参数为变体变量（Vriant 数据类型），在 Visual Basic 中参数不可能没有数据类型，选项 A 说法错误。函数过程中，过程的返回值只能有一个，但可以有多种可能，选项 B 说法错误。当数组作为函数过程的参数时，一般只能以传地址的方式传输数值，选项 C 说法错误。函数过程的返回值可以由用户自行定义，不受形式参数的影响，选项 D 正确。

(26)【答案】B【解析】多重循环属于考试难点，考生应该注意多重循环中环应该按照先进后出、后进先出的原则，不能交叉。按照这个原则将循环层次分清楚就不容易出错。程序运行后在标签中显示的内容是 13，选项 B 正确。

(27)【答案】A【解析】KeyAscii 参数是所按键的 ASCII 码。

(28)【答案】C【解析】如果 For 循环的终值等于初值，For 循环也会执行一次循环。本题需要输出执行完 For n 循环后 n 值，应为 21。根据前述，当执行完 n=20 的循环时，n 被赋值 21，然后再取检验它是否超过了终值，故正确答案为 C。

(29)【答案】D【解析】按<A>键，将执行“Print "Visual Basic";”语句，单击窗体，执行“Print "程序设计"”语句。注意“Print "Visual Basic";”后面以分号结束，则执行下面的 Print 语句输出的字符会以紧凑方式与之相连，正确答案为 D。

(30)【答案】D【解析】If 选择控制结构的两种形式为：“If Then ... End If”与“If Then ... Else If Then ... End If”，选项 D 的写法是错误的，多出了 End If，正确答案为 D。

(31)【答案】D【解析】A 项定义了一个默认数组，B 项定义了一个动态数组，C 项直接定义。由于声明数组时不能通过变量声明数组长度，故 D 项是错误的。

(32)【答案】B【解析】Open 语句兼有打开文件和建立文件两种功能。在对一个数据文件进行读、写、修改或增加数据之前，必须先用 Open 语句打开或建立该文件。如果为输入（Input）打开的文件不存在，则产生“文件未找到”错误；如果为输出（Output）、追加（Append）或随机（Random）访问方式打开的文件不存在，则建立相应的文件。由此可见，本题应该选择 B。

(33)【答案】C【解析】按照题意，对话框的标题为“New Title”，选项 A 中 ShowPrinter 是打印对话框；选项 B 中 ShowFont 是选择字体对话框；选项 C 中 ShowOpen 是打开文件对话框，满足题意，是正确选项；选项 D 中 ShowColor 是选择颜色对话框。

(34)【答案】C【解析】根据题意，当 x<20 时，Do 循环执行。第 1 次执行完 Do 循环，x 的值为 2。故再执行 1 次，此时 x 值变为 12，此时仍符合条件，故执行第 3 次 Do 循环，x 值变为 182，循环就此结束。n 的值加了三次 1，故正确答案为 C。

(35)【答案】A【解析】FileName 用来设置或返回要保存的文件的路径及文件名，Filter 用来指定文件对话框中显示文件的类型，FilterIndex 用来指定默认的过滤器，DialogTitle 用来设置对话框的标题，Action 表示对话框的类型，保存文件对话框的 Action 值为 2。据此应选择 A 项。注意，FilterIndex 选择 1 意味着 Filter 属性中"*.txt"为默认的显示文件类型。

二、填空题

(1)【1】【答案】63 或 2^6-1【解析】在满二叉树中，每层结点都是满的，即每层结点都具有最大结点数。深度为 k 的满二叉树，一共有 2 的 k 次方-1 个结点，其中包括度为 2 的结点和叶子结点。因此，深度为 7 的满二叉树，一共有 2^7-1 个结点，即 127 个结点。根据二叉树的另一条性质，对任意一棵二叉树，若终端结点（即叶子结点）数为 n0，而其度数为 2 的结点数为 n2，则 n0= n2+1。设深度为 7 的满二叉树中，度为 2 的结点个数为 x，则改树中叶子结点的个数为 x+1。则应满足 x+(x+1)=127，解该方程得到，x 的值为 63。结果上述分析可知，在深度为 7 的满二叉树中，度为 2 的结点个数为 63。

(2)【2】【答案】时间【解析】算法的复杂度主要指时间复杂度和空间复杂度。

(3)【3】【答案】数据字典【解析】在结构化分析方法中，用于描述系统中所用到的全部数据和文件的文档称为数据字典。

(4)【4】【答案】顺序【解析】线性表的存储结构主要分为顺序存储结构和链式存储结构。当队列用链式存储结构实现时，就称为链队列；当队列用顺序存储结构实现时，就称为循环表。因此，本题划线处应填入“顺序”。

(5)【5】【答案】物理独立性【解析】数据独立性分为逻辑独立性与物理独立性。当数据的存储结构改变时，其逻辑结构可以不变，因此，基于逻辑结构的应用程序不必修改，称为物理独立性。

(6)【6】【答案】List1.AddItem i【7】【答案】List1.ListCount-1 或 14【8】【答案】List1.List(i) 或 Val(List1.List(i)) 或 CInt1(List1.List(i))【解析】Form_Load 文件过程用来添加 1～100 之间能被 7 整除的数。第一处使用 AddItem 方法，应填 List1.AddItem i，表示把 i 加入到列表框中。根据尝试，1～100 之间能被 7 整除的数有 14 个，故第二处填 14，也可以填 List1.ListCount-1，其中 ListCount 表示 List1 中表项的个数。对于第三空，List 属性用来返回 List1 列表框中的表项，一般与下标配合使用，本处应填 List1.List(i)，表示把表项的值赋给 Sum，其他项为等价的。

(7)【9】【答案】0【10】【答案】n-1【解析】首先分析程序中的循环体，可知当累加和 s 小于 m 时，n 加 1，然后把 n 的 2 次方累加到 s 中，再返回到循环体的 Do 语句，判断条件。直到当 s 大于等于 m 时，则退出循环。这时，n-1 即为满足不等式 s < m 的最大值。s 用来存放累加和，其初始值为 0。在执行第一次循环时，s 应该累加 1 的 2 次方。因此，在循环体中执行完 n = n + 1 语句后，n 的值为 1，即可知 n 的初始值为 0。因此，本题的第一个划线处应填写“0”。当 s 大于等于 m 时，则退出 Do 循环，说明 1 + 2 的 2 次方 + 3 的 2 次方 + 4 的 2 次方 + … + n 的 2 次方 ≥ m，而 1 + 2 的 2 次方 + 3 的 2 次方 + 4 的 2 次方 + … + （n-1）的 2 次方 < m。因此，退出循环后，n-1 的值即为所求的满足不等式 1 + 2 的 2 次方 + 3 的 2 次方 + 4 的 2 次方+ … + n 的 2 次方 < m 的最大值。经过上述分析可知，第二个划线处应填写“n-1”。

(8)【11】【答案】BASIC【解析】Mid 函数语法为 Mid(string,start[,length])。Mid(a$,I,n)表示从字符串 a$的第 i 个字符开始向后截取 n 个字符。如果省略 n，则一直截取到尾部。UCase 函数返回字符串的大写形式。故本题意在截取字符串"VisualBasic"后五位字母，并将其转换成大写字母状态，故本处填 BASIC。

(9)【12】【答案】计算机【13】【答案】等级考试【解析】根据题意，窗体一旦加载，即在文本框中显示字符“计算机”。故前一处填“计算机”。文本框中的内容发生变化，便触发了 Text1 的 Change 事件，故执行 Print 方法，即在图片框中显示内容等级考试。

(10)【14】【答案】Combo1.List(i)　【15】【答案】AddItem【解析】通过组合框控件用户可通过输入文本来选定项目，也可从列表中选定项目。利用 List 属性可以访问 ComboBox 的项目，第一个空应填 Combo1.List(i)。利用 AddItem 事件向 ComboBox 中添加控件的项目，第二个空应填 AddItem。

第 4 套笔试模拟试卷

（考试时间 90 分钟，满分 100 分）

一、选择题（每小题 2 分，共 70 分）

下列各题 A）、B）、C）、D）四个选项中，只有一个选项是正确的。请将正确选项填涂在答题卡相应位置上，答在试卷上不得分。

（1）下列选项中不符合良好程序设计风格的是（　）。

A）源程序要文档化　　B）数据说明的次序要规范化

C）避免滥用 goto 语句　　D）模块设计要保证高耦合、高内聚

（2）下列关于队列的叙述中正确的是（　）。

A）在队列中只能插入数据　　B）在队列中只能删除数据

C）队列是先进先出的线性表　　D）队列是先进后出的线性表

（3）下列选项中不属于软件生命周期开发阶段任务的是（　）。

A）软件测试　　B）概要设计　　C）软件维护　　D）详细设计

（4）下列叙述中正确的是（　）。

A）线性链表中的各元素在存储空间中的位置必须是连续的

B）线性链表中的表头元素一定存储在其他元素的前面

C）线性链表中的各元素在存储空间中的位置不一定是连续的，但表头元素一定存储在其他元素的前面

D）线性链表中的各元素在存储空间中的位置不一定是连续的，且各元素的存储顺序也是任意的

（5）下列叙述中正确的是（　）。

A）线性链表是线性表的链式存储结构　　B）栈与队列是非线性结构

C）双向链表是非线性结构　　D）只有根结点的二叉树是线性结构

（6）下列叙述中正确的是（　）。

A）黑箱（盒）测试方法完全不考虑程序的内部结构和内部特征

B）黑箱（盒）测试方法主要考虑程序的内部结构和内部特征

C）白箱（盒）测试不考虑程序内部的逻辑结构

D）上述三种说法都不对

（7）下列叙述中正确的是（　）。

A）接口复杂的模块，其耦合程度一定低　　B）耦合程度弱的模块，其内聚程度一定低

C）耦合程度弱的模块，其内聚程度一定高　　D）上述三种说法都不对

（8）下列描述中正确的是（　）。

A）程序就是软件　　B）软件开发不受计算机系统的限制

C）软件既是逻辑实体，又是物理实体　　D）软件是程序、数据与相关文档的集合

（9）用树形结构来表示实体之间联系的模型称为（　）。

A）关系模型　　B）层次模型　　C）网状模型　　D）数据模型

（10）数据库 DB、数据库系统 DBS、数据库管理系统 DBMS 之间的关系是（　）。

A）DB 包含 DBS 和 DBMS　　B）DBMS 包含 DB 和 DBS

C）DBS 包含 DB 和 DBMS　　D）没有任何关系

（11）以下叙述中错误的是（ ）。

A）打开一个工程文件时，系统自动装入与该工程有关的窗体、标准模块等文件

B）保存 Visual Basic 程序时，应分别保存窗体文件及工程文件

C）Visual Basic 应用程序只能以解释方式执行

D）事件可以由用户引发，也可以由系统引发

（12）以下能在窗体 Form1 的标题栏中显示“VisualBasic 窗体”的语句是（ ）。

A）Form1.Name="VisualBasic 窗体"　　B）Form1.Title="VisualBasic 窗体"

C）Form1.Caption="VisualBasic 窗体"　　D）Form1.Text="VisualBasic 窗体"

（13）以下能正确定义数据类型 TelBook 的代码是（ ）。

A）
```
Type TelBook
  Name As String*10
  TelNum As Integer
End Type
```
B）
```
Type TelBook
  Name As String*10
  TelNum As Integer
End TelBook
```
C）
```
Type TelBook
  Name String*l0
  TelNum Integer
End Type TelBook
```
D）
```
Typedef TelBook
  Name String*10
  TelNum Integer
End Type
```

（14）在窗体上画一个命令按钮，名称为 Command1。单击命令按钮时，执行如下事件过程：

```
Private Sub Command1_C1ick()
  a$ = "software and hardware"
  b$ = Right(a$, 8)
  c$ = Mid(a$, 1, 8)
  MsgBox a$, , b$, c$, 1
End Sub
```

则在弹出的信息框的标题栏中显示的信息是（ ）。

A）software and hardware　　B）software

C）hardware　　D）1

（15）以下叙述中错误的是（ ）。

A）下拉式菜单和弹出式菜单都用菜单编辑器建立

B）在多窗体程序中，每个窗体都可以建立自己的菜单系统

C）除分隔线外，所有菜单项都能接收 Click 事件

D）如果把一个菜单项的 Enabled 属性设置为 False，则该菜单项不可见

（16）利用 E-R 模型进行数据库的概念设计，可以分成三步：首先设计局部 E-R 模型，然后把各个局部 E-R 模型综合成一个全局的模型，要得到最终的 E-R 模型，还要对全局 E-R 模型进行（ ）。

A）简化　　B）结构化　　C）最小化　　D）优化

（17）常用的关系运算是关系代数和（ ）。

A）集合代数　　B）逻辑演算　　C）关系演算　　D）字段

（18）以下关于函数过程的叙述中，正确的是（ ）。

A）函数过程形参的类型与函数返回值的类型没有关系

B）在函数过程中，过程的返回值可以有多个

C）当数组作为函数过程的参数时，既能以传值方式传递，也能以传址方式传递

D）如果不指明函数过程参数的类型，则该参数没有数据类型

（19）在窗体上有一个名为 Text1 的文本框。当光标在文本框中时，如果按下字母键<A>，则被调用的事件过程是（　）。

A）Form_KeyPress( )　B）Text1_LostFocus( )　C）Text1_Click( )　D）Text1_Change( )

（20）设 a = 2, b = 3, c = 4，下列表达式的值是（　）。

Not a <= c Or 4*c = b^2 And b <> a + c

A）-1　B）1　C）True　D）False

（21）设有如下程序：

```
Private Static Function Fac(n As Integer) As Integer
    Dim f As Integer
    f=f+n
    Fac=f
End Function

Private Sub Form_Click()
    Dim I As Integer
    For I=2 To 3
        Print"#"; I& "=" & Fac(I)
    Next I
End Sub
```

程序运行后，单击窗体，在窗体上显示的是（　）。

A）#2=2
#3=3　B）#2=2
#3=5　C）#；2=2
#；3=3　D）#；2=2
#3；=5

（22）设 a=5，b=10，则执行：

c=Int((b-a)*Rnd+a)+1

后，c 值的范围为（　）。

A）5~10　B）6~9　C）6~10　D）5~9

（23）设 a = 4，b = 3，c = 2，d = 1，下列表达式的值是（　）。

a > b + 1 Or c < d And b Mod c

A）True　B）1　C）-1　D）0

（24）编写了如下事件过程：

```
Private Sub Form_KeyDown(KeyCode As Integer, Shift As Integer)
    If (Button And 3)=3 Then
        Print"AAAA"
    End If
End Sub
```

程序运行后，为了在窗体上输出“AAAA”，应按下的鼠标键是（　）。

A）左　B）右　C）同时按下左和右　D）按鼠标键没有反应

（25）以下叙述中错误的是（　）。

A）在 KeyPress 事件过程中不能识别键盘的按下与释放

B）在 KeyPress 事件过程中不能识别回车键

C）KeyDown 和 KeyUp 事件过程中，将键盘输入的“A”和“a”视作相同的字母

D）KeyDown 和 KeyUp 事件过程中，从大键盘上输入的“1”和从右侧小键盘上输入的“1”被视作不

同的字符

(26) 设在窗体中有一个名称为 List1 的列表框，其中有若干个项目（如图）。要求选中某一项后单击 Command1 按钮，就删除选中的项，则正确的事件过程是（ ）。

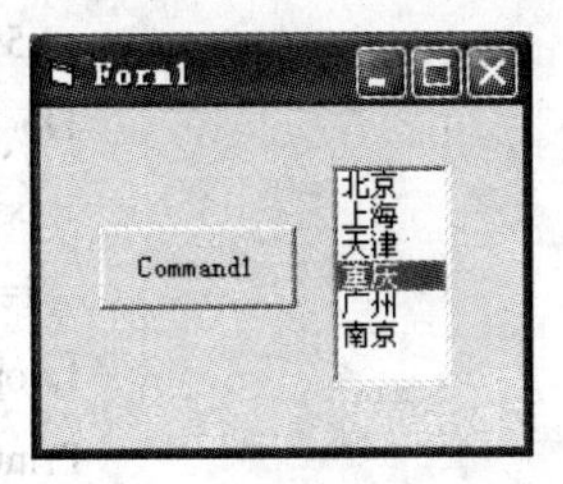

A）Private Sub Command1_Click()
    List1.Clear
  End Sub

B）Private Sub Command1_Click()
    List1.Clear List1.ListIndex
  End Sub

C）Private Sub Command1_Click()
    List1.RemoveItem List1.ListIndex
  End Sub

D）Private Sub Command1_Click()
    List1.RemoveItem
  End Sub

(27) 在窗体上画一个命令按钮和两个标签，其名称分别为 Command1、Label1 和 Label2，然后编写如下事件过程：

```
Private Sub Command1_Click()
    a = 0
    For i = 1 To 10
        a = a + 1
        b = 0
        For j = 1 To 10
            a = a + 1
            b = b + 2
        Next j
    Next i
    Label1.Caption = Str(a)
    Label2.Caption = Str(b)
End Sub
```

程序运行后，单击命令按钮，在标签 Label1 和 Label2 中显示的内容分别是（ ）。

A）10 和 20　　B）20 和 110　　C）200 和 110　　D）110 和 20

(28) 下列不能打开工具箱窗口的操作是（ ）。

A）执行“视图”菜单中的“工具箱”按钮　　B）按<Alt+F8>键

C）单击工具栏上的“工具箱”按钮　　D）按<Alt+V>键，然后按<Alt+X>键

(29) 以下能够正确计算 n!的程序是（ ）。

A）
```
Private Sub Command1_Click()
  n=5: x=1
  Do
    x=x*i
    i=i+1
  Loop While i<n
```

B）
```
Private Sub Command1_Click()
  n=5: x=1: i=1
  Do
    x=x*i
    i=i+1
  Loop While i<n
```

```
    Print x
  End Sub
```

```
    Print x
  End Sub
```

C）
```
Private Sub Command1_Click()
  n=5: x=1:i=1
  Do
    x=x*i
    i=i+1
  Loop while i<=n
  Print x
End Sub
```

D）
```
Private Sub Command1_C1ick()
  n=5: x=1: i=1
  Do
    x=x*i
    i=i+1
  Loop While i>n
  Print x
End Sub
```

（30）假定在窗体（名称为 Form1）的代码窗口中定义如下记录类型：

```
Private Type animal
    animalName As String * 20
    aColor As String * 10
End Type
```

在窗体上画一个名称为 Command1 的命令按钮，然后编写如下事件过程：

```
Private Sub Command1_Click()
    Dim rec As animal
    Open "c:\vbTest.dat" For Random As #1 Len = Len(rec)
    rec.animalName = "Cat"
    rec.aColor = "White"
    Put #1, , rec
    Close #1
End Sub
```

则以下叙述中正确的是（ ）。

A）记录类型 animal 不能在 Form1 中定义，必须在标准模块中定义

B）如果文件 c:\vbTest.dat 不存在，则 Open 命令执行失败

C）由于 Put 命令中没有指明记录号，因此每次都把记录写到文件的末尾

D）语句“Put #1, , rec”将 animal 类型的两个数据元素写到文件中

（31）在窗体上画一个名称为 Command1 的命令按钮，一个名称为 Label1 的标签，然后编写如下事件过程：

```
Private Sub Command1_Click()
    s = 0
    For i = 1 To 15
        x = 2 * i - 1
        If  x  Mod 3 = 0 Then s = s + 1
    Next i
    Label1.Caption = s
End Sub
```

程序运行后，单击命令按钮，则标签中显示的内容是（ ）。

A）1　　B）5　　C）27　　D）45

（32）在窗体上画一个名称为 Command1 的命令按钮，然后编写如下代码：

```
Option Base 1
Private Sub Command1_click()
    d = 0
```

```
        c = 10
        x = Array(10, 12, 21, 32, 24)
        For i = 1 To 5
            If x(i) > c Then
                d = d + x(i)
                c = x(i)
            Else
                d = d - c
            End If
        Next i
        Print d
    End Sub
```

程序运行后，如果单击命令按钮，则在窗体上输出的内容为（　）。

A）89　　B）99　　C）23　　D）77

（33）代数|3e+lgx+arctgy|对应的 Visual Basic 表达式是（　）。

A）Abs（e^3+Lg（x）+1/Tg（y））

B）Abs（Exp（3）+Log（x）/Log（10）+Atn（y））

C）Abs（Exp（3）+Log（x）+Atn（y））

D）Abs（Exp（3）+Log（x）+1/Atn（y））

（34）在用通用对话框控件建立“打开”或“保存”文件对话框时，如果需要指定文件列表框所列出的文件类型是文本文件（即.txt 文件），则正确的描述格式是（　）。

A）"text (.txt)|(*.txt)"　　B）"文本文件(.txt)|(.txt)"

C）"text(.txt)||(*.txt)"　　D）"text(.txt)(*.txt)"

（35）假定有下表所列的菜单结构：

标题	名称	层次
显示	appear	1（主菜单）
大图标	bigicon	2（子菜单）
小图标	smallicon	2（子菜单）

要求程序运行后，如果单击菜单项“大图标”，则在该菜单项前添加一个“√”，以下正确的事件过程是（　）。

A）
```
Private Sub bigicon_Click()
bigicon.Checked=False
End Sub
```

B）
```
Private Sub bigicon_Click()
    Me.appear.bigicon.Checked=True
End Sub
```

C）
```
Private Sub bigicon_C1ick()
    bigicon.Checked=True
End Sub
```

D）
```
Private Sub bigicon_Click()
    appear.bigicon.Checked=True
End Sub
```

二、填空题（每空 2 分，共 30 分）

请将每空的正确答案写在答题卡【1】～【15】序号的横线上，答在试卷上不得分。

（1）在一个容量为 25 的循环队列中，若头指针 front=16，尾指针 rear=9，则该循环队列中共有<u>【1】</u>个元素。

（2）在面向对象方法中，类之间共享属性和操作的机制称为<u>【2】</u>。

 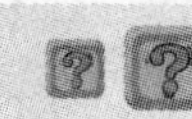 

（3）在数据库系统中，实现各种数据管理功能的核心软件称为【3】。

（4）在数据库的概念结构设计中，常用的描述工具是【4】。

（5）在 E-R 图中，矩形表示【5】。

（6）描述“X 是小于 100 的非负整数”的 Visual Basic 表达式是【6】。

（7）设窗体上有一个名称为 HScroll1 的水平滚动条，要求当滚动块移动位置后，能够在窗体上输出移动的距离（即新位置与原位置的刻度值之差，向右移动为正数，向左移动为负数）。下面是可实现此功能的程序，请填空。

```
Dim 【7】 As Integer
Private Sub Form_Load()
    pos = HScroll1.Value
End Sub
Private Sub HScroll1_Change()
    Print 【8】 - pos
    pos = HScroll1.Value
End Sub
```

（8）以下程序的功能是：将一维数组 A 中的 100 个元素分别赋给二维数组 B 的每个元素并打印出来，要求把 A(1)到 A(10)依次赋给 B(1,1)到 B(1,10)，把 A(11)到 A(20)依次赋给 B(2,1)到 B(2,10)，……，把 A(91)到 A(100)依次赋给 B(10,1)到 B(10,10)，请填空。

```
Option Base 1
Private Sub Form_Click()
    Dim i As Integer, j As Integer
    Dim A(1 To 100) As Integer
    Dim B(1 To 10, 1 To 10) As Integer
    For i = 1 To 100
        A(i) = Int(Rnd * 100)
    Next i
    For i = 1 To 【9】
        For j = 1 To 【10】
            B(i, j) = 【11】
            Print B(i, j);
        Next j
        Print
    Next i
End Sub
```

（9）在窗体上画 1 个命令按钮和 1 个通用对话框，其名称分别为 Command1 和 CommonDialog1，然后编写如下事件过程：

```
Private Sub Command1_Click()
    CommonDialog1.【12】 = "打开文件"
    CommonDialog1.Filter = "All Files（*.*）|*.*"
    CommonDialog1.InitDir = "C:\"
    CommonDialog1.ShowOpen
End Sub
```

该程序的功能是，程序运行后，单击命令按钮，将显示“打开”文件对话框，其标题是“打开文件”，在“文件类型”栏内显示“All Files（*.*）”，并显示 C 盘根目录下的所有文件，请填空。

（10）在窗体上画 1 个文本框，名称为 Text1，然后编写如下程序：

```
Private Sub Form_Load()
    Open "d:\temp\dat.txt" For Output As #1
    Text1.Text = ""
End Sub
Private Sub Text1_KeyPress(KeyAscii As Integer)
    If 【13】 = 13 Then
        If UCase(Text1.Text) = 【14】 Then
            Close 1
            End
        Else
            Write #1, 【15】
            Text1.Text = ""
        End If
    End If
End Sub
```

以上程序的功能是，在 D 盘 temp 目录下建立 1 个名为 dat.txt 的文件，在文本框中输入字符，每次按回车键（回车符的 ASCII 码是 13）都把当前文本框中的内容写入文件 dat.txt，并清除文本框中的内容；如果输入“END”，则结束程序，请填空。

第 4 套笔试模拟试卷解析

一、选择题

（1）【答案】D【解析】良好的设计风格包括：程序文档化，选项 A 的说法正确；数据说明次序规范化，选项 B 的说法正确；功能模块化，即把源程序代码按照功能划分为低耦合、高内聚的模块，选项 D 的说法错误；注意 goto 语句的使用，选项 C 的说法正确。

（2）【答案】C【解析】队列是指允许在一端进行插入、而在另一端进行删除的线性表，允许插入的一端称为队尾，允许删除的一端称为队头，选项 A 和选项 B 错误。在队列中，最先插入的元素将最先能够被删除，反之，最后插入的元素将最后才能被删除，所以，队列又称为"先进先出"或"后进后出"的线性表，它体现了"先来先服务"的原则，选项 C 正确，选项 D 错误。

（3）【答案】C【解析】软件开发周期开发阶段通常由下面五个阶段组成：概要设计、详细设计、编写代码、组装测试和确认测试。软件维护时期的主要任务是使软件持久地满足用户的需要，选项 C 中的软件维护不是软件生命周期开发阶段的任务。

（4）【答案】D【解析】在线性表的链式存储结构中，各数据结点的存储位置不连续，选项 A 错误。各结点在存储空间中的位置关系与逻辑关系也不一致，选项 B 和选项 C 错误，选项 D 正确。

（5）【答案】A【解析】线性链表是线性表的链式存储结构，选项 A 的说法是正确的。栈与队列是特殊的线性表，它们也是线性结构，选项 B 的说法是错误的；双向链表是线性表的链式存储结构，其对应的逻辑结构也是线性结构，而不是非线性结构，选项 C 的说法是错误的；二叉树是非线性结构，而不是线性结构，选项 D 的说法是错误的。

（6）【答案】A【解析】黑箱测试方法完全不考虑程序的内部结构和内部特征，而只是根据程序功能导出测试用例，选项 A 是正确的，选项 B 错误。白箱测试是根据对程序内部逻辑结构的分析来选取测试用例，选项 C 错误。

（7）【答案】C【解析】影响模块之间耦合的主要因素有两个：模块之间的连接形式，模块接口的复杂性。

一般来说，接口复杂的模块，其耦合程度要比接口简单的的模块强，所以选项 A 的说法错误；耦合程度弱的模块，其内聚程度一定高，选项 B 错误；选项 C 正确。

(8)【答案】D【解析】计算机软件是计算机系统中与硬件相互依存的另一部分，包括程序、数据及相关文档的完整集合。

(9)【答案】B【解析】目前常用的数据模型有 3 种：层次模型、网状模型和关系模型。在层次模型中，实体之间的联系是用树结构来表示的。

(10)【答案】C【解析】数据库管理系统 DBMS 是数据库系统中实现各种数据管理功能的核心软件。它负责数据库中所有数据的存储、检索、修改以及安全保护等，数据库内的所有活动都是在其控制下进行的。所以，DBMS 包含数据库 DB。操作系统、数据库管理系统与应用程序在一定的硬件支持下就构成了数据库系统 DBS。所以，DBS 包含 DBMS，也就包含 DB。

(11)【答案】C【解析】Visual Basic 应用程序可以以两种方法执行：编译方式与解释方式。故选项 C 是错误的。A、B 项的说法正确。事件可以由用户引发，也可以由系统引发，比如 Form 的 Load 事件就是系统在装载窗体时自动引发，故 D 项说法也是正确的。

(12)【答案】C【解析】Caption 属性返回窗体标题栏中的内容，故本题正确答案为 C。注意 Caption 与 Name 属性的区别。Name 是窗体的名称，专门用来在程序代码中指代窗体。

(13)【答案】A【解析】所列项错误主要集中在 Type 语句的使用格式上。B 项 End 后面应接 Type；C 项 End 后面多出了 TelBook，而且元素与数据类型之间缺少关键字 As；D 项元素与数据类型之间也是缺少关键字 As，故只有 A 项是正确的。

(14)【答案】C【解析】Right(a$,8)表示返回字符串 a$从右数的 8 个字符，Mid(a$,1,8)表示从 a$的第一个字符处向右取 8 个字符。MsgBox 语句后的第三项表示弹出的对话框的标题栏内的内容，故本题选择 C 项。注意 MsgBox 语句后省略某项参数时，逗号不能省略。

(15)【答案】D【解析】下拉式菜单与弹出式菜单都用菜单编辑器建立，不同的是，弹出式菜单还需要用 PopupMenu 方法激活，答案 A 表述正确。在多重窗体程序中，每个窗体都可以建立自己的菜单，答案 B 也是正确的。菜单中，除了分隔线外，所有菜单项都能接收 Click 事件，选项 C 表述正确。选项 D 处犯了一个典型的错误，就是没有区别 Visible 属性与 Enabled 属性。前者表示该菜单项不可见，或者表示该菜单项功能失效，此时显示为灰色，故本题选择 D 项。

(16)【答案】D【解析】在概念设计中，按照模块的划分画出各个模块的 E-R 图，然后把这些图合成一张 E-R 图作为全局模型，最后应该对全局 E-R 图进行优化，看是否有重复和不合理的地方。不能只进行简单的合并，故正确答案为 D。

(17)【答案】C【解析】常用的关系运算包括关系代数和关系演算。

(18)【答案】A【解析】函数过程的返回值可以由用户自行定义，不受形式参数的影响。故 A 表述正确。函数过程中，过程的返回值只能有一个，但可以有多种可能，选项 B 表述有误。当数组作为函数过程的参数时，一般只能以传地址的方式传输数值。C 项表述错误。在不指明函数过程参数的类型时，该参数为变体变量（Vriant 数据类型），在 Visual Basic 中参数不可能没有数据类型，故选项 D 错误。

(19)【答案】D【解析】文本框控件常用事件有如下几个：Change 事件，在文本框中输入新信息或在程序中改变 Text 属性值时，都会触发该事件。KeyPress 事件，当文本框具有焦点时，按下任意键，都会产生该事件。GotFocus 事件，按下 Tab 键或用鼠标单击该对象使它获得焦点时，触发该事件。LostFocus 事件，按下 Tab 键或用鼠标单击其他对象使焦点离开该文本框时，触发该事件。因此，当光标在文本框中时，如果按下字母键“A”，则被调用的事件过程是该控件的 Change 过程（方法），本题的正确答案是选项 D。

(20)【答案】D【解析】一个表达式含有多种运算时，计算机按一定的顺序对表达式求值。一般顺序如下：第一级进行函数运算，第二级进行算术运算，再按优先级顺序由高到低，幂（^）→取负（-）→乘、浮点除（*、/）→整除（\）→取模（Mod）→加、减（+、-）→连接（&）；第三级进行关系运算（=、<>、<、>、<=、>=）；第四级进行逻辑运算，其顺序为 Not → And → Or → Xor → Eqv → Imp。本题中，a<=c 值为 True，4*c=b^2 值为 False，b<>a+c 值为 True，Not True Or False And True 结果为 False，选项 D 正确。

(21)【答案】B【解析】由于 Print 方法中的分号表示前后字符之间的连接，并不显示在窗体中，故 C、D 错误，同时由于 Function 过程以 Static 定义，在 I=3 时，Fac(I)的值为 5，故选择 B 项。

(22)【答案】C【解析】Int 函数是将浮点型或货币型数据转换成不大于给定数的最大整数；Rnd 函数是产生随机数，范围是(0,1)。题目中(b-a)*Rnd+a 表达式，当 Rnd 取 0 时最小，取 1 时最大，范围是(5,10)，因为 Rnd 不会取到 0 和 1，所以 Int((b-a)*Rnd+a)值的范围是[5,9]，所以 c 的范围为 6~10。

(23)【答案】D【解析】一个表达式可能含有多种运算，计算机按一定的顺序对表达式求值。一般顺序如下：①首先进行函数运算。②接着进行算术运算，其次序为：幂（^）→取负（-）→乘、浮点除（*、/）→整除（\）→取模（Mod）→加、减（+、-）→连接（&）。③然后进行关系运算（=、>、<、<>、<=、>=）。④最后进行逻辑运算，顺序为：Not→And→Or→Xor→Eqv→Imp。因此，本题首先应计算 b + 1 和 b Mod c，计算完后表达式为：a>4 Or c<d And 1；接下来应该计算 a>4 与 c<d，结果为：False Or False And 1。因为 And 优先于 Or，而且 VB 把任何非 0 值都认为是“真”，所以该表达式的结果为：False Or False = False。在 VB 中 False 也可以看作是 0，因此应该选择 D。

(24)【答案】D【解析】该事件过程响应的是 KeyDown 事件，按下鼠标键，不会调动该事件过程，故选 D。另外，值得一提的是，(Button And 3)=3 表示同时按下鼠标左右键。

(25)【答案】B【解析】KeyPress 的参数 KeyAscii 对应不同的字符，它与 KeyDown 的参数 KeyCode 有本质上的区别。KeyCode 对应键的 ASCII 码，不区分大小写，故 C、D 项是正确的。KeyPress 可以识别回车键，但不能识别键盘的按下与释放，故选 B。

(26)【答案】C【解析】题目要求选中列表框 List1 的某一项后单击 Command1 按钮，就删除选中的项。则应该在 Command1 的 Click 事件中编写程序代码，调用 List1 的 RemoveItem 方法实现删除，调用时该方法的参数是 List1 的 ListIndex 值，对应语句是 List1.RemoveItem List1.ListIndex。因此，本题的正确答案是选项 C。

(27)【答案】D【解析】这里注意每次执行外层循环时，b 的值都被重新赋为 0，b 的最终结果是当 i=10 时，内层循环执行后 b 的结果，也就是执行了 10 次 b=b+2，结果为 20。a 的最终结果是执行了 110 次 a+1，结果为 110，选项 D 正确。

(28)【答案】B【解析】工具箱的打开方式基本有三种：一为单击“视图”菜单后选择“工具箱”按钮；二为单击工具栏上的“工具箱”按钮；三为使用访问键，<Alt+V>键打开“视图”菜单，<Alt+X>键打开“工具箱。故 A、C、D、操作方式正确，B 项不能打开 VB 任何功能。

(29)【答案】C【解析】只有 C 项符合题意。A 中 i 一开始未被赋值，默认为 0；B 项中由于“i<n”的条件使得 Do 循环比应有循环次数少循环一次；选项 D 由于“i>n”这一条件，使得控制语句只能循环一次。

(30)【答案】D【解析】Type 语句通常在标准模块中使用，如果放在窗体模块中，则应加上关键字 Private。故选项 A 的说法是错误的。如果文件 vbTest.dat 不存在，则 Open 语句可以自行生成一个文件。故 B 项说法错误。对于用 Random 方式打开的文件，“记录号”是需要写入的编号。如果省略，则写到下一个记录位置，即最近执行 Get 或 Put 语句后或由最近的 Seek 语句所指定的位置。注意，省略记录号，逗号不可以省略，故 C 项也是错误的，D 项正确。

（31）【答案】B【解析】本题如果实际带值计算可能比较麻烦。题意表明，如果遇到 x 为 3 的倍数时，s 就加 1，可见当 i 取 1 到 15 之间的数时，选 C、D 明显不符合实际情况，选 A 也不正确，通过计算会发现，i 在五种情况下使得 x 为 3 的倍数，故本题选 B。

（32）【答案】C【解析】首先使用 Array 为数组 x 赋值。For 循环表示当 x(i)值大于 c 时就执行：

```
d=d+x(i)
c=x(i)
```

表示如果 x(i)>c 则令 d 加 x(i)，并且赋 x(i)给变量 c。否则，执行 d=d-c 语句。要注意 c 的值在不断发生变化，根据题意，最终答案为 C。

（33）【答案】B【解析】Visual Basic 有它自己的一套数学符号，编程时要遵守这套规则，否则系统将无法编译程序。本题中绝对值用 Abs 表示；3e 用 Exp(3)表示，由于 Visual Basic 没有提供与 lg 对应的函数，故 lgx 表示为 Log(x)/Log(10)，arctg 用 Atn 表示，故答案为 B。

（34）【答案】A【解析】文件是文本文件，用"text(.txt)|(*.txt)"表示。正确答案为 A 项。B 项缺少"*"；C 项的分隔符有误；D 项缺少分隔符。

（35）【答案】C【解析】每个菜单项都有一个属性 Checked，当它的值为 True 时，该菜单项被选中，当它的值为 False 时，该菜单项不被选中。对于程序代码所在的窗体，可以用 Me 来代指，选项 B 和 D 的用法是错误的。

二、填空题

（1）【1】【答案】18【解析】设循环队列的容量为 n。若 rear＞front，则循环队列中的元素个数为 rear-front；若 rear＜front，则循环队列中的元素个数为 n+(rear-front)。题中，front=16，rear=9，即 rear＜front，所以，循环队列中的元素个数为 m+(rear-front)=25+(9-16)=18。

（2）【2】【答案】分类性【解析】在面向对象方法中，类是具有共同属性、共同方法的对象的集合。所以，类是对象的抽象，它描述了属于该对象类型的所有对象的性质。而一个具体的对象则是其对应类的一个实例。由此可知，类是关于对象性质的描述，它包括一组数据属性和在数据上的一组合法操作。类之间这种共享属性和操作的机制称为分类性。

（3）【3】【答案】数据库管理系统 或 DBMS【解析】数据库管理系统(Database Management System，DBMS)是一种操纵和管理数据库的大型软件，是用于建立、使用和维护数据库，简称 DBMS。它对数据库进行统一的管理和控制，以保证数据库的安全性和完整性。用户通过 DBMS 访问数据库中的数据，数据库管理员也通过 DBMS 进行数据库的维护工作。它提供多种功能，可使多个应用程序和用户用不同的方法在同时或不同时刻去建立，修改和询问数据库。因此，数据库系统中，数据库管理系统是实现各种数据管理功能的核心软件，本题的答案是数据库管理系统或 DBMS。

（4）【4】【答案】E-R 图【解析】E-R 图是设计概念模型的有力工具。

（5）【5】【答案】实体【解析】E-R 模型中，有三个基本的抽象概念：实体、联系和属性。在 E-R 图中，用矩形框表示实体，菱形框表示联系，椭圆形框表示属性。

（6）【6】【答案】X >= 0 And X < 100 或 X > -1 And X <= 99 或 Not X < 0 And Not X >= 100【解析】使用关系表达式和布尔表达式来完成，关系表达式的格式为：<表达式 1><关系运算符><表达式 2>。布尔表达式由关系表达式、布尔运算符、布尔常量、布尔变量和函数组成。其一般格式为：<表达式 1><布尔运算符><表达式 2>。本题正确答案为 X >= 0 And X < 100 或 X > -1 And X <= 99 或 Not X < 0 And Not X >= 100。

（7）【7】【答案】pos【8】【答案】HScroll1.Value 或 HScroll1【解析】滚动条的 Value 属性用来记录滚动条的当前值（滚动滑块的位置）；当滚动条滑块位置改变时触发滚动条的 Change 事件。本题中，加载窗体时，用 pos 变量记录滚动条的初始位置，变量遵循先定义后使用的原则。因此，第一条语句用来定义整型变量 pos，第一个划线处应填入 pos。当滚动条滑块位置改变时触发滚动条的 Change 事件，该事件中要在窗体上输出移动的距离，即用滚动条的 Value 属性（滚动条的当前位置）减去滚动条的初始位置（pos），因此，第二个划线处应填入 HScroll1.Value 或 HScroll1。

（8）【9】【答案】10【10】【答案】10【11】【答案】A((i - 1) * 10 + j)【解析】本题首先声明 A(1 To 100)为包含 100 个元素的一维数组，B(1 To 10, 1 To 10)是一个包含 100 个元素的二维数组。要对所有数组元素都要做一次操作，因此可知第一个空和第二个空都应该是 10。按照题目要求将 A 数组中内容赋给 B 数组，第三个空中应该填写 A((i - 1) * 10 + j)。

（9）【12】【答案】DialogTitle【解析】在通用对话框中，负责显示对话框标题的属性名是 DialogTitle，由此可知，本题应该填 DialogTitle。

（10）【13】【答案】KeyAscii【14】【答案】"END"【15】【答案】Text1.Text 或 Text1【解析】文本框的 KeyPress 事件由两个嵌套的 If 语句组成。外层 If 语句的条件表达式不全，是当什么等于 13 时才执行内层 If 语句，题目中已提示我们回车符的 ASCII 码是 13，因此这一句是要判断输入的字符是否回车键，所以第 1 空应该填 KeyAscii。在内层 If 语句的 If 分支中，使用了 Close 和 End 语句来结束程序，而题目要求输入"END"时才结束程序，所以内层 If 语句的条件表达式应该要判断当前 Text1 的内容是否为"END"，故第 2 空应该填"END"。剩下内层的 Else 子句的功能一定就是“把当前文本框中的内容写入文件 dat.txt，并清除文本框中的内容”了，所以第 3 空应填入 Text1.Text 或 Text1（Text 是 TextBox 控件的默认属性可以省略）。

第 5 套笔试模拟试卷

（考试时间 90 分钟，满分 100 分）

一、选择题（每小题 2 分，共 70 分）

下列各题 A）、B）、C）、D）四个选项中，只有一个选项是正确的。请将正确选项填涂在答题卡相应位置上，答在试卷上不得分。

（1）一个栈的初始状态为空。现将元素 1、2、3、4、5、A、B、C、D、E 依次入栈，然后再依次出栈，则元素出栈的顺序是（　）。

A）12345ABCDE　B）EDCBA54321　C）ABCDE12345　D）54321EDCBA

（2）下列叙述中正确的是（　）。

A）循环队列有队头和队尾两个指针，因此，循环队列是非线性结构

B）在循环队列中，只需要队头指针就能反映队列中元素的动态变化情况

C）在循环队列中，只需要队尾指针就能反映队列中元素的动态变化情况

D）循环队列中元素的个数是由队头指针和队尾指针共同决定

（3）在长度为 n 的有序线性表中进行二分查找，最坏情况下需要比较的次数是（　）。

A）$O(n)$　B）$O(n^2)$　C）$O(\log_2 n)$　D）$O(n\log_2 n)$

（4）下列叙述中正确的是（　）。

A）顺序存储结构的存储一定是连续的，链式存储结构的存储空间不一定是连续的

B）顺序存储结构只针对线性结构，链式存储结构只针对非线性结构

C）顺序存储结构能存储有序表，链式存储结构不能存储有序表

D）链式存储结构比顺序存储结构节省存储空间

（5）数据流图中带有箭头的线段表示的是（　）。

A）控制流　　B）事件驱动　　C）模块调用　　D）数据流

（6）在软件开发中，需求分析阶段可以使用的工具是（　）。

A）N-S 图　　B）DFD 图　　C）PAD 图　　D）程序流程图

（7）在面向对象方法中，不属于“对象”基本特点的是（　）。

A）一致性　　B）分类性　　C）多态性　　D）标识唯一性

（8）一间宿舍可住多个学生，则实体宿舍和学生之间的联系是（　）。

A）一对一　　B）一对多　　C）多对一　　D）多对多

（9）在数据管理技术发展的 3 个阶段中，数据共享最好的是（　）。

A）人工管理阶段　　B）文件系统阶段　　C）数据库系统阶段　　D）3 个阶段相同

（10）有 3 个关系 R、S 和 T 如下：

R

A	B
m	1
n	2

S

B	C
1	3
3	5

T

A	B	C
m	1	3

由关系 R 和 S 通过运算得到关系 T，则所使用的运算为（　）。

A）笛卡尔积　　B）交　　C）并　　D）自然连接

（11）在设计窗体时双击窗体的任何地方，可以打开的窗口是（　）。

A）代码窗口　　B）属性窗口

C）工程资源管理器窗口　　D）工具箱窗口

（12）若变量 a 未事先定义而直接使用（例如：a=0），则变量 a 的类型是（　）。

A）Integer　　B）String　　C）Boolean　　D）Variant

（13）以下选项中，不合法的 Visual Basic 的变量名是（　）。

A）a5b　　B）_xyz　　C）a_b　　D）andif

（14）表达式 2*3^2+4*2/2+3^2 的值是（　）。

A）30　　B）31　　C）49　　D）48

（15）现有语句：　y = IIf(x > 0, x Mod 3, 0)

设 x=10，则 y 的值是（　）。

A）0　　B）1　　C）3　　D）语句有错

（16）为了使文本框同时具有垂直和水平滚动条，应先把 MultiLine 属性设置为 True，然后再把 ScrollBars 属性设置为（　）。

A）0　　B）1　　C）2　　D）3

（17）以下叙述中错误的是（　）。

A）在通用过程中，多个形式参数之间可以用逗号作为分隔符

B）在Print方法中，多个输出项之间可以用逗号作为分隔符

C）在Dim语句中，所定义的多个变量可以用逗号作为分隔符

D）当一行中有多个语句时，可以用逗号作为分隔符

（18）设窗体上有一个列表框控件 List1，含有若干列表项。以下能表示当前被选中的列表项内容的是（　）。

A）List1.List　　B）List1.ListIndex　　C）List1.Text　　D）List1.Index

（19）设 a=4，b=5，c=6，执行语句 Print a<b And b<c 后，窗体上显示的是（　）。

A）True　　B）False　　C）出错信息　　D）0

（20）执行下列语句

strInput = InputBox（"请输入字符串","字符串对话框","字符串"）

将显示输入对话框。此时如果直接单击“确定”按钮，则变量 strInput 的内容是（　）。

A）"请输入字符串"　B）"字符串对话框"　C）"字符串"　D）空字符串

（21）窗体上有 Command1、Command2 两个命令按钮。现编写以下程序：

```
Option Base 0
Dim a() As Integer, m As Integer
Private Sub Command1_Click()
    m = InputBox("请输入一个正整数")
    ReDim a(m)
End Sub
Private Sub Command2_Click()
    m = InputBox("请输入一个正整数")
    ReDim a(m)
End Sub
```

运行程序时，单击 Command1 后输入整数 10，再单击 Command2 后输入整数 5，则数组 a 中元素的个数是（　）。

A）5　B）6　C）10　D）11

（22）在窗体上画一个命令按钮和一个标签，其名称分别为 Command1 和 Label1，然后编写如下事件过程：

```
Private Sub Command1_Click()
    Counter = 0
    For i = 1 To 4
        For j = 6 To 1 Step -2
            Counter = Counter +1
        Next j
    Next i
    Label1.Caption = Str(Counter)
End Sub
```

程序运行后，单击命令按钮，标签中显示的内容是（　）。

A）11　B）12　C）16　D）20

（23）在窗体上画一个名为 Command1 的命令按钮，然后编写以下程序：

```
Private Sub Command1_Click()
    Dim M(10) As Integer
    For k = 1 To 10
        M(k) = 12-k
    Next k
    x = 8
    Print M(2+M(x))
End Sub
```

运行程序，单击命令按钮，在窗体上显示的是（　）。

A）6　B）5　C）7　D）8

（24）以下关于过程及过程参数的描述中，错误的是（　）。

A）调用过程时可以用控件名称作为实际参数

B）用数组作为过程的参数时，使用的是“传地址”方式

C）只有函数过程能够将过程中处理的信息传回到调用的程序中

D）窗体（Form）可以作为过程的参数

（25）设工程文件包含两个窗体文件 Form1.frm、Form2.frm 及一个标准模块文件 Module1.bas。两个窗体上分别只有一个名称为 Command1 的命令按钮。

Form1 的代码如下：

```
Public x As Integer
Private Sub Form_Load()
    x = 1
    y = 5
End Sub
Private Sub Command1_Click()
    Form2.Show
End Sub
```

Form2 的代码如下：

```
Private Sub Command1_Click()
    Print Form1.x, y
End Sub
```

Module1 的代码如下：

```
Public y As Integer
```

运行以上程序，单击 Form1 的命令按钮 Command1，则显示 Form2；再单击 Form2 上的命令按钮 Command1，则窗体上显示的是（ ）。

A）1 5　　B）0 5　　C）0 0　　D）程序有错

（26）在窗体上有两个名称分别为 Text1、Text2 的文本框，一个名称为 Command1 的命令按钮。运行后的窗体外观如图所示。

设有如下的类型和变量声明：

```
Private Type Person
    name As String*8
    major As String*20
End Type
Dim p As Person
```

设文本框中的数据已正确地赋值给 Person 类型的变量 p，当单击“保存”按钮时，能够正确地把变量中的数据写入随机文件 Test2.dat 中的程序段是（ ）。

A）Open "c:\Test2.dat" For Output As #1

```
Put #1, 1, p
Close #1
```

B）Open "c:\Test2.dat" For Random As #1

```
Get #1, 1, p
Close #1
```

C）Open "c:\Test2.dat" For Random As #1 Len = Len(p)

```
    Put #1, 1, p
    Close #1
```

D）Open "c:\Test2.dat" For Random As #1 Len = Len(p)

```
    Get #1, 1, p
    Close #1
```

（27）在窗体上画一个名称为Text1的文本框和一个名称为Command1的命令按钮，然后编写如下事件过程：

```
Private Sub Command1_Click()
    Dim i As Integer, n As Integer
    For i=0 To 50
        i=i+3
        n = n + 1
        If i> 10 Then Exit For
    Next
    Text1.Text = Str(n)
End Sub
```

程序运行后，单击命令按钮，在文本框中显示的值是（　）。

A）2　　B）3　　C）4　　D）5

（28）假定有以下循环结构

```
Do Until 条件表达式
    循环体
Loop
```

则以下正确的描述是（　）。

A）如果“条件表达式”的值是0，则一次循环体也不执行

B）如果“条件表达式”的值不为0，则至少要执行一次循环体

C）不论“条件表达式”的值是否为“真”，至少要执行一次循环体

D）如果“条件表达式”的值恒为0，则无限次执行循环体

（29）现有如下程序：

```
Private Sub Command1_Click()
    s = 0
    For i=1 To 5
        s = s+f(5+i)
    Next
    Print s
End Sub
Public Function f(x As Integer)
    If x >= 10 Then
        t = x+1
    Else
        t = x+2
    End If
    f = t
End Function
```

运行程序，则窗体上显示的是（　）。

A）38　　B）49　　C）61　　D）70

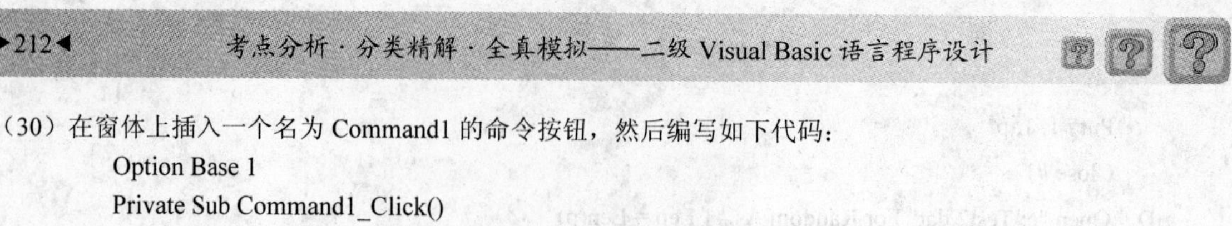

（30）在窗体上插入一个名为 Command1 的命令按钮，然后编写如下代码：

```
Option Base 1
Private Sub Command1_Click()
    Dim a
    a = Array(1,2,3,4)
    j = 1
    For i = 4 To 1 Step -1
        s = s+a(i) * j
        j = j * 10
    Next i
    Print s
End Sub
```

运行上面的程序，其输出结果是（　）。

A）1234　　B）12　　C）34　　D）4321

（31）设有如下通用过程：

```
Public Function Fun(xStr As String)As String
    Dim tStr As String, strL As Integer
    tStr = ""
    strL = Len(xStr)
    i = 1
    Do While i<=strL/2
        tStr = tStr & Mid(xStr,i,1)& Mid(xStr,strL – i + 1, 1)
        i = i + 1
    Loop
    Fun = tStr
End Function
```

在窗体上插入一个名称为 Command1 的命令按钮。然后编写如下的事件过程：

```
Private Sub Command1_Click()
    Dim S1 As String
    S1 = "abcdef"
    Print UCase(Fun(S1))
End Sub
```

程序运行后，单击命令按钮，输出结果是（　）。

A）ABCDEF　　B）abcdef　　C）AFBECD　　D）DEFABC

（32）窗体上有两个名称分别为 Text1、Text2 的文本框。Text1 的 KeyUp 事件过程如下：

```
Private Sub Text1_KeyUp(KeyCode As Integer, Shift As Integer)
    Dim c As String
    c = UCase(Chr(KeyCode))
    Text2.Text = Chr(Asc(c)+2)
End Sub
```

当向文本框 Text1 中输入小写字母 a 时，文本框 Text2 中显示的是（　）。

A）A　　B）a　　C）C　　D）c

（33）假定有以下函数过程：

```
Function Fun(S As String)As String
    Dim s1 As String
    For i = 1 To Len(S)
```

```
            s1 = LCase(Mid(S,i,1))+s1
        Next i
        Fun = s1
    End Function
```

在窗体上插入一个命令按钮，然后编写如下事件过程：

```
    Private Sub Command1_Click()
        Dim Str1 As String, Str2 As String
        Str1 = InputBox("请输入一个字符串")
        Str2 = Fun(Str1)
        Print Str2
    End Sub
```

程序运行后，单击命令按钮，如果在输入对话框中输入字符串“abcdefg”，则单击“确定”按钮后在窗体上的输出结果为（　）。

A）ABCDEFG　　B）abcdefg　　C）GFEDCBA　　D）gfedcba

（34）为计算 a^n 的值，某人编写了函数 power 如下：

```
    Private Function power(a As Integer, n As Integer)As Long
        Dim p As Long
        p=a
        For k = 1 To n
            p = p *a
        Next k
        power = p
    End Function
```

在调试时发现是错误的，例如 Print power(5,4)的输出应该是 625，但实际输出是 3125，程序需要修改。下面的修改方案中有 3 个是正确的，错误的一个是（　）。

A）把For k = 1 To n 改为For k =2 To n　　B）把p=p*a改为p=p^n

C）把For k=1 To n改为For k=1 To n-1　　D）把p=a改为p=1

（35）已知在 4 行 3 列的全局数组 score(4, 3)中存放了 4 个学生 3 门课程的考试成绩（均为整数）。现需要计算每个学生的总分，某人编写程序如下：

```
    Option Base 1
    Private Sub Command1_Click()
        Dim sum As Integer
        sum = 0
        For i=1 To 4
            For j=1 To 3
                sum = sum+score(i, j)
            Next j
            Print "第"&i&"个学生的总分是："; sum
        Next i
    End Sub
```

运行此程序时发现，除第 1 个人的总分计算正确外，其他人的总分都是错误的，程序需要修改。以下修改方案中正确的是（　）。

A）把外层循环语句For i=1 To 4 改为For i=1 To 3
　　内层循环语句 For j=1 To 3 改为 For j=1 To 4

B）把sum = 0移到For i=1 To 4和For j=1 To 3之间

C）把sum = sum+score(i, j)改为sum = sum+score(j, i)

D）把sum = sum+score(i, j)改为sum = score(i, j)

二、填空题（每空 2 分，共 30 分）

请将每一空的正确答案写在答题卡【1】~【15】序号的横线上，答在试卷上不得分。

（1）对下列二叉树进行中序遍历的结果是【1】。

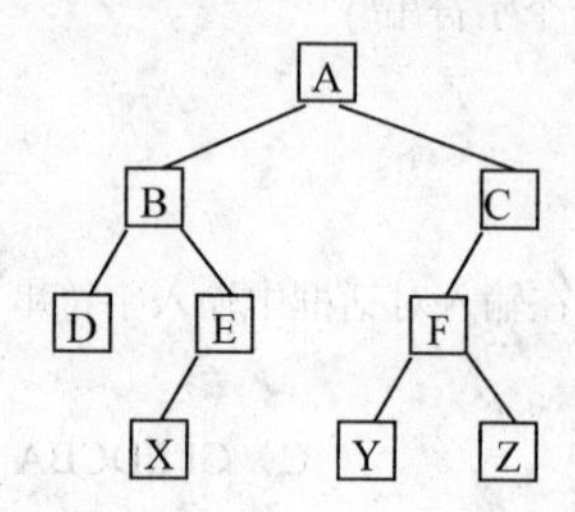

（2）按照软件测试的一般步骤，集成测试应在【2】测试之后进行。

（3）软件工程三要素包括方法、工具和过程，其中，【3】支持软件开发的各个环节的控制和管理。

（4）数据库设计包括概念设计、【4】和物理设计。

（5）在二维表中，元组的【5】不能再分成更小的数据项。

（6）在窗体上插入一个文本框、一个标签和一个命令按钮，其名称分别为 Text1、Label1 和 Command1，然后编写如下两个事件过程：

```
Private Sub Command1_Click()
    S$=InputBox("请输入一个字符串")
    Text1.Text=S$
End Sub
Private Sub Text1_Change()
    Label1.Caption=UCase(Mid(Text1.Text, 7))
End Sub
```

程序运行后，单击命令按钮，将显示一个输入对话框，如果在该对话框中输入字符串“VisualBasic”，则在标签中显示的内容是【6】。

（7）在窗体上画一个命令按钮，其名称为 Command1，然后编写如下事件过程：

```
Private Sub Command1_Click()
    a$="National Computer Rank Examination"
    n=Len(a$)
    s=0
    For i=1 To n
        b$=Mid(a$,i,1)
        If b$="n" Then
            s = s+1
        End If
    Next i
    Print s
End Sub
```

程序运行后，单击命令按钮，输出结果是【7】。

（8）为了在运行时把 d:\pic 文件夹下的图形文件 a.jpg 装入图片框 Picture1，所使用的语句为【8】。

（9）在窗体上画一个名称为 Command1 的命令按钮。然后编写如下程序：

```
Option Base 1
Private Sub Command1_Click()
    Dim a(10) As Integer
    For i=1 To 10
        a(i) = i
    Next
    Call swap(【9】)
    For i=1 To 10
        Print a(i);
    Next
End Sub
Sub swap(b() As Integer)
    n = 【10】
    For i=1 To n/2
        t = b(i)
        b(i) = b(n)
        b(n) = t
        【11】
    Next
End Sub
```

上述程序的功能是，通过调用过程 swap，调换数组中数值的存放位置，即 a(1)与 a(10)的值互换，a(2)与 a(9)的值互换……请填空。

（10）在窗体上插入一个名为 Command1 的命令按钮，然后编写如下程序：

```
Private Sub Command1_Click()
    Dim i As Integer
    Sum = 0
    n = InputBox("Enter a number")
    n = Val(n)
    For i = 1 To n
        Sum = 【12】
    Next i
    Print Sum
End Sub
Function fun(t As Integer)As Long
    p=1
    For i = 1 To t
        p = p * i
    Next i
    【13】
End Function
```

以上程序的功能是，计算 1！+2！+3！+ ... +n!，其中 n 从键盘输入，请填空。

（11）在窗体上画一个文本框，名称为 Text1，然后编写如下程序：

```
Private Sub Form_Load()
    Open "d:\temp\dat.txt" For Output As #1
    Text1.Text=""
End Sub
```

```
Private Sub Text1_KeyPress(KeyAscii As Integer)
    If KeyAscii = 13 Then
        If UCase(Text1.Text)= 【14】 Then
            Close #1
            End
        Else
            Write #1, 【15】
            Text1.Text=""
        End If
    End If
End Sub
```

以上程序的功能是：在 D 盘 temp 文件夹下建立一个名为 dat.txt 的文件，在文本框中输入字符，每次按回车键都把当前文本框中的内容写入文件 dat.txt，并清除文本框中的内容：如果输入“END”，则不写入文件，直接结束程序。请填空。

第 5 套笔试模拟试卷解析

一、选择题

（1）**【答案】**B**【解析】**本题考查的是栈的概念。栈是一种先进后出的队列，所以将元素 1、2、3、4、5、A、B、C、D、E 依次入栈，则出栈的顺序正好相反，为 E、D、C、B、A、5、4、3、2、1。故本题应该选择 B。

（2）**【答案】**D**【解析】**本题考查的是循环队列的概念。循环队列是一种线形结构，所以选项 A 不正确；在循环队列中，插入元素需要移动队尾指针，取出元素需要移动队头指针，因此选项 B 和 C 均不正确；循环队列中元素的个数是由队头和队尾指针共同决定是正确的，故应该选择 D。

（3）**【答案】**C**【解析】**本题考查的是二分查找法。对于长度为 n 的有序线性表，在最坏情况下，二分查找只需要比较 $\log_2 n$ 次。所以本题应该选择 C。

（4）**【答案】**A**【解析】**本题考查的是顺序存储结构和链式存储结构。链式存储结构既可用于表示线性结构，也可用于表示非线性结构，所以选项 B 和 C 不正确；链式存储结构比顺序存储结构每个元素多了一个或多个指针域，所以比顺序存储结构要多耗费一些存储空间，所以选项 D 也不正确。所以，本题中只有选项 A 是正确的。

（5）**【答案】**D**【解析】**本题考查的是数据流图的基本概念。数据流图（DFD）是结构化分析中常用的一种工具，它的图形元素主要有 4 种：以圆圈表示加工；以带有箭头的线段表示数据流；以上下两条横线表示存储文件；以矩形表示源。故本题应该选择 D。

（6）**【答案】**B**【解析】**本题考查的是需求分析。在需求分析阶段常使用的工具有：数据流图（DFD）、数据字典（DD）、判定树和判定表。故本题应该选择 B。

（7）**【答案】**A**【解析】**本题考查的是对象的基本特点。对象具有标识唯一性、分类性、多态性、封装性和模块独立性好这 5 个基本特点，所以本题应该选择 A。

（8）**【答案】**B**【解析】**本题考查的是数据模型。题目已给出“一间宿舍可住多个学生”，那么一个学生能不能住多间宿舍呢？答案是否定的。所以本题的宿舍和学生之间的联系是一对多。故本题应该选择 B。

（9）**【答案】**C**【解析】**本题考查的是数据管理技术的发展。在人工管理阶段，数据无共享，数据冗余度大；文件系统阶段，数据共享性差，数据冗余度还是很大；到数据库系统阶段，数据共享性大了，数据冗余度变小。所以本题应该选择 C。

（10）【答案】D【解析】本题考查的是数据库的关系代数运算。R 表中有两个域 A、B，有两条记录（也叫元组），分别是（m，1）和（n，2）；S 表中有两个域 B、C，有两条记录（1，3）和（3，5）。注意观察表 T，它包含了 R 和 S 两个表的所有域 A、B、C，但只包含 1 条记录（m，1，3），这条记录是由 R 表的第 1 条记录和 S 表的第 1 条记录组合而成的，两者的 B 域值正好相等。上述运算恰恰符合关系代数的自然连接运算规则。因此，本题的正确答案为选项 D。

（11）【答案】A【解析】本题考查的是代码窗口。有 4 种方法可以进入代码窗口：双击窗体，可以打开代码窗口并自动创建一个空的 Form_Load 事件函数；鼠标右键单击窗体，选择“查看代码”菜单项可以直接打开代码窗口；通过“视图”→“代码窗口”菜单命令也可以打开代码窗口；另外，单击工程资源管理器窗口上的“查看代码”按钮也可以打开代码窗口。所以，本题应该选择 A。

（12）【答案】D【解析】本题考查的是变量的定义。VB 允许变量未事先定义而直接使用，这样的变量类型为 Variant。Variant 是变体数据类型，即它可以表示任何值，包括数值、字符串、日期/时间等。故本题应该选 D。

（13）【答案】B【解析】本题考查的是变量的命名规则。在 VB 中，给变量命名时应遵循以下规则：

① 名字只能由字母、数字和下划线组成。

② 名字的第一个字符必须是英文字母，最后一个字符可以是类型说明符。

③ 名字的有效字符为 255 个。

④ 不能用 VB 的保留字作变量名，但可以把保留字嵌入变量名中。同时，变量名也不能是末尾带有类型说明符的保留字。

由此可见，只有选项 B）是不合法的变量名。

（14）【答案】B【解析】本题考查的是算术表达式。在算术表达式中，幂（^）运算优先级最高，然后是乘（*）除（/），最后才是加（+）减（–）。所以，本题的表达式 2*3^2+4*2/2+3^2 = 2*9+4*2/2+9 = 18+4+9 = 31，故应该选择 B。

（15）【答案】B【解析】本题考查的是 IIf 函数。IIf 函数有 3 个参数，若第 1 个参数的值为“真”，则返回第 2 个参数的值，否则返回第 3 个参数的值。因为 x=10，所以 x>0 的结果为“真”，故 IIf 函数返回第 1 个参数的值 x Mod 3 = 1。故本题应该选择 B。

（16）【答案】D【解析】本题考查的是文本框控件。在 VB 中，文本框控件的 MultiLine 属性是一个布尔值，表示该文本框是否允许有多行。而 ScrollBars 属性是一个枚举值，0 表示 None，没有滚动条；1 表示 Horizontal，只有水平滚动条；2 表示 Vertical，只有垂直滚动条；3 表示 Both，同时且有垂直和水平滚动条。故本题应该选择 D。

（17）【答案】D【解析】本题考查的是 VB 的语句。VB 允许一行写多条语句，各语句之间使用冒号作为分隔符，故本题应该选择 D。

（18）【答案】C【解析】本题考查的是列表框控件的常用属性。列表框控件的 List 属性是全部列表项的内容集合；ListIndex 属性表示当前被选中的列表项索引值；Text 属性表示当前被选中的列表项内容；Index 属性表示列表框在控件数组中的标识号。故本题应该选择 C。

（19）【答案】A【解析】本题考查的是逻辑表达式。因为，a=4，b=5，c=6，所以，a<b 为真，b<c 也为真。真 And 真结果为真，所以输出结果是 True，应选择 A。

（20）【答案】C【解析】本题考查的是 InputBox 输入函数。InputBox 函数可以产生一个对话框，这个对话框作为输入数据的界面，等待用户输入数据，并返回所输入的内容。该函数一共有 7 个参数，前 3 个参数都是字符串类型，第 1 个字符串将作为提示显示在对话框内，第 2 个字符串用作对话框标题，第 3 个字符串将显示在输入文本框中，作为输入内容的默认值。第 4、5 个参数用来确定对话框的位置坐标，第 6、7 个用于显示帮助内容。除第 1 个参数以外，其余参数均为可选。由此可见，本题如果直接单击

"确定"按钮，输入内容将为第 3 个参数规定的默认内容"字符串"，故应该选择 C。

（21）【答案】B【解析】本题考查的是数组的概念。程序第一行 Option Base 0 意思是数组下标从 0 开始，所以调用 ReDim a(m)后，数组 a 中将含有元素 m+1 个，而不管 a 之前有多少个元素。因此，程序先单击 Command1 后输入 10，a 中包含 11 个元素，后又单击 Command2 后输入 5，则 a 中包含的元素个数为 6，故应该选择 B。

（22）【答案】B【解析】本题考查的是 For 循环的嵌套。题目中，外循环变量 i 将从 1 递增到 4（没有 Step 语句表示每次增 1），所以外循环将进行 4 次，i 依次取值 1、2、3、4。而内循环变量 j 将从 6 递减到 1，每次减 2，所以内循环将进行 3 次，j 依次取值 6、4、2。在内循环体中，只有一条语句让 Counter 增 1，所以经过整个循环后，Counter 将被增加 4*3=12 次，Counter 初始为 0，故最终结果是 12，应该选择 B。

（23）【答案】A【解析】本题考查的是数组和循环。题目中首先定义了一个整型数组 M，然后通过 For 循环给数组的每一个元素赋值。循环体中的语句是 M(k) = 12-k，可以将其看作是数组元素下标跟其值之间的一种函数关系。程序最终要输出的是 M(2+M(x))，因为 x 等于 8，所以 M(8) = 12-8 = 4，所以 M(2+M(x)) = M(2+4) = M(6) = 12-6 = 6，故应该选择 A。

（24）【答案】C【解析】本题考查的是参数的传递。VB 中有两种参数的传递方式：传值和传址。传值时，对形参的改变不会影响实参；而传址时，则在改变形参的同时也改变了实参。因此，通过这种传址方式也可以将过程中的处理信息传回到调用程序中，所以无论是 Function 过程还是 Sub 过程均能够将处理信息返回，故选项 C）的说法是错误的。

（25）【答案】A【解析】本题考查的是变量作用域。在标准模块中，用 Public 或 Global 声明的变量是全局变量，在程序的任何地方都可以使用。本题在 Module1 中声明的变量 y 就是一个全局变量。在 Form1 窗体模块中，声明了一个模块级公有变量 x，该变量只能在 Form1 窗体中被直接访问。但在其他模块中，可以通过 Form1.x 的形式访问。由此可见，当程序开始运行，首先 Form1 的 Form_Load 事件被执行，模块变量 x 被初始化为 1，全局变量 y 被初始化为 5。接下来，单击 Form1 的 Command1 按钮，执行 Form2.Show 显示 Form2 窗体。再单击 Form2 窗体上的 Command1 按钮，执行 Print Form1.x, y，此时引用的就是 Form1 窗体中的模块级变量 x 和全局变量 y，故输出结果为 1 和 5，应该选择 A。

（26）【答案】C【解析】本题考查的是随机文件的写操作。随机文件的写操作分为以下 4 步。

① 定义数据类型。这一点在题目中已经给出了。

② 打开随机文件。打开随机文件的一般格式为：
Open "文件名称" For Random As #文件号[Len=记录长度]

③ 将内存中的数据写入磁盘。写入格式为：
Put #文件号, [记录号], 变量

④ 关闭文件。使用格式：
Close #文件号

由此可见，各选项中只有选项 C）符合题意。

（27）【答案】B【解析】本题考查的是 For 循环。在 For 循环体中，一般很少改变循环变量，这样会造成难以预料的循环效果，有可能会形成死循环。在题目的 For 循环中，第一条语句就改变了循环变量 i，给 i 自增了 3。这样，第 1 次循环 i 本来为 0，自增 3 后变为 3；第 2 次循环开始，循环还会自动给 i 增 1，所以进入时 i 为 4，增 3 后变为 7；第 3 次循环开始，i 增 1 变为 8，再自增 3 变为 11，现在满足了循环体中 If 语句的条件 i>10，所以会执行 Exit For 跳出循环。故循环总共执行了 3 次，n 也自增了 3 次，VB 声明整型变量如果不做初始化，则自动初始化为 0，所以最终输出结果为 3，应该选择 B。

（28）【答案】D【解析】本题考查的是 Until 循环。Until 循环类似于 While 循环，与 While 循环所不同的是，

While 循环要求循环条件为真时执行循环体，否则结束循环，而 Until 循环要求循环条件为假时执行循环体，否则结束循环。在 VB 中，表达式值为 0 则表示为假，否则为真。所以，4 个选项中只有选项 D）的说法是正确的。

（29）【答案】B【解析】本题只有一个 Command1 按钮的单击事件过程和一个自定义的 f 函数。当按钮被单击时，执行单击事件。事件中是一条 For 循环，循环变量 i 从 1 递增到 5，每次循环将 f(5+i)的调用结果累加到 s 中，故 s 最终结果是 f(6) + f(7) + f(8) + f(9) + f(10)的值。在 f 函数中，是一个 if 语句，条件是 x >= 10。所以，f(6)~f(9)执行的都是 Else 子句“t = x+2”，它们的返回值应该为 8~11。而 f(10)执行的是 If 子句“t = x+1”，所以返回值为 11。所以，s 的值为 8 + 9 + 10 + 11 + 11 = 49。

（30）【答案】A【解析】本题考查的是数组的应用。程序第 1 行 Option Base 1 表示数组的下标从 1 开始，所以让 a 等于 Array(1,2,3,4)后，a 的内容将是一个包含 4 个元素的数组。接下来通过一个 For 循环，从 4 递减到 1 遍历数组 a，将 a(i)*j 累加到变量 s 中，j 每次循环自乘 10。由此可见，循环结束后 s 的值为 4*1+3*10+2*100+1*1000 = 1234，故应该选择 A。

（31）【答案】C【解析】本题考查的是 Do While 循环。Fun 函数首先定义了两个变量，tStr 设为空字符串，strL 设为形参字符串 xStr 的长度。然后设置 i 为 1 后进入 Do While 循环，循环条件是 i<=strL/2，即 i 小于等于长度值 strL 一半时循环。在循环体中，每次将 Mid(xStr, i, 1) & Mid(xStr, strL–i+1, 1)连接到 tStr 末尾，然后让 i 增 1。Mid(xStr, i, 1)是截取 xStr 字符串从第 i 个位置开始的 1 个字符，而 Mid(xStr,strL–i+1, 1)是截取 xStr 字符串从第 strL–i+1 个位置开始的 1 个字符。当 i 等于 1 时，Mid(xStr, i, 1)取的是字符串 xStr 的第 1 个字符，Mid(xStr, strL–i+1, 1)取的是字符串 xStr 的第 strL 个字符，也就是最后一个字符。随着 i 的递增，截取的字符不断向中间靠拢，所以 Fun 函数的作用就是，对传入的字符串依次取首尾字符重新排列，因而题目输入给 Fun 函数的字符串 S1 的值是 abcdef，则重新排列后的结果就是 afbecd。最后输出的时候通过 UCase 函数将其转换为大写，故最终结果是 AFBECD，应该选择 C。

（32）【答案】C【解析】当向文本框 Text1 中输入小写字母 a 时，该文本框的 KeyUp 会被触发，传入的参数 KeyCode 为输入字母的 ASCII 码。题目中，通过 Chr 函数，将 KeyCode 转为字母 a，再通过 UCase 函数，将字母 a 转为大写字母 A 并赋给字符串变量 c。接下来，通过 Asc 函数，将大写字母 A 转为 ASCII 码，然后给它加 2，再通过 Chr 函数转为字符。所以，得到的字符为字母 A 在 ASCII 码表中的后面第 2 个字符 C。故本题应该选择 C。

（33）【答案】D【解析】本题考查的是 For 循环的应用。在 Fun 函数中，首先定义了一个字符串 s1，然后进入 For 循环，循环变量 i 从 1 递增到形参字符串 S 的长度。在循环体中只有一条语句：s1 = LCase(Mid(S,i,1))+s1。Mid(S,i,1)是截取字符串 S 位置 i 处的 1 个字符，LCase 函数将这个字符变为小写的，然后插入到 s1 字符串最前面。所以，整个 Fun 函数的功能就是，将传入的字符串全部变为小写，然后逆序排列。由此可见，如果输入字符串为 abcdefg，则最后输出结果是 gfedcba。故本题应该选择 D。

（34）【答案】B【解析】本题考查的是 For 循环的应用。首先来看错误在哪儿，p 被初始化为 a，然后进入 For 循环，循环变量 k 从 1 递增到 n，循环体每次将 p*a 的结果赋给 p。因此，在循环中 p 又乘了 n 次 a，所以结果是 a^{n+1}，而不是 a^n。选项 A）把 For k = 1 To n 改为 For k =2 To n，这样可以减少 1 次乘 a 的机会，所以是正确方案；选项 B）把 p=p*a 改为 p=p^n，^在 VB 中本来就是幂运算符，现在还要循环进行 n 次，所以结果是 $((a^n)^n)^{n\cdots}$，这样肯定是不正确的；选项 C 把 For k=1 To n 改为 For k=1 To n-1，也是减少 1 次循环，所以是正确的；选项 D 把 p=a 改为 p=1，这样使 p 的初值为 1，然后 n 次循环乘以 a，所以结果也对。综上所述，本题应该选择 B。

（35）【答案】B【解析】题目要求的是“计算每个学生的总分”，程序通过双重循环，外循环遍历 4 个学生，内循环累加该学生的 3 科成绩。但是，由于 sum 在双重循环之外被初始化为 0，所以除了第 1 个学生累

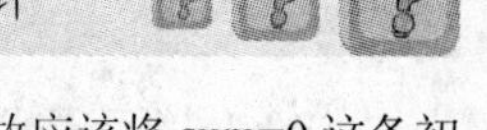

加的成绩是正确的，而累加后面学生的成绩时，都没有将 sum 重新初始化为 0。故应该将 sum=0 这条初始化语句放到外循环中，每次内循环开始之前。所以，应该选择 B。

二、填空题

（1）【1】【答案】DBXEAYFZC【解析】本题考查的是二叉树的遍历。二叉树的中序遍历递归算法为：如果根不空，则先按中序次序访问左子树，然后访问根结点，最后按中序次序访问右子树。本题中，根据中序遍历算法，应首先按照中序次序访问以 B 为根结点的左子树，然后再访问根结点 A，最后才访问以 C 为根结点的右子树。遍历以 B 为根结点的左子树同样要遵循中序遍历算法，因此中序遍历结果为 DBXE；然后遍历根结点 A；遍历以 C 为根结点的右子树，同样要遵循中序遍历算法，因此中序遍历结果为 YFZC。最后把这 3 部分的遍历结果按顺序连接起来，中序遍历结果为 DBXEAYFZC。

（2）【2】【答案】单元【解析】本题考查的是软件测试。软件测试过程一般按 4 个步骤进行，即单元测试、集成测试、验收测试（确认测试）和系统测试。所以，本题的正确答案应该是单元测试。

（3）【3】【答案】过程【解析】本题考查的是软件工程的三要素。软件工程三要素包括方法、工具和过程。方法是完成软件工程项目的技术手段；工具支持软件的开发、管理、文档生成；过程支持软件开发的各个环节的控制、管理。所以，本题的正确答案为过程。

（4）【4】【答案】逻辑设计【解析】本题考查的是数据库设计。数据库的生命周期可以分为两个阶段：一是数据库设计阶段；二是数据库实现阶段。数据库的设计阶段又分为如下 4 个子阶段：即需求分析、概念设计、逻辑设计和物理设计。因此，本题的正确答案应该是逻辑设计。

（5）【5】【答案】分量【解析】本题考查的是二维表的性质。二维表一般满足下面 7 个性质：

① 二维表中元组个数是有限的——元组个数有限性。

② 二维表中元组均不相同——元组的唯一性。

③ 二维表中元组的次序可以任意交换——元组的次序无关性。

④ 二维表中元组的分量是不可分割的基本数据项——元组分量的原子性。

⑤ 二维表中属性名各不相同——属性名唯一性。

⑥ 二维表中属性与次序无关，可任意交换——属性的次序无关性。

⑦ 二维表属性的分量具有与该属性相同的值域——分量值域的同一性。

所以，根据第 4 条性质，本题的正确答案应该是分量。

（6）【6】【答案】BASIC【解析】本题考查的是控件常用事件的应用。题目中定义的两个事件过程：一个是命令按钮 Command1 在单击时被调用的 Command1_Click 事件；另一个是文本框 Text1 的内容被改变时被调用的 Text1_Change 事件。所以，当单击命令按钮时，执行 S$=InputBox("请输入一个字符串")语句，将弹出输入对话框，如果输入的是字符串“VisualBasic”，则该字符串被赋给 S$变量。接下来执行 Text1.Text=S$语句，这个字符串被写到 Text1 文本框中。因为这条语句改变了文本框 Text1 的内容，进而又触发了 Text1_Change 事件，所以表达式 UCase(Mid(Text1.Text, 7))的值被显示在 Label1 标签上，这个表达式的意思是：截取文本框中的字符串，从第 7 个字符到最后，并将其全部改为大写字母。所以最终 Label1 上显示的结果是 BASIC。

（7）【7】【答案】4【解析】本题考查的是 For 循环和字符串截取的应用。题目首先定义了一个字符串"National Computer Rank Examination"，然后取其长度值赋给 n。接下来通过一个 For 循环，循环变量 i 从 1 递增到 n 以遍历字符串的每一个字符，在循环体中，首先通过 Mid 函数截取字符串第 i 个位置的 1 个字符，然后判断该字符是否为"n"，是的话计数变量 s 便增 1。所以整个程序的功能就是查找字符串"National Computer Rank Examination"中"n"出现的次数，故输出结果为 4。

（8）【8】【答案】Picture1.Picture = "d:\pic\a.jpg"【解析】本题考查的是图片框控件。设置图片框控件的图片是使用图片框的 Picture 属性，所以只需要将 Picture1.Picture 设置为图形文件的路径文件名"d:\pic\a.jpg"就可以了，故应该填 Picture1.Picture = "d:\pic\a.jpg"或其他等价形式。

（9）【9】【答案】a【10】【答案】10【11】【答案】n = n–1【解析】因为 swap 函数的形参是一个 Integer 类型数组，所以传递给 swap 函数的实参也应该为 Integer 类型数组，故第【9】空应该填 a。在 swap 函数的 For 循环中，t = b(i)、b(i) = b(n)和 b(n) = t 这 3 条语句的作用是交换 b(i)和 b(n)的值，再根据题目的要求，不难看出 n 首先应该初始化为数组的最后一个元素的下标志，故第【10】空应该填 10 或其他等价形式。而每次循环后，循环变量 i 会自动增 1，而 n 必须手动给它减 1。所以，第【11】空应该填 n=n–1。

（10）【12】【答案】sum + fun(i)【13】【答案】fun = p【解析】在 Fun 函数中，首先定义了一个变量 p，并初始化为 1。然后进入 For 循环，循环变量 i 从 1 递增到传入的形参 t，循环体中每次将循环变量的值累乘到变量 p 中。由此可见，Fun 函数完成的功能是计算 t 的阶乘。函数中还缺少返回计算结果的语句，故后一空应该填 fun = p。回到命令按钮的单击事件过程中，从语句 n = InputBox("Enter a number")中可以看出，用户输入的 n 被赋给变量 n，接下来是一个 For 循环，循环变量 i 从 1 递增到 n。根据题意，只需在循环中每次将 i 的阶乘累加给 Sum 即可，所以前一空应该填 sum + fun(i)或其他等价形式。

（11）【14】【答案】"END"【15】【答案】Text1.Text【解析】本题考查的是键盘事件。在文本框中输入内容时会激活文本框的键盘事件，所以如果要实现题目的要求，必须自定义 Text1 文本框的键盘事件 Text1_KeyPress，该事件每当焦点在 Text1 文本框中时，按键盘上的任何键后都会被调用，而题目要求只有在按回车键时把当前文本框中的内容写入文件 dat.txt，所以首先要使用一条 If 语句判断输入的键是否为回车键。KeyAscii 是事件的形参，传入的是响应该事件时，用户输入键盘字符的 ASCII 码，而回车键的 ASCII 码是 13，所以判断语句为 If KeyAscii = 13 Then。该 If 语句中又嵌套了一条 If 语句，其子句是 Close #1（关闭文件）和 End（退出程序）。所以，该 If 子句肯定是当文本框中的内容为 END 时被调用的，故前一空应该填"END"。如果不为 END 的话，应该将文本框中的内容写入文件，所以后一空应该填 Text1.Text 或其他等价形式。

第17章 上机模拟试卷及解析

第1套上机模拟试卷

（考试时间90分钟，满分100分）

一、基本操作题

（1）在名称为Form1的窗体上画一个文本框，名称为Txt1；再画两个命令按钮，名称分别为Cmd1、Cmd2，标题分别为"隐藏"、"显示"。请编写适当的事件过程，使得在运行时，如果单击"隐藏"按钮，则文本框消失，而如果单击"显示"按钮，则文本框显示出来。

注意：

1）程序中不得使用任何变量。

2）存盘时必须存放在考生文件夹下，工程文件名为djks001.vbp，窗体文件名为djks001.frm。

程序运行时的窗体界面如图17-1a、图17-1b所示。

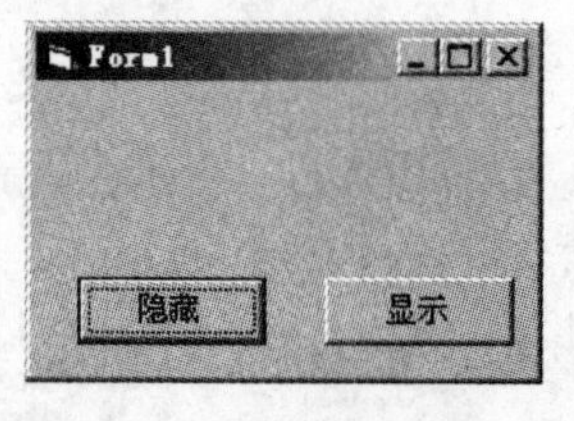

a)

b)

图17-1

（2）在窗体上建立一个二级菜单，该菜单含有"文件"、"编辑"两个主菜单项，名称分别为File和Edit。其中"文件"菜单包括"打开"、"关闭"、"保存"3个子菜单项（名称分别为Open、Close、Save）。只建立菜单，不必定义其事件过程。

注意：保存时必须存放在考生文件夹下，窗体文件名为djks002.frm，工程文件名为djks002.vbp，程序运行时的窗体界面如图17-2所示。

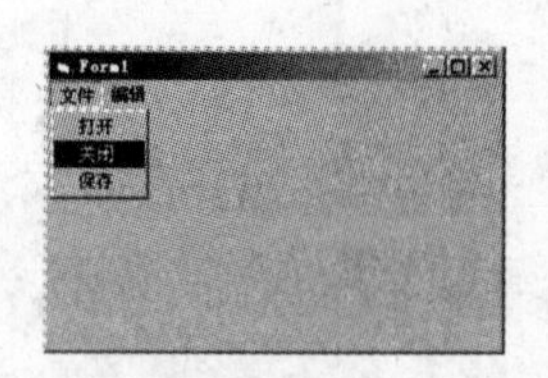

图17-2

二、简单应用题

（1）在窗体上建立一个名称为Text1的文本框，建立一个名称为Calculate，标题为"计算"的命令按钮，如图17-3所示。要求程序运行后，如果单击"计算"按钮，则求出100~200之间所有可以被3整除的数的总和，在文本框中显示出来，并把结果存入考生文件夹下的out003.txt文件中。注意，在考生的文件夹下有一个mode003.bas标准模块，该模块中提供了保存文件的过程putdata，考生可以直接调用。

注意：保存时必须存放在考生文件夹下，窗体文件名为 djks003.frm，工程文件名为 djks003.vbp。标准模块中的程序代码为：

```
Option Explicit
Sub putdata(t_FileName As String, t_Str As Variant)
    Dim sFile As String
    sFile = "\" & t_FileName
    Open App.Path & sFile For Output As #1
    Print #1, t_Str
    Close #1
End Sub
```

图 17-3

（2）在考生文件夹中有工程文件 djks004.vbp 及其窗体文件 djks004.frm，该程序是不完整的，请在有问号（？）的地方填入正确内容，然后删除问号及所有注释符（'），但不能修改其他部分。存盘时不得改变文件名和文件夹。

本题描述如下：在窗体上有一个名称为 Text1 的文本框，一个名称为 CCheck，标题为“校验”的命令按钮。其中文本框用来输入口令，要求在文本框中输入的内容都必须以星号（*）显示（请考生自己通过属性窗口设置）。要求程序运行后，输入口令，单击命令按钮后，对口令进行校验。如果输入的内容是 ABC 这 3 个字母，则用 MsgBox 信息框输出“正确”，否则输出“错误”，如图 17-4 所示。

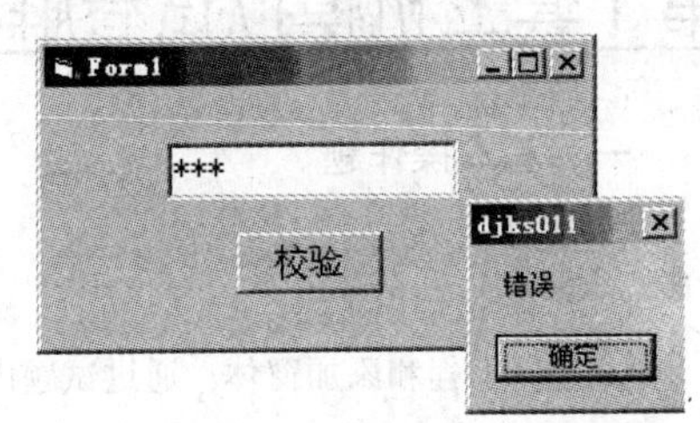

图 17-4

窗体模块中的程序代码为：

```
Option Explicit
Private Sub CCheck_Click()
'   If Text1.Text = "ABC" Or Text1.Text = "?" Then
'       MsgBox "?"
    Else
        MsgBox "错误"
    End if
End Sub
```

三、综合应用题

在名称为 Form1 的窗体上建立一个文本框（名称为 Text1，MultiLine 属性为 True，ScrollBars 属性为 2）和两个命令按钮（名称分别为 Command1 和 Command2，标题分别为“读入数据”和“保存数据”），如图 17-5 所示。程序运行后，如果单击“读入数据”按钮，则读入 in005.txt 文件中的 100 个整数，放入一个数组中（数组下界为 1），并在文本框 Text1 中显示出来；如果单击“保存数据”按钮，则把数组中的前 50 个数据在文本框 Text1 中显示出来，并存入考生文件夹中的文件 out005.txt 中。（考生文件夹中有标准模块 mode005.bas，其中的 putdata 过程可以把指定个数的数组元素存入 out005.txt 文件，考生可以把该模块文件添加到自己的工程中。）

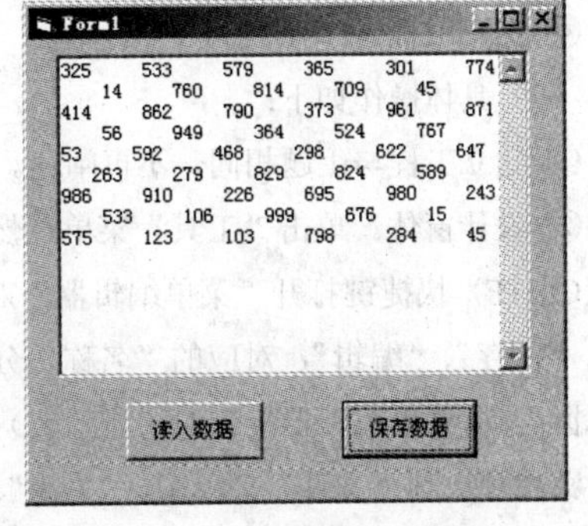

图 17-5

注意：文件必须存放在考生文件夹下，窗体文件名为 djks005.frm，工程文件名为 djks005.vbp 结果存入 out005.txt 文件，否则没有成绩。

标准模块中的程序代码为：

```
Sub putdata(a() As Integer, n As Integer)
    Dim sFile As String
    sFile = "\out005.txt"
    Open App. Path & sFile For Output As #1
    For i = 1 To n
    Print #1, a(i);
    Next
    Close #1
End Sub
```

第 1 套上机模拟试卷解析

一、基本操作题

【解析】

（1）具体操作如下：

① 建立工程和添加窗体。通过试题内容查阅窗口的“考试项目”菜单上的“启动 Visual Basic”功能启动 Visual Basic，在“新建工程”对话框中选择“新建”项目中的“标准 EXE”，然后单击“打开”按钮，建立一个新的工程文件，里面会同时自动建立一个名为 Form1 的窗体文件。

② 设计窗体。单击工具箱中的 Textbox 控件图标，然后在窗体上拖拉出一个文本框。依照同样的方法，在窗体上添加两个命令按钮控件。在对应的属性窗口中，将文本框的 Name 属性设为 Txt1，Text 属性设为空；将其中一个命令按钮的 Name 属性设为 Cmd1,Caption 属性设为“隐藏”；将另一个命令按钮的 Name 属性设为 Cmd2，Caption 属性设为“显示”。

③ 编写代码。双击 Cmd1 命令按钮，在弹出的代码窗口中，写入单击事件的程序代码语句：

```
Private Sub Cmd1_Click()
Txt1.Visible = False    // Visible 属性取值为 False 的时候，对象隐藏
End Sub
```

双击 Cmd2 命令按钮，在弹出的代码窗口中，写入单击事件的程序代码语句：

```
Private Sub Cmd2_Click()
    Txt1.Visible = True   //Visible 属性取值为 False 的时候，对象隐藏
End Sub
```

④ 保存工程。

（2）具体操作如下：

① 建立工程与上题相同，不再阐述。

② 设计窗体。单击“工具”菜单，然后单击“菜单编辑器”即可打开“菜单编辑器”对话框，也可以通过〈Ctrl+E〉快捷键打开“菜单编辑器”对话框。在该对话框的“标题”部分分别输入“文件”、“打开”、“关闭”、“保存”、“编辑”，对应的“名称”分别为“File”、“Open”、“Close”、“Save”、“Edit”。然后在“菜单项显示区”（即菜单编辑器最下面的显示区）单击“打开”菜单项，选中后，单击编辑区向右的箭头，即可把“打开”菜单项放到“文件”菜单中，“关闭”、“保存”的操作方式与之类似。

③ 保存工程。

二、简单应用题

【解析】

（1）操作步骤如下：

① 建立工程和添加窗体（略）。

② 设计窗体。分别单击工具箱中的控制按钮与文本框。先在窗体上画出一个控制按钮，命名为 Calculate，Caption 属性为"计算"。画一个文本框，Name 属性为 Text1。

③ 编写代码。根据题意，Calculate 的 Click 事件过程首先要在 100～200 之间选择 3 的倍数。这是一个常见的问题，可以使用 For 循环试遍 100～200 之间所有的整数。在 If 的执行过程中，遇到 i Mod 3 = 0，则把 i 值加到 temp 上。If 循环执行完毕，把 temp 值赋给 Text1 的 Text 属性，最后就是调用 putdata 过程。

双击窗体上的 Calculate 按钮进入事件过程，编写程序代码：

```
Private Sub Calculate_Click()
Dim temp As Long
Dim i As Integer
For i = 100 To 200
    If i Mod 3 = 0 Then
        temp = temp + i
    End If
Next1.Text = temp
putdata "out003.txt", temp
End Sub
```

④ 保存工程。

（2）具体操作如下：

① 设计窗体。分别单击工具箱中的文本框与控制按钮，在窗体上拖拉出控制按钮与文本框。文本框的 Name 属性使用默认值；控制按钮的 Name 改为 CCheck，Caption 属性设为"校验"。由于这些考生文件夹中的 djks004.vbp 文件已经给出，故最重要的是将 Text1 的 PasswordChar 属性设为"*"。

② 补充代码。本题用 If 语句判断文本框中接受的字符。如果文本框中的字母为"ABC"或"abc"时，则弹出提示正确的对话框。故在第 1 个问号处填 abc，第 2 个问号处填"正确"。MsgBox 语句后的第一个参数确定弹出对话框的内容，故只需设置这一参数。本题的另一个考点是 Text1 的 PasswordChar 属性，该属性的功能是把输出文本框中的字符统一显示为同一个字符，该字符用户可以自行设置，不一定为"*"，使用该功能可以起到保护密码的作用。

③ 保存工程。

三、综合应用题

【解析】

① 建立工程和添加窗体（略）。

② 把考生文件夹中的 mode005. bas 模块添加到工程文件中。

③ 设计窗体。单击工具箱中的文本框与控制按钮，使用 Name 属性默认值。Text1 的 MultiLine 属性为 True，ScrollBars 属性为 2；Command1 的属性设为"读入数据"，Command2 属性设为"保存数据"。

④ 编写代码。首先用 Open 语句打开 in005.txt 文件，使用 For 循环把 in005.txt 文件中的数据赋给数组 i。在 Command2 的 Click 事件过程中，仍然使用 For 循环，把数组 i 的前 50 个数值赋给 Text1. Text。调用 putdate 过程，写入 out005.txt。编写程序代码如下：

```
Dim i(1 To 100) As Integer
Private Sub Command1_Click()
Dim j As Integer
j = 0
Open App. Path & "\in005.txt" For Input As #1
For j = 1 To 100
```

```
        Input #1, i(j)
    Next
    Close #1
    For j = 1 To 100
        Text1. Text = Text1. Text & i(j) & Space(5)
    Next
    End Sub
    Private Sub Command2_Click()
    Dim temp As Long
    Dim j As Integer
    Text1. Text = ""
    For j = 1 To 50
        Text1. Text = Text1. Text & i(j) & Space(5)
    Next
    putdata i, 50
    End Sub
```

⑤ 保存窗体文件与工程文件。

第 2 套上机模拟试卷

（考试时间 90 分钟，满分 100 分）

一、基本操作题

（1）在名称为 Form1 的窗体上画一个名称 Check1 的复选框数组（Index 属性从 0 开始），含 3 个复选框，其标题分别为“语文”、“数学”、“英语”，利用属性窗口设置适当的属性，使“语文”未选，“数学”被选中，“英语”为灰色，再把窗体的标题设置为“选课”。

注意：存盘时必须存放在考生文件夹下，工程文件名为 djks001.vbp，窗体文件名为 djks001.frm。程序运行时的窗体界面如图 17-6 所示。

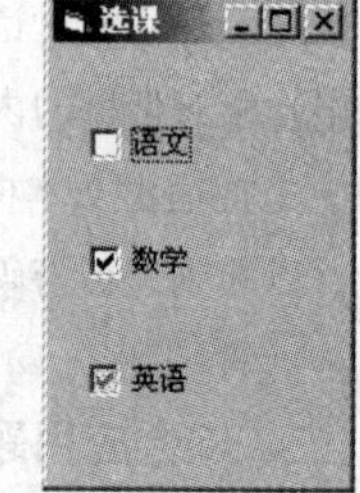

图 17-6

（2）在窗体上拖拉出一个列表框，名称为 Lst1，通过属性窗口向列表框中添加 4 个项目，分别为“aaaaa”、“bbbbb”、“ccccc”和“ddddd”。同时，画一个名称为 Cmd1、标题为“清除”命令的按钮。编写适当的事件过程，使程序运行后，如果单击“清除”命令按钮，则列表框内容消失。

注意：存盘时必须存放在考生文件夹下，工程文件名为 djks002.vbp，窗体文件名为 djks002.frm，程序运行时的窗体界面如图 17-7a、图 17-7b 所示。

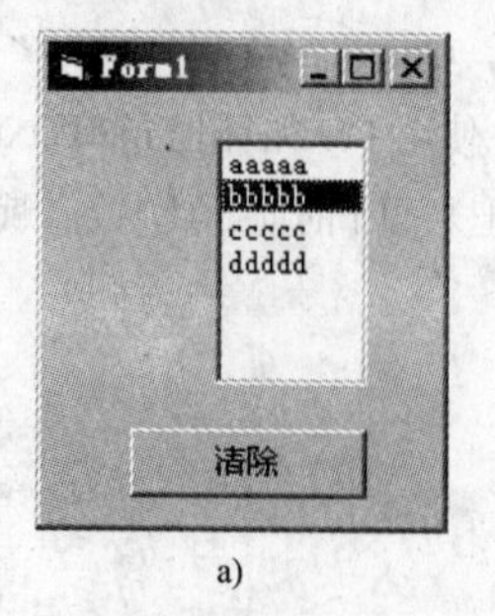

a)

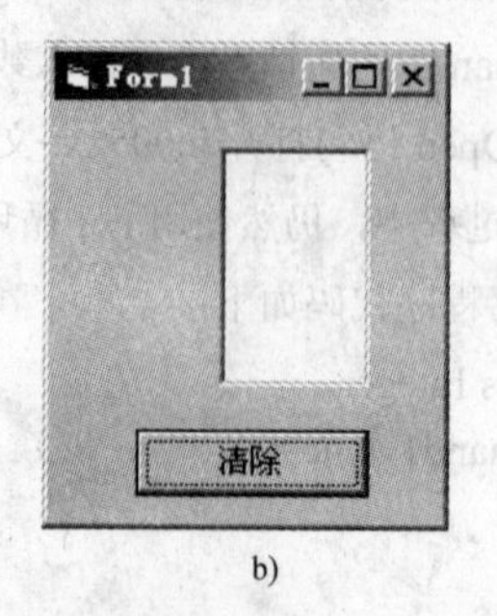

b)

图 17-7

二、简单应用题

（1）在考生文件夹中有工程文件 djks003.vbp 及其窗体文件 djks003.frm，该程序是不完整的。请在有问号的地方填入正确内容，然后删除问号及所有注释符（'），但不能修改其他部分。存盘时不得改变文件名和文件夹。

本题描述如下：在窗体上有 3 个名称分别为 Text1、Text2、Text3 的文本框，一个名称为 Calculate，标题为“计算”的命令按钮，如图 17-8 所示。要求程序运行后，在 Text1 和 Text2 中分别输入两个整数，单击“计算”按钮后，可把两个整数之间的所有整数（含这两个整数）累加起来并在 Text3 中显示出来。

窗体模块的程序代码为：

```
Option Explicit
Private Sub Calculate_Click()
    Dim i As Integer, s As Integer
    Dim a As Integer, b As Integer
    a = Val(Text1.Text)
    b = Val(Text2.Text)
    If a > b Then
       i = a
       a = b
'      b = ?
    End If
    s = 0
    For i = a To b
'          ?
    Next i
'    Text3.Text = ?
End Sub
```

图 17-8

（2）在名称为 Form1 的窗体中画一个名称为 L1 的标签，其标题为“0”，BorderStyle 属性为 1；再添加一个名称为 Timer1 的计时器。请设置适当的控件属性，并编写适当的事件过程，使得运行时，每隔一秒钟标签中的数值加 1。图 17-9 所示的是运行时的情况。程序中不得使用任何变量。

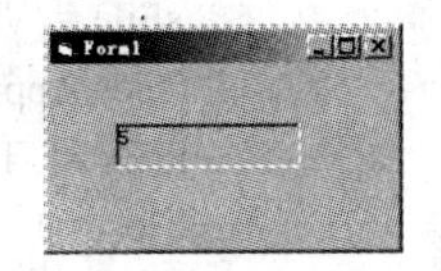

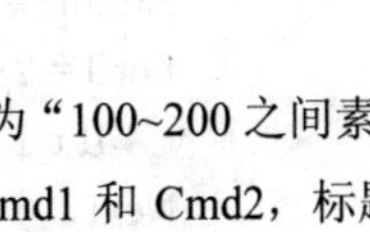

图 17-9

注意：存盘时必须存放在考生文件夹下，工程文件名为 djks004.vbp，窗体文件名为 djks004.frm。

三、综合应用题

在名称为 Form1 的窗体上建立两个单选按钮，名称分别为 Opt1 和 Opt2，标题分别为“100~200 之间素数”和“200~400 之间素数”；一个文本框，名称为 Text1；两个命令按钮，其名称分别为 Cmd1 和 Cmd2，标题分别为“计算”、“存盘”，如图 17-10 所示。程序运行后，如果选中一个单选按钮并单击“计算”按钮，则计算出该单选按钮标题所指明的所有素数之和并在文本框中显示出来。如果单击“存盘”按钮，则把计算结果存入 out005.txt 文件中。补充完整窗体模块与标准模块中问号处的程序使之完整。填写完毕，保存程序时必须存放在考生文件夹下，窗体文件名为 djks005.frm，工程文件名为 djks005.vbp。（在考生文件夹中有标准模块 mode005.bas。）

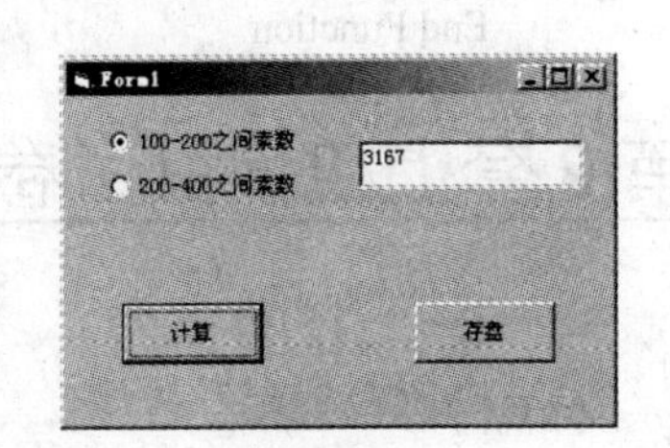

图 17-10

注意：必须把 200~400 之间的素数之和存入考生文件夹下的 out005.txt 文件中，不执行这一步没有成绩。

窗体模块中的程序为：

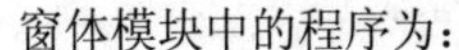

```
Private Sub Cmd1_Click()
```

```
    Dim i As Integer
    Dim temp As Long
    temp = 0
    If Opt2. Value Then
        For i = 200 To 400
            If isprime(i) Then
                temp = temp + i
            End If
        Next
    Else
        For i = 100 To 200
            If isprime(i) Then
                temp = temp + i
            End If
        Next
    End If
    'Text1. Text = ?
    End Sub
    Private Sub Cmd2_Click()
      putdata "\out005.txt", Text1. Text
    End Sub
```

标准模块中的程序为：

```
    Option Explicit
    Sub putdata(t_FileName As String, T_Str As Variant)
        Dim sFile As String
        sFile = "\" & ?
        Open App. Path & sFile For Output As #1
        Print #1, T_Str
        Close #1
    End Sub
    Function isprime(t_I As Integer) As Boolean
        Dim J As Integer
        isprime = False
        For J = 2 To t_I / 2
            If t_I Mod J = 0 Then Exit For
        Next J
        If J > t_I / 2 Then isprime = True
    End Function
```

第 2 套上机模拟试卷解析

一、基本操作题

【解析】

（1）具体操作如下：

① 建立工程和添加窗体（略）。

② 设计窗体。首先将窗体的 Cpation 属性设置为“选课”。单击工具箱中的复选框，在窗体上拖拉出一个

复选框，用鼠标右键单击该复选框，选择“复制”，并在窗体上单击右键，进行“粘贴”，此时弹出对话框提示是否建立控件数组，单击“确定”，则每粘贴一次该复选框，VB 会自动为其设置 Index 属性。用户也可以分别建立 3 个不同的复选框，在 Index 上人工设置数值。建立完复选框，把 Check(0)的 Caption 属性设为“语文”，Value 属性设为 0；把 Check(1)的 Caption 属性设为“数学”，Value 值设为 1；把 Check(2)的 Caption 属性设为“英语”，Value 属性设为 2。

③ 保存工程。

（2）具体操作如下：

① 建立工程和添加窗体（略）。

② 设计窗体。单击工具箱中的 ListBox 控件图标，在窗体上拖拉出一个列表框。在其对应的属性窗口中，将它的 Name 属性设为 Lst1；单击 List 属性右端的箭头，在下拉方框中，输入“aaaaa”，然后按〈Ctrl+Enter〉键换行，输入“bbbbb”，依此类推，添加“ccccc”、“ddddd”，然后按回车键，所输入的项目就会出现在列表框中。单击工具箱中的 CommandBox 控件图标，在窗体上添加一个命令按钮。在其对应的属性窗口中，Name 属性设为“Cmd1”，Caption 属性设为“清除”。

③ 编写代码。双击 Cmd1 命令按钮，在弹出的代码窗口中，输入单击事件的程序代码：

```
Private Sub Cmd1_Click()
    Lst1.Clear //Clear 方法用来清除列表框中的全部内容
End Sub
```

④ 保存工程。

二、简单应用题

【解析】

（1）根据题意，在 Text1 与 Text2 里输入数据时，Text1 里面的数值有可能大于 Text2 里的数值，也有可能小于，甚至等于。故在使用 For 循环之前通过一个 If 语句使得 a 值永远大于 b 值，然后再执行 For 循环。故在第 1 个问号处填 i，i 是中介变量。在第 2 个问号处填 s = s + i，表示把 a 与 b 之间的整数加到 s 上。在第 3 个问号处填 s，表示把 s 的值赋给 Text3 的 Text 属性。

（2）Interval 属性确定每隔多长时间触发一次 Timer 事件。L1 的 BorderStyle 属性取两个值：0 和 1，分别为“不显示边框”与“显示边框”。“L1.Caption = L1.Caption + 1”表示每触发一次 Timer 事件，L1 的 Caption 属性加 1。

进入 VB 后，分别单击工具箱中的标签控件与计时器，在窗体上分别拖拉出标签与计时器。标签的 Name 属性设为 L1，Timer1 的 Interval 属性设为 1000。双击窗体中的任何部分，进入代码窗口，编写如下代码：

```
Private Sub Form_Load()
    L1.BorderStyle = 1 - fixed
    Timer1.Enabled = True
    Timer1.Interval = 1000
End Sub
Private Sub Timer1_Timer()
    L1.Caption = L1.Caption + 1
End Sub
```

三、综合应用题

【解析】本题标准模块中的 putdata 过程可以把结果存入指定的文件，根据窗体模块中对 putdate 过程的调用可知 t_FileName 参数用来表达输出的文件，调用时为 out005.txt。故第 2 个问号处填 t_FileName。“App. Path & sFile”表示当前打开文件的路径。isprime()函数可以判断整数 x 是否为素数，如果是素数，则函数返回 True，否则返回 False。据此，在第 1 个问号处填 temp，表示把 temp 值赋给文本框的 Text 属性。

第18章 应试策略

18.1 笔试应考策略

笔试部分的考题分为两种类型。第1种是选择题，占70分；第2种是填空题，15个空，每空两分，共30分。对于二级考试，选择题的前10题和填空题的前5题，都是公共基础知识，共占30分。

1．笔试注意事项

笔试选择题使用标准答题卡进行机器评阅，要特别注意：

① 考生在正式开考前，要在答题卡规定的栏目内准确清楚地填写准考证号、姓名等。

② 答题卡要用钢笔或圆珠笔写明准考证号，并用 2B 铅笔将对应数字涂黑。切勿使用钢笔或圆珠笔涂写数字，否则无效。填空题答案要做在答题卡的下半部分，只能使用钢笔或圆珠笔，不得使用铅笔，考生在考前应事先准备好所需的2B铅笔、塑料橡皮、小刀等，以免影响考试。

③ 拿到答题卡后，首先确认无破损，卡面整洁。如果答题卡不符合要求，或者在答题过程中无意弄坏了答题卡，一定要请监考老师重新更换新的。

④ 先在试卷上写好答案，检查确认无误后，再在答题卡上涂写。答题卡不能折叠和撕裂，以免影响阅卷。

⑤ 避免漏涂、错涂、多涂、浅涂。如果颜色太浅，机器阅卷会视为未涂，即使答案正确也不给分。涂黑颜色要适当深而清晰，但也要防止用力过猛而捅破答卷，否则也会影响评卷的准确性。

⑥ 交卷前，一定要再仔细检查准考证号、姓名和答题卡上的所有答案，要多核对答案。答案写在试卷上不给分，只有答在答题卡上才给分。

2．选择题答题技巧

选择题要求考生从4个给出的A、B、C、D选项中选出一个正确的选项作为答案。这类题目中每题只有一个选项是正确的，多选或者不选都不给分，选错也不给分，但选错不倒扣分。答题技巧如下：

① 如果对题中给出的4个选项，一看就能肯定其中的一个是正确的，那么可以直接得出正确选择。注意，必须有百分之百的把握才行。

② 对4个给出的选项，一看就知其中的1个或2个或3个选项错误的。在这种情况下，可以使用排除法，既排除给出的选项中错误的，最后一个没有被排除的就是正确答案。

③ 在排除法中，如果最后还剩2个或3个选项，或对某个题一无所知时，也别放弃选择，在剩下的选项中随机选一个。如果剩下的选项只有2个，还有50%答对的可能性。如果是在3个选项中进行选择，仍有33%答对的可能性。就是在 4 个给出的答案中随机选一个，还会有 25%答对的可能性。因为不选就不会得分，而选错了也不扣分。所以应该不漏选，每题都选一个答案，这样可以提高考试成绩。

3．填空题答题技巧

对于填空题，许多题目的答案可能不止一个，只要填对其中的一种就认为是正确的。另外注意，有的题目对细节问题弄错也不给分。所以，即使有把握答对或有可能答对的情况下，一定要认真填写，字迹要工整、清楚。

答题时，会的题目要保证一次答对，不要想再次验证，因为时间有限。不会的内容，可以根据经验先初步确定一个答案，但应该在答案上做个标记，表明这个答案不一定对，在时间允许的情况下，可以回过头来重读这些做了标记的题。

不要在个别题上花费太多的时间，因为每个题的得分在笔试部分仅占 2 分。如果在个别题目花费了太多时间，会导致最后其他题没有时间去做。

18.2 上机应考策略

二级 Visual Basic 语言的上机考试有 3 个类型的题目，基本操作题（两小题，每题 15 分）、简单应用题（两小题，每题 20 分）和综合应用题（1 题，30 分）。考试时间为 90 分钟。

1. 备考指南

① 利用本书配套光盘，多做上机模拟题，熟悉上机考试的题型和环境。应较熟练地掌握 30～50 个左右的程序例子，并且还要掌握一定的解题技巧。

② 对于要求编程的题目，要掌握程序调试的一些技能，在有疑问的地方设置一些临时检查变量，在检查变量的下面让程序暂停，这样才不至于犯一些“想当然”的错误，完成后再删除检查变量。一定要在运行中调试和编写程序，这样可很快找到错误。平时多积累调试经验，熟悉常见的出错信息，大体知道可能是什么原因引起的，相应采用什么方法去解决。

③ 有些考场要求考生输入准考证号并进行验证以后，单击按钮进入开始考试的界面。有些考场给每个考生固定了考试机器，考生无需输入准考证号，直接便可以按提示单击按钮，开始考试并计时。正是因为有这些区别，所以各个考场在考试之前都会为考生安排一次模拟考试，模拟考试所使用的考试环境与该考场正式考试所使用的一样，因此，建议考生参加各个考场正式考试之前的模拟考试。

2. 考试注意事项

① 几乎每次考试都有难题、简单题，遇到难题不要心慌，不要轻易放弃；遇到简单题目要保持正常心态。

② 理解题意很重要。应对题目认真分析研究，不要匆忙开始，一般一些题目都有一点小弯。稍不注意，就会理解错误。

③ 对于涉及到编程的题目，要运行程序；每类题目，都要注意保存文件。

④ 不得擅自登录与己无关的考号，不得擅自复制或删除与己无关的目录和文件，否则会影响考试成绩。

⑤ 按要求存盘。一定要按考试要求的各种文件名调用和处置文件，千万不可搞错。要按要求保存文件名，要保存在指定的考生文件夹下，否则即便是做对了，也不会得分。

⑥ 在上机考试期间，若遇到死机等意外情况（即无法正常进行考试），应及时报告监考老师协助解决，可进行二次登录，当系统接受考生的准考证号，并显示出姓名和身份证号，考生确认是否相符，一旦考生确认，则系统给出提示。此时，要由考场的老师来输入密码，然后才能重新进入考试系统，进行答题。如果考试过程中出现故障，如死机等，则可以对考试进行延时，让考场老师输入延时密码即可延时 5 分钟。

⑦ 考生文件夹的重要性。当考生登录成功后，上机考试系统将会自动产生一个考生考试文件夹，该文件夹将存放该考生所有上机考试的考试内容以及答题过程，因此考生不能随意删除该文件夹以及该文件夹下与考试内容无关的文件及文件夹，避免在考试和评分时产生错误，从而导致影响考生的考试成绩。考生在考试过程中的所有操作都不能脱离上机系统生成的考生文件夹，否则将会直接影响考生的考试成绩。在考试界面的菜单栏下，左边的区域可显示出考生文件夹路径。考生一定要按照要求将文件存入指定的文件夹，并按照指定的文件名保存文件，一定不要存入别的文件夹，也不要为文件另起新的名称。

⑧ 上机考试结束后，考生将被安排到考场外的某个休息场所等待评分结果，考生切忌提早离开，因为考点将马上检查考试结果，如果有数据丢失等原因引起的评分结果为 0 的情况，考点将酌情处理，说不定需要重考一次。如果这时找不到考生，考点只能将其机试成绩记为 0 分。

3．上机考试过程

全国计算机等级考试上机考试使用教育部考试中心研制开发的专用考试系统，该系统提供了开放式的考试环境，具有自动计时、断点保护、自动阅卷和回收等功能。这里以本书配套光盘的上机模拟环境为例说明上机考试的过程，实际考试过程与此类似。

（1）登录

① 启动考试系统，出现的第 1 个界面是欢迎界面，如图 18-1 所示。

② 单击“开始登录”按钮或按回车键后，出现图 18-2 所示界面，需要在窗口中的“准考证号”处输入正确的准考证号。

图 18-1　初始屏幕界面

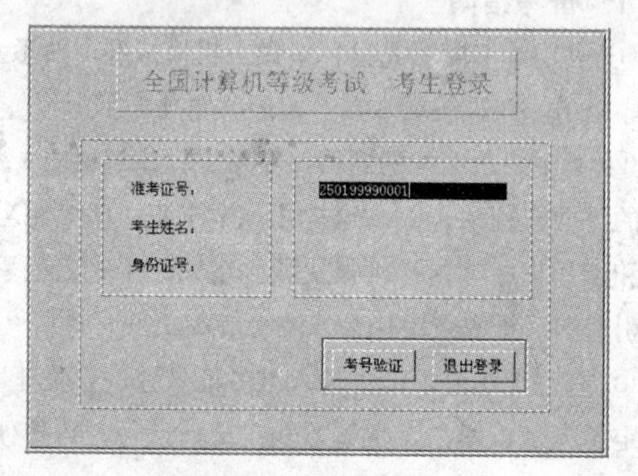

图 18-2　输入准考证号

③ 如果准考证号不正确，软件将自动提示正确的准考证号码。如果准考证号码输入正确，则进入验证身份证号和姓名的界面，如图 18-3 所示。

④ 验证无误后，单击“是”按钮，进入图 18-4 所示的界面。

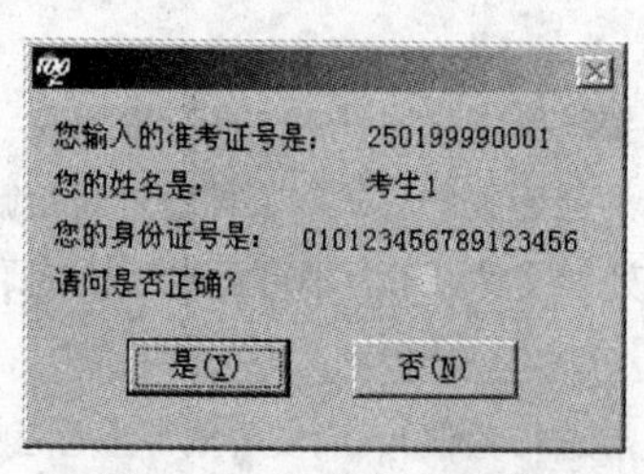

图 18-3　确认信息界面

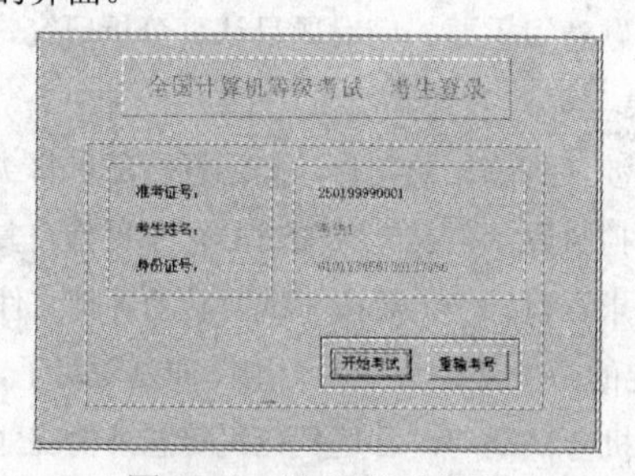

图 18-4　进入考试界面

⑤ 单击“开始考试”按钮后，将直接进入图 18-5 所示的选题界面，在选题框中，考生可以抽取指定的题目也可以随机抽题（真实环境没有此步骤）。

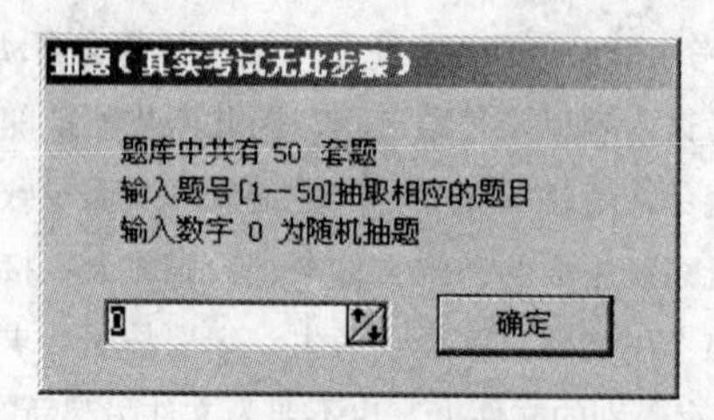

图 18-5　选题界面

⑥ 如果不是首次登录，将要求输入二次登录、重新抽题密码，这两个密码都已经在界面上给出，如图 18-6 所示（这里和真实考试环境有区别，真实环境没有给出这两个密码）。

⑦ 密码验证通过后（输入正确的密码后回车），显示图 18-7 所示考生须知界面。

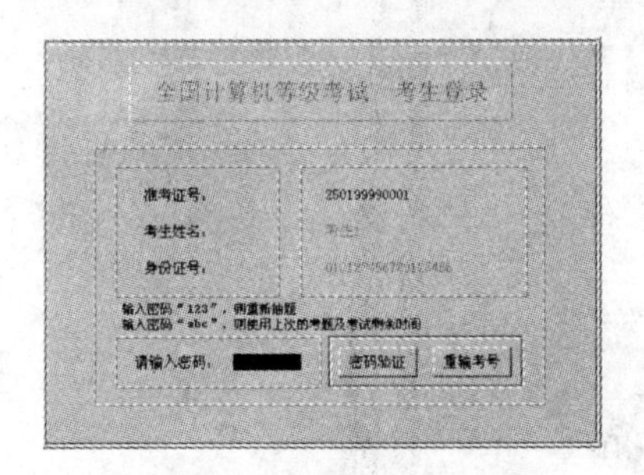

图 18-6　输入密码界面

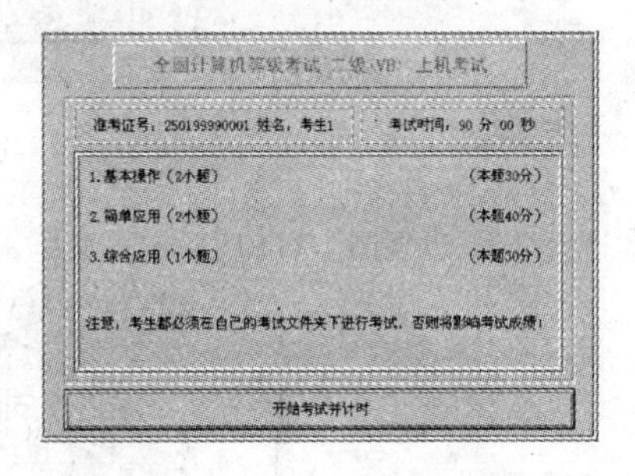

图 18-7　考生须知界面

⑧ 单击"开始考试并计时"按钮开始计时考试。

（2）考试

① 软件成功启动后将进入试题显示窗口，如图 18-8 所示。

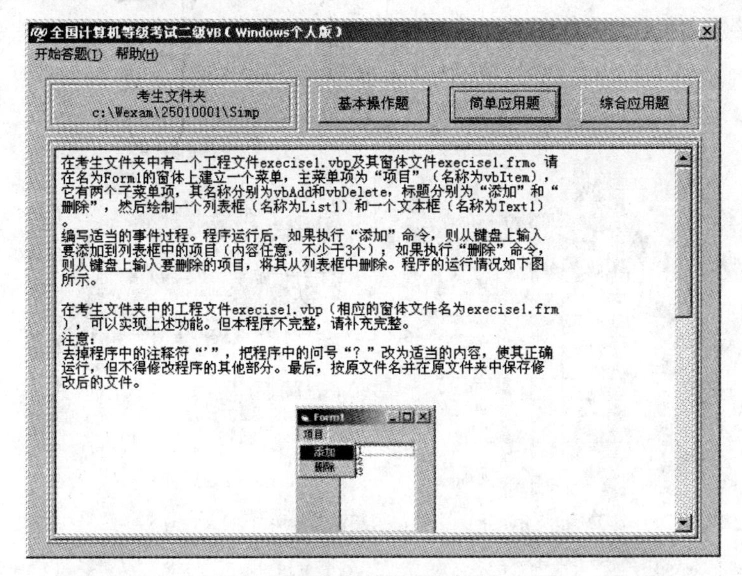

图 18-8　试题显示窗口

② 准备答题时，选择"开始答题"→"启动 Visual Basic"，系统将启动 Visual Basic 程序打开试题源程序文件，考生此时可修改并保存源程序。

（3）交卷

① 全部试题回答结束后，单击控制菜单的"交卷"按钮，如图 18-9 所示。

图 18-9　单击"交卷"按钮

② 系统询问是否要交卷，如图 18-10 所示。

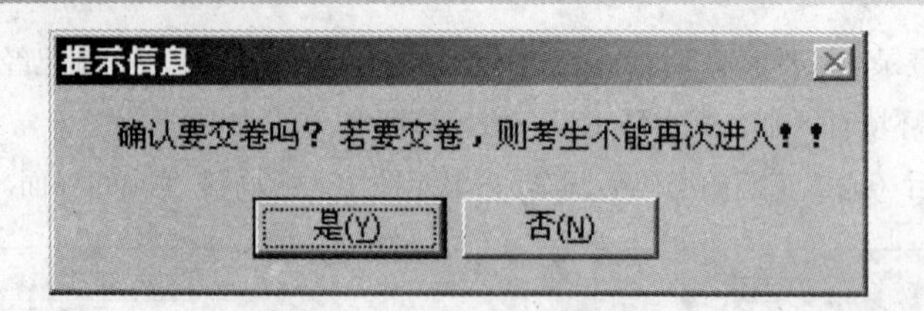

图 18-10　询问是否交卷

③ 选择“是”，出现图 18-11 所示的对话框。

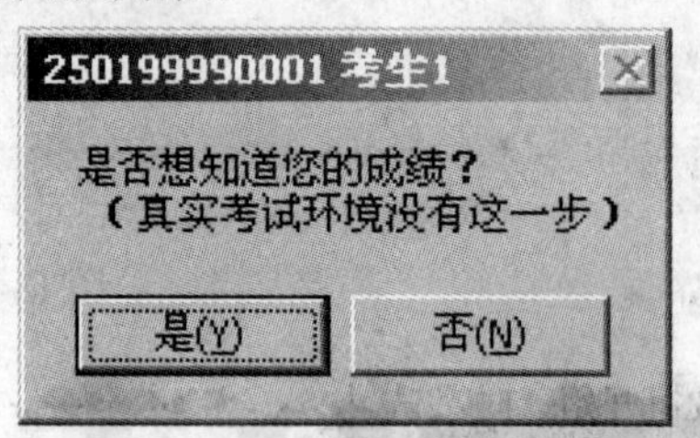

图 18-11　询问是否显示分数

④ 单击“是”按钮，即进入题目分析和评分细则界面，这是真实考试环境所没有的，如图 18-12 所示。在这里，单击“评分”按钮可以查看得分；单击“生成答案”按钮，则查看该题的答案；单击“退出”按钮，则退出本对话框。

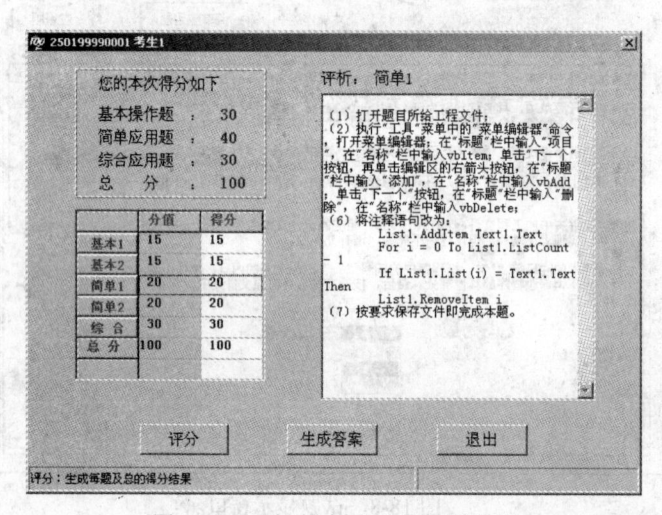

图 18-12　题目分析和评分细则界面

注意，当倒计时只有 5min 时，将弹出提示框，在看到提示框后一定保存程序。

图 3-1 “Shell” Logo 设计

SONY

工作证

姓名 ________ **性别** ________

单位 ____________________

职务 ____________________

编号:58001

图 3-23 “SONY” 工作证设计

nano-霓

iPod nano新增摄像功能，让你在欣赏音乐的同时，获得悦目的视频享受。
更大的显示屏、抛光铝制外壳，搭配九种色彩绚丽呈现，让iPod nano更为令人惊艳。

新款 iPod nano 现有2.2 英寸的亮丽显示屏，
让你获得愉悦的视觉体验。

图 3-36 ipod na
宣传册

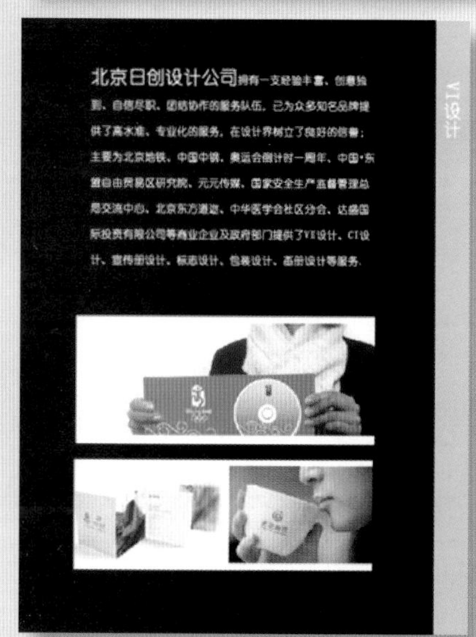

图 3-53 企业宣传册

图 4-1 封面设计

图 4-24 杂志扉页设计

图 1-1 公益海报

图 1-38 电影海报

图 1-67 公共招贴画

图 1-99 商业招贴画

图 2-1 时尚个性生活照

图 2-28 莲花图片的艺术化处理

图 2-73 1 寸个人证件照制作

图 6-1 明星个人网页框架设计

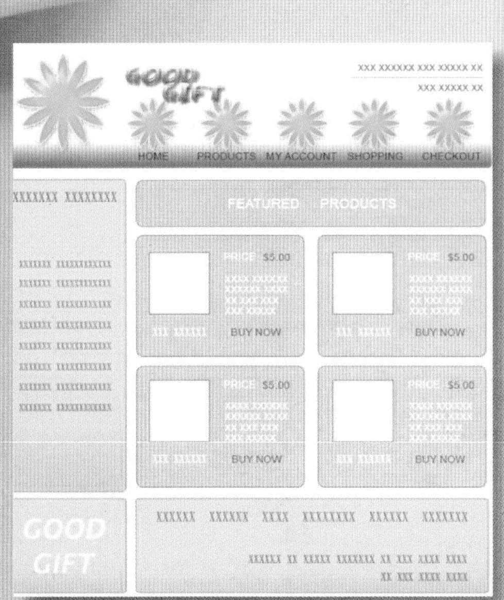

图 6-18 礼品购物网页首页设计

图 6-40 游戏网站页面设计

图 7-114 MP4 界面

图 5-19 音乐光盘设计

图 7-1 音频播放器

图 7-65 手机界面

图 5-1 手提袋设计

图 5-37 不锈钢水杯